もく[じ] 年 算数

教科書ぴったりトレーニング

▶3分でまとめ動画

巻末	夏のチャレンジテスト／冬のチャレンジテスト／春のチャレンジテスト／学力しんだんテスト	とりはずしてお使いください
別冊	答えとてびき	

① 大きい数

教科書 上12～18ページ　答え 1ページ

次の□にあてはまる数や読み方、記号を書きましょう。

ねらい 大きい数を読んだり、書いたりできるようにしよう。　練習 1 2→

大きい数の読み方・書き方

✪千万を10こ集めた数を、1 0000 0000と書き、**一億**（いちおく）と読みます。また、1億とも書きます。

千	百	十	一	千	百	十	一	千	百	十	一	千	百	十	一
			兆				億				万				

✪千万の1つ上の位（くらい）を**一億の位**といいます。

✪千億を10こ集めた数を、1 0000 0000 0000と書き、**一兆**（いっちょう）と読みます。また、1兆とも書きます。

1 次の数を読みましょう。

(1) 5 4730 0000 0000　　(2) 162 4000 0000 0000

とき方 (1) 右の表より、5 4730 0000 0000は、□と読みます。

(2) 右から4けたごとに区切って読むと、いちばん左の1は□の位であるとわかります。

だから、162 4000 0000 0000は、□と読みます。

一	千	百	十	一	千	百	十	一	千	百	十	一
兆				億				万				
5	4	7	3	0	0	0	0	0	0	0	0	0

ねらい 10倍、$\frac{1}{10}$にした数や、数の大きさがわかるようにしよう。　練習 3 4 5→

10倍した数、$\frac{1}{10}$にした数

✪どんな整数でも、10倍すると、位は1つ上がります。

また、$\frac{1}{10}$にすると、位は1つ下がります。

100倍すると位が2つ、1000倍すると位が3つ上がります。

2 4193500を10倍した数は□、$\frac{1}{10}$にした数は□です。

3 次の2つの数の大小を、不等号（ふとうごう）を使って表しましょう。

5200000000　□　5000000000

学習日　月　日

★できた問題には、「た」をかこう！★

できた 1　できた 2　できた 3　できた 4　できた 5

教科書 上12〜18ページ　答え 1ページ

1 次の□にあてはまる数やことばを書きましょう。 教科書 13ページ1

① 一億を10こ集めた数は十億で、□と書きます。

② 十億を10こ集めた数は□で、10000000000と書きます。

③ 百億を□こ集めた数は千億で、100000000000と書きます。

2 次の数を読みましょう。 教科書 13ページ1、15ページ2

① 450 0000 0000　（　　　）

② 93 0000 0000 0000　（　　　）

3 次の数を数字で書きましょう。 教科書 17ページ3

① 60兆を10倍した数。　（　　　）

② 300億を100倍した数。　（　　　）

③ 70万を1000倍した数。　（　　　）

④ 8兆を$\frac{1}{10}$にした数。　（　　　）

よくみて

4 次の数直線で、㋐〜㋕は、どんな数を表していますか。 教科書 17ページ3

① 0　㋐　㋑　㋒　1億

② 9000億　㋓　9500億　㋔　1兆　㋕

目もり1つ分の大きさを考えよう。

㋐（　　）　㋑（　　）　㋒（　　）

㋓（　　）　㋔（　　）　㋕（　　）

5 次の2つの数の大小を、不等号を使って表しましょう。 教科書 17ページ3

① 3043670000 □ 3045670000

② 84096500000 □ 84092500000

ヒント　5 不等号は>、<で表されます。

次の□にあてはまる数を書きましょう。

ねらい 大きい数のしくみがわかるようにしよう。 練習 ❶❷→

大きい数のしくみ

✪どんな大きさの整数でも、0、1、2、3、4、5、6、7、8、9の10この数字を使って、書き表すことができます。

1 60 0320 0000 0000は、1兆(ちょう)を60こと、1億(おく)を□こ合わせた数です。

また、1億を□こ集めた数です。

千	百	十	一	千	百	十	一	千	百	十	一	千	百	十	一
			兆				億				万				
		6	0	0	3	2	0	0	0	0	0	0	0	0	0

ねらい 大きい数の計算ができるようにしよう。 練習 ❸❹→

大きい数の計算

✪たし算の答えを**和**(わ)、ひき算の答えを**差**(さ)といいます。

✪かけ算の答えを**積**(せき)、わり算の答えを**商**(しょう)といいます。

✪大きい数の計算は、大きい数を万、億、兆を使って書き表すと、わかりやすくなります。

2 次の和や差を求(もと)めましょう。

(1) 1600000000＋2300000000　(2) 563万－309万

とき方 (1) 1600000000は16億です。2300000000は□億なので、16億＋□億と書き表せて、和は□になります。

(2) 整数どうしでひき算をすると、563－309＝□なので、差は□になります。

3 次の積や商を求めましょう。

(1) 53万×2　(2) 300億÷3

とき方 (1) 53×2を計算すると、□なので、積は□になります。

(2) 300÷3を計算すると、□なので、商は□になります。

学習日　月　日

★できた問題には、「た」をかこう！★

でき 1　でき 2　でき 3　でき 4

教科書 上19～21ページ　答え 2ページ

1 60 1300 0000 0000について、□にあてはまる数を書きましょう。

教科書 19ページ 1

① 1兆を□こと、1億を1300こ合わせた数です。

② 10兆を□こと、1000億を□こと、100億を3こ合わせた数です。

③ 1億を□こ集めた数です。

2 次の数を数字で書きましょう。

教科書 19ページ 1

① 1億を420こと、1万を835こ合わせた数。

(　　　)

! まちがい注意

② 1兆を8こと、100億を3こと、10億を7こ合わせた数。

(　　　)

3 次の和や差を求めましょう。

教科書 20～21ページ 1

① 80万と210万の和。　(　　　)

② 298億＋304億　(　　　)

③ 92兆と27兆の差。　(　　　)

④ 6503億－629億　(　　　)

4 次の積や商を求めましょう。

教科書 20～21ページ 1

① 463億×2　(　　　)

② 718兆×5　(　　　)

③ 320万÷10　(　　　)

④ 54兆÷9　(　　　)

暗算でも
できるかな。

ヒント　3 4 整数どうしを計算して、万、億、兆をつけます。

1 大きい数

教科書 上12～24ページ　答え 2ページ

知識・技能　／86点

1 よく出る 次の数を読みましょう。　1つ5点(10点)

① 176500000000　(　　　)

② 8001800000000　(　　　)

2 よく出る 次の数を数字で書きましょう。　1つ5点(10点)

① 二億(おく)八千万　(　　　)

② 十兆(ちょう)六十三億　(　　　)

3 次の数を数字で書きましょう。　1つ5点(10点)

① 1兆を36こと、1億を1573こ合わせた数。

(　　　)

② 10兆を4こと、1000億を8こと、100億を6こ合わせた数。

(　　　)

4 よく出る 次の数を数字で書きましょう。　1つ5点(10点)

① 480億を100倍した数。　(　　　)

② 25兆を $\frac{1}{10}$ にした数。　(　　　)

5 次の数直線で、↑の表している数を書きましょう。　1つ5点(10点)

8000億　9000億　1兆　1兆1000億

㋐　㋑

㋐ (　　　)　㋑ (　　　)

学習日　月　日

6 次の計算をしましょう。　1つ6点(24点)

① 416万＋639万　(　　)

② 527億－438億　(　　)

③ 345億×4　(　　)

④ 72兆÷8　(　　)

7 次の2つの数の大小を、不等号(ふとうごう)を使って表しましょう。　1つ6点(12点)

① 220410000 □ 220390000

② 71423000000 □ 74123000000

思考・判断・表現　／14点

できたらスゴイ!

8 下の0から9までの10まいのカードのうち、9まいを使って、9けたの整数を作ります。　1つ7点(14点)

0	1	2	3	4	5	6	7	8	9

① いちばん大きい数を作りましょう。　(　　)

② いちばん小さい数を作りましょう。　(　　)

はってん　1000兆より大きい位(くらい)

教科書 18ページ

1 次のように、1000兆より大きい位もあります。
無量大数(むりょうたいすう)を数字で書くと、1の次に0が68こならびます。

100000000000000000000000000000000000000000000000000000000000000000000000

無量大数	不可思議(ふかしぎ)	那由他(なゆた)	阿僧祇(あそうぎ)	恒河沙(ごうがしゃ)	極(ごく)	載(さい)	正(せい)	澗(かん)	溝(こう)	穣(じょう)	秭(じょ)	垓(がい)	京(けい)	兆	億	万	千	百	十	一

① 1恒河沙は、1の次に0が何こならびますか。
(　　)

② 725京を、数字で書きましょう。
(　　)

◀日本では、大きい数は、4けたごとに位の読み方がつけられています。
兆より大きい位は、4けたごとに、
京、垓、秭、穣、
溝、澗、正、載、…
と位が上がっていきます。

ふりかえり　1がわからないときは、2ページの1にもどってかくにんしてみよう。

次の□にあてはまる数を書きましょう。

ねらい 折れ線グラフについて調べ、かけるようにしよう。　練習 ① ②

折れ線グラフ

✪変わっていくようすを表したグラフを、**折れ線グラフ**といいます。

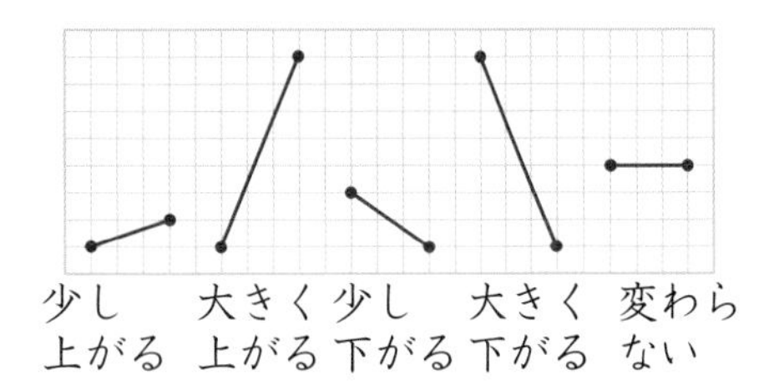

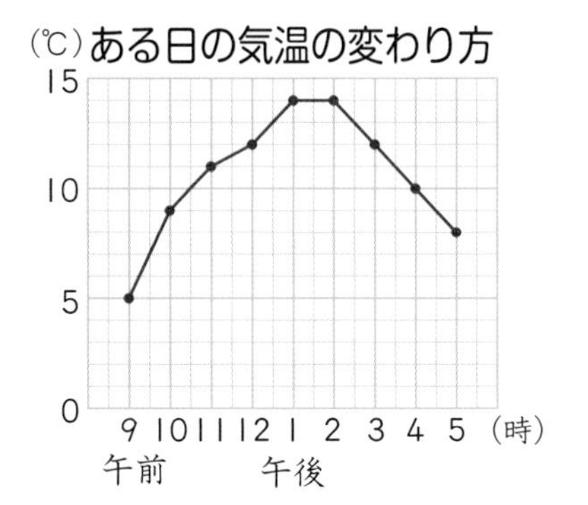

1 次の表は、さとしさんの体重を調べたものです。

さとしさんの体重

年れい(才)	5	6	7	8	9	10
体重(kg)	18	20	23	25.5	30.5	33

折れ線グラフをかいてみましょう。

とき方 横のじくとたてのじくの単位を書きます。
たてのじくの目もりは0からはじめます。
たてのじくに、いちばん大きい数が表せるように目もりをつけます。
表を見て、点を打ちます。その点と点を直線で結びます。表題を書きましょう。
たてのじくのあ、いの目もりをじゅんに、
① □、② □ とします。
変わり方がいちばん大きかったのは、
③ □ 才から ④ □ 才までの間であることがわかります。

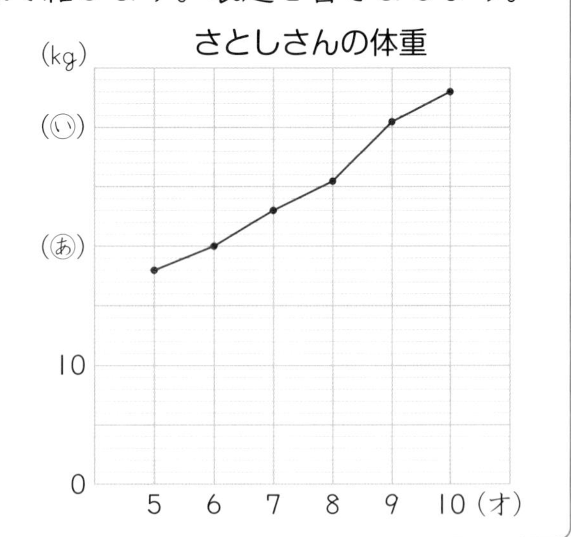

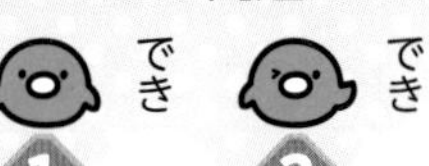

★できた問題には、「た」をかこう！★

できた 1 　できた 2

学習日　月　日

教科書 上25〜31ページ　答え 3ページ

1 右の折れ線グラフは、ある日の気温の変わり方を調べたものです。

教科書 28ページ 2

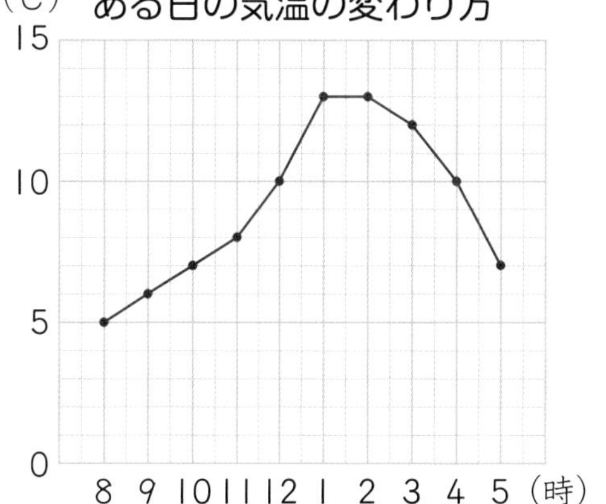

① 午前10時の気温は、何℃ですか。

(　　　)

② 気温がもっとも高かったのは、何℃ですか。

(　　　)

③ 気温が変わらなかったのは、何時から何時の間ですか。

(　　　)

④ 気温の下がり方がいちばん大きかったのは、何時から何時の間ですか。

(　　　)

⑤ 午前8時から午後1時までに、気温は何℃上がりましたか。

(　　　)

2 次の表は、ある市の月別の気温を表したものです。

教科書 30ページ 1

ある市の月別気温

月	1	2	3	4	5	6	7	8	9	10	11	12
気温(℃)	9	8	13	16	20	23	27	29	26	22	15	10

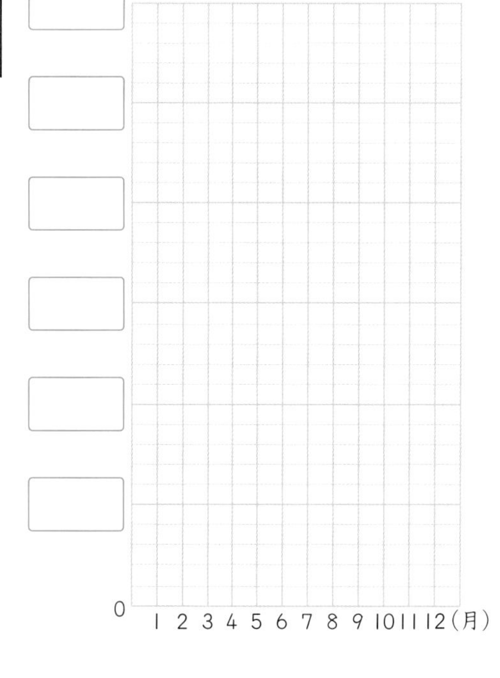

① たてのじくの□に数を書きましょう。

② 1月からの気温を、表を見て、点を打ち、折れ線グラフに表しましょう。

③ 気温の変わり方がいちばん大きかったのは、何月から何月の間ですか。

(　　　)

最高気温が表せるように、たてのじくに目もりをつけましょう。

2 ③ 気温の変わり方が大きいものは、上がっているとき、下がっているときのどちらも考えます。

③ 折れ線グラフのくふう

教科書 上32ページ　答え 3ページ

次の□にあてはまる数やことばを書きましょう。

ねらい 折れ線グラフの変わり方がよくわかるように、くふうしてグラフをかこう。 練習 1→

折れ線グラフのくふう

✪折れ線グラフをかくときに、変わり方をはっきり表せるようにするために、右のように、〰を使って、いらない目もりを省くことがあります。

✪目もりを省いたり、1目もりの大きさを変えることで、変わり方がよくわかるようになります。

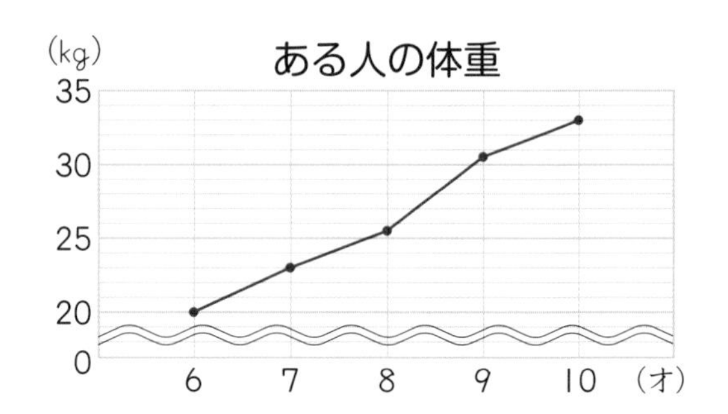

1 次の表は、まほさんの身長を調べたものです。
この表をもとにして、くふうして折れ線グラフをかいてみましょう。

まほさんの身長

年れい(才)	6	7	8	9	10
身長(cm)	112	121	128	137	143

とき方 右のグラフで、たてのじくはいちばん高い ① cm を表せるように目もりをつけます。また、グラフでは、112 cm から 143 cm が表せるようにすればよいので、110 cm より小さい目もりは、必要ありません。

あの目もりを ② にすると、
い ③ 、う ④ 、
え ⑤ 、お ⑥ となり、全部の身長を表すことができます。〰は折れ線グラフにいらない ⑦ を省いたことを表しています。

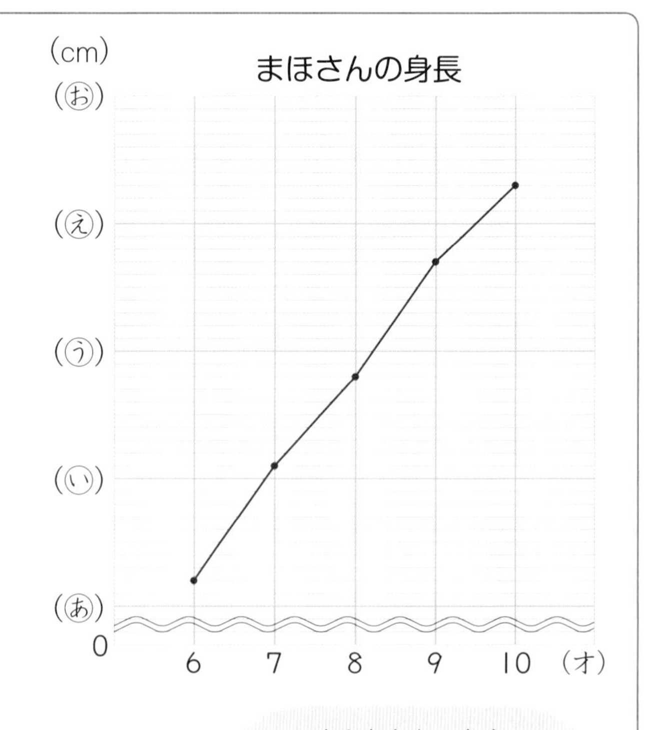

〰を入れなかったら、グラフの1目もりが小さくなり、変わり方がはっきりしないんだね。

★できた問題には、「た」をかこう！★

でき ①

学習日　月　日

教科書 上32ページ　答え 3ページ

1 次の表は、かぜをひいたときのあかりさんの体温を、１時間ごとにはかったものです。

教科書 32ページ 1

あかりさんの体温

時こく(時)	体温(℃)
午前　9	37.5
10	38
11	38
12	39
午後　1	39.5
2	39
3	38
4	36.5
5	36

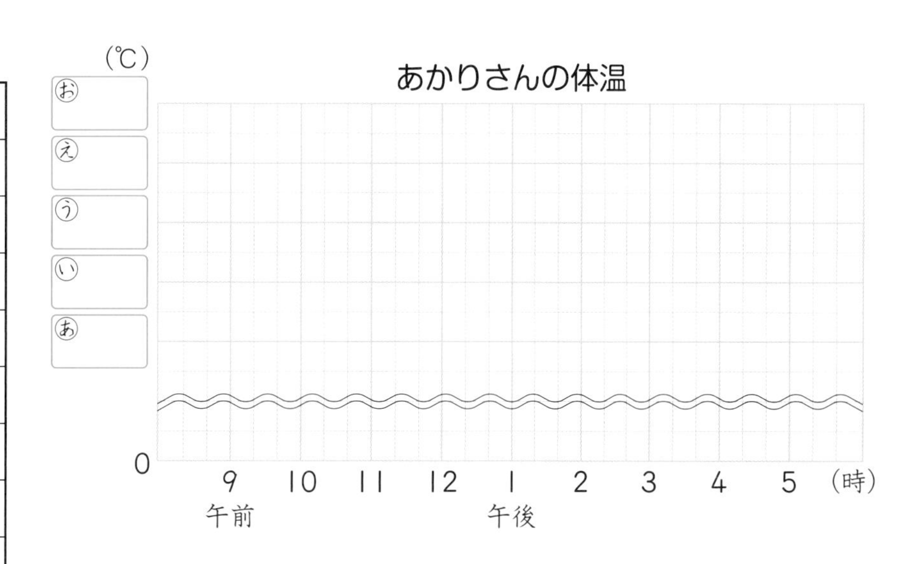

① たてのじくのあ～おにあてはまる数を書きましょう。

② 折れ線グラフに表しましょう。

③ 〰〰は何を表していますか。

(　　　　　)

よくみて

④ 体温の変わり方がいちばん大きかったのは、何時から何時の間ですか。

(　　　　　)

ヒント ① ④ 折れ線グラフの上がり方や下がり方が大きいところを調べます。

② 折れ線グラフ

教科書 上25～37ページ　答え 4ページ

知識・技能　／50点

1 次の①～⑤の中で、折れ線グラフで表した方がよいものには○、ぼうグラフで表した方がよいものには×を書きましょう。　1つ5点(25点)

① 毎月はかった自分の体重。　(　　)

② 同じ時こくに調べた各地の気温。　(　　)

③ 毎月同じ時こくにはかった、プールの水温。　(　　)

④ 4月にはかったクラスの人の体重。　(　　)

⑤ 3日ごとにはかった、ひまわりの高さ。　(　　)

2 よく出る 右の折れ線グラフは、たけしさんの家で、１年間の気温と井戸水の温度を調べて表したものです。次の問題に答えましょう。　1つ5点(25点)

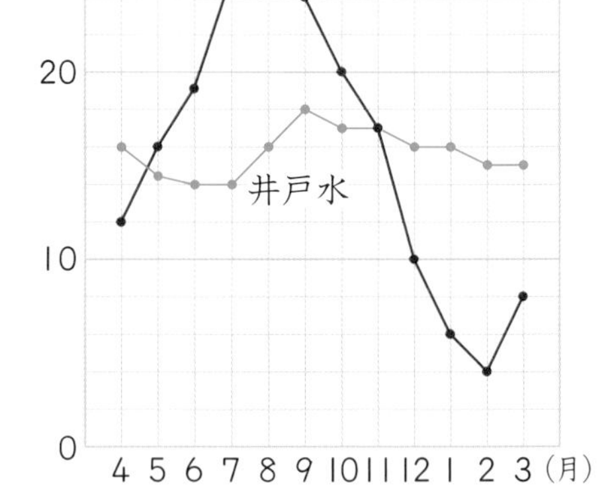

① たてのじくの１目もりは、何℃ですか。

(　　)

② 気温と井戸水の温度が同じだったのは、何月ですか。

(　　)

③ 井戸水の温度の方が気温より高かったのは、何か月ありましたか。

(　　)

④ 気温と井戸水の温度の差がいちばん大きかったのは何月で、その差は何℃でしたか。

月 (　　)　差 (　　)

学習日　　月　　日

思考・判断・表現　／50点

できたらスゴイ！

3 次の表は、あるちゅう車場にとまっている車の数を、1時間ごとに調べたものです。これを、折れ線グラフに表します。下の問題に答えましょう。　1つ5点(50点)

ちゅう車場にとまっている車の数

時こく(時)	7	8	9	10	11	12
台数(台)	39	58	52	46	32	38

① たてのじく、横のじくには、それぞれ何をとればよいですか。

たて（　　　　）　横（　　　　）

② たてのじくの目もりを5ずつ書くとき、いくつからいくつまであればよいですか。

（　　　　）

③ Ⓐ～Ⓓにあてはまる数、Ⓔ、Ⓕに単位(たんい)を入れ、1目もりの大きさを1台として、折れ線グラフに表しましょう。

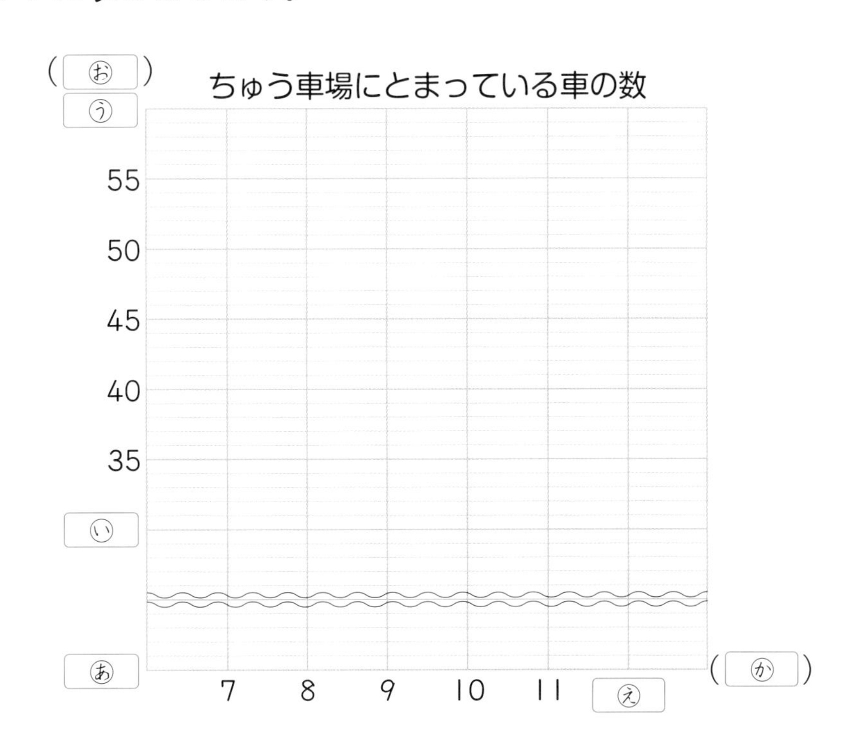

あ（　　　　）　い（　　　　）　う（　　　　）

え（　　　　）　お（　　　　）　か（　　　　）

3がわからないときは、10ページの1にもどってかくにんしてみよう。

学習日　月　日

3 わり算

① わり算のきまり
② 何十、何百のわり算

教科書 上38～45ページ　答え 4ページ

次の□にあてはまる数を書きましょう。

ねらい わり算のきまりがわかるようにしよう。　練習 ① ②

わり算のきまり

✪わり算では、わられる数とわる数に同じ数をかけて計算しても、商は変わりません。
また、わられる数とわる数を同じ数でわって計算しても、商は変わりません。

✪わり算では、わる数を□倍すると、商は□でわった数になります。
また、わる数を□でわると、商は□倍になります。

$3 \div 1 = 3$
↓×2　↓×2
$6 \div 2 = 3$
↓×3　↓×3
$18 \div 6 = 3$

$18 \div 6 = 3$
↓÷2　↓÷2
$9 \div 3 = 3$
↓÷3　↓÷3
$3 \div 1 = 3$

1 わり算のきまりを使って、□にあてはまる数を求めましょう。

(1) $24 \div 6 = 8 \div$□　　(2) $8 \div 2 =$□$\div 4$

とき方 (1) $24 \div 3 = 8$ で、わられる数を ① でわっているので、わる数も ② でわれば、商は変わりません。□は ③ です。

(2) $2 \times 2 = 4$ で、わる数に ① をかけているので、わられる数にも ② をかければ、商は変わりません。□は ③ です。

ねらい 何十、何百のわり算ができるようにしよう。　練習 ③

何十、何百のわり算

✪何十のわり算は、 10のまとまりで考えます。

✪何百のわり算は、100のまとまりで考えます。

2 80まいの色紙を4人で同じ数ずつ分けます。
1人分は、何まいになりますか。

とき方

10 10 10 10 10 10 10 10

10まいずつのたばにします。
10まいのたばが ① たばあるから、4人で分けると、$8 \div 4 =$ ② で、③ たばずつ分けることができます。1人分は ④ まいです。

練習

学習日　月　日

★できた問題には、「た」をかこう！★

できき ❶　できき ❷　できき ❸

教科書 上38～45ページ　答え 4ページ

❶ わり算のきまりを使って、□にあてはまる数を求めましょう。

教科書 39ページ 1

① 21 ÷ 3 ＝7
　↓×㋐□　↓×2
　42 ÷ ㋑□ ＝7

② 24 ÷ 8 ＝3
　↓÷4　↓÷㋐□
　6 ÷ 2 ＝㋑□

③ 15÷3＝□÷6

④ 12÷6＝4÷□

⑤ 27÷9＝□÷3

⑥ 32÷8＝8÷□

❷ わり算のきまりについて、次の□にあてはまる数を求めましょう。

教科書 41ページ 2

① 18 ÷ 3 ＝ 6
　↓×㋐□　↓÷㋑□
　18 ÷ 9 ＝ ㋒□

② 24 ÷ 3 ＝㋐□
　↓÷㋑□　↓÷㋒□
　6 ÷ 3 ＝ 2

わられる数を□で
わると、商は…。

❸ 次の計算をしましょう。

教科書 43ページ 1

① 40÷2　② 80÷8　③ 240÷6

④ 600÷3　⑤ 800÷4　⑥ 3500÷7

ヒント ❷ ① わる数を□倍すると、商は□でわった数になります。

4 角

① 角の大きさ
② 回転の角の大きさ
③ 角のはかり方

学習日　月　日

教科書 上 46～54 ページ　答え 4 ページ

次の□にあてはまる数や記号を書きましょう。

ねらい 角の大きさがわかるようにしよう。　練習 ❶❷→

角の大きさ

✪角の大きさは、辺(へん)の長さに関係(かんけい)なく、辺の開きぐあいで決まるので、ちょくせつくらべたり、三角じょうぎの角のいくつ分かでくらべたりできます。

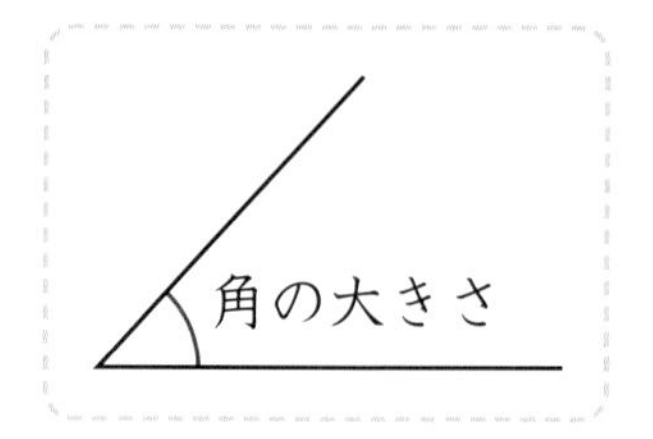

1 右の図で、角の大きさが大きいのは、辺の開きぐあいが大きい□の角です。

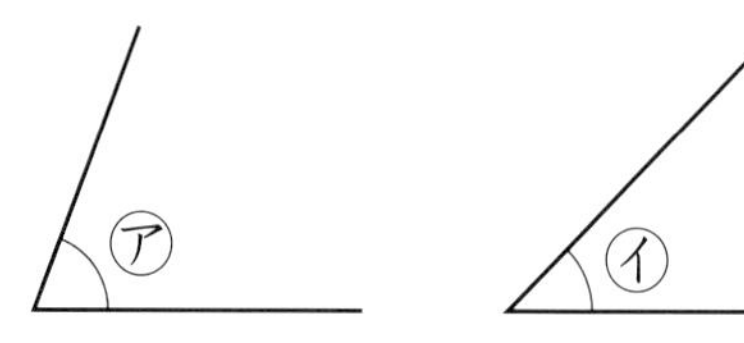

2 右の図で、ウの角は直角2つ分で□直角、エの角は直角4つ分で□直角といいます。

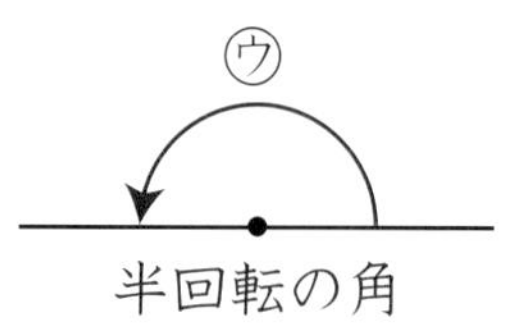

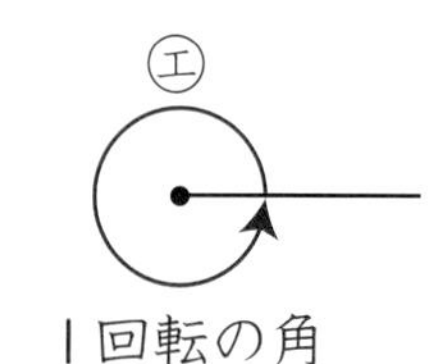

ねらい 角の大きさを、分度器(ぶんどき)ではかれるようにしよう。　練習 ❸❹❺→

角のはかり方

✪1回転した角を360等分した1つ分の角の大きさを1°と書き、**1度**(ど)と読みます。

✪度は、角の大きさの単位(たんい)です。角の大きさのことを**角度**(かくど)ともいいます。

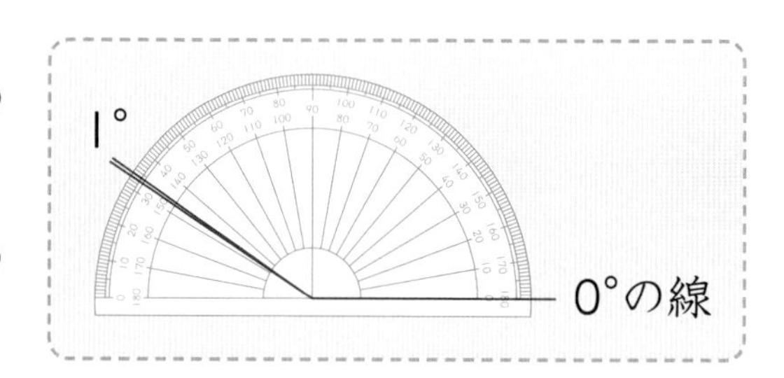

3 **右のあの角度のはかり方**

❶ 分度器の中心を頂点(ちょうてん)□に合わせます。

❷ 0°の線を辺□に重ねます。

❸ 辺アウと重なっている目もりで、0°の線を合わせた方の目もりを読んで、□°です。

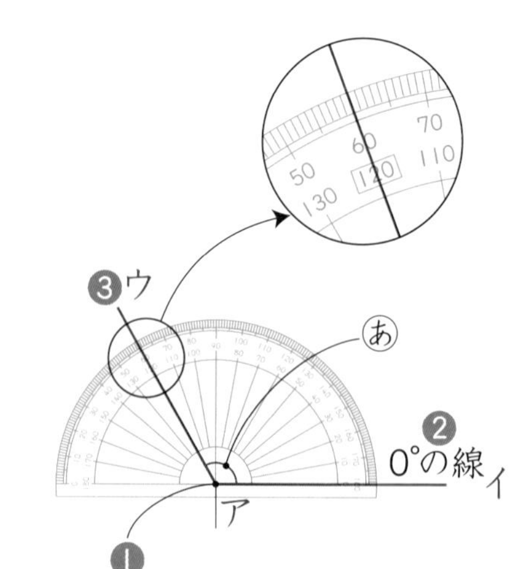

角の大きさは、1°のいくつ分で表すよ。

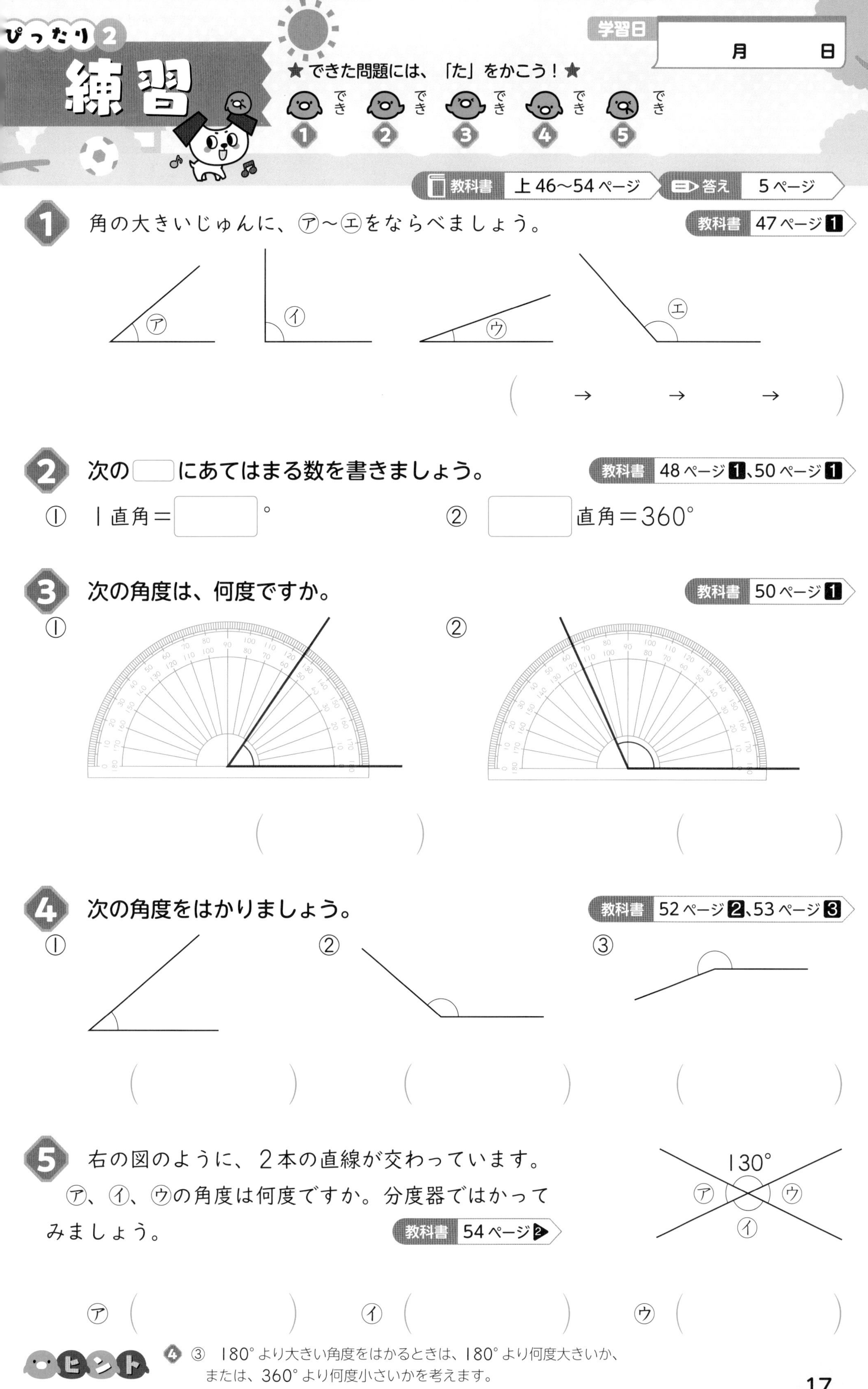

ぴったり2 練習

★できた問題には、「た」をかこう！★

学習日　月　日

教科書 上46～54ページ　答え 5ページ

1 角の大きいじゅんに、㋐～㋓をならべましょう。　教科書 47ページ 1

（　→　→　→　）

2 次の□にあてはまる数を書きましょう。　教科書 48ページ 1、50ページ 1

① 1直角＝□°　② □直角＝360°

3 次の角度は、何度ですか。　教科書 50ページ 1

①（　）②（　）

4 次の角度をはかりましょう。　教科書 52ページ 2、53ページ 3

①（　）②（　）③（　）

5 右の図のように、2本の直線が交わっています。㋐、㋑、㋒の角度は何度ですか。分度器ではかってみましょう。　教科書 54ページ 2

130°

㋐（　）㋑（　）㋒（　）

ヒント

4 ③ 180°より大きい角度をはかるときは、180°より何度大きいか、または、360°より何度小さいかを考えます。

次の□にあてはまる数や直線をかきましょう。

ねらい 分度器(ぶんどき)を使って、角をかけるようにしよう。 練習 ① ②

角のかき方

✪分度器を使うと、いろいろな大きさの角をかくことができます。

1 70°の大きさの角をかきましょう。

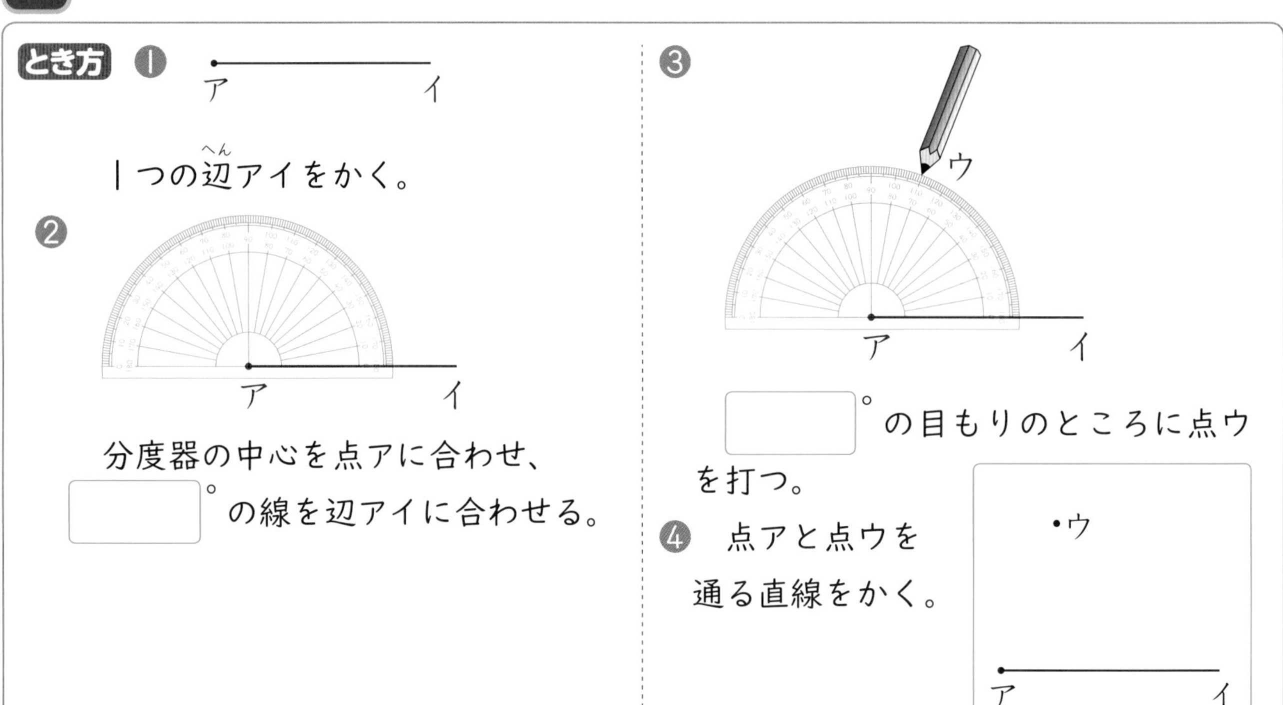

とき方
❶ ア イ
１つの辺(へん)アイをかく。
❷ ア イ
分度器の中心を点アに合わせ、
□°の線を辺アイに合わせる。
❸ ウ ア イ
□°の目もりのところに点ウを打つ。
❹ 点アと点ウを通る直線をかく。
ウ ア イ

ねらい 三角じょうぎの角を調べよう。 練習 ③

三角じょうぎの角

✪三角じょうぎの角の大きさは、右のようになっています。

✪三角じょうぎを組み合わせると、いろいろな角を作ることができます。

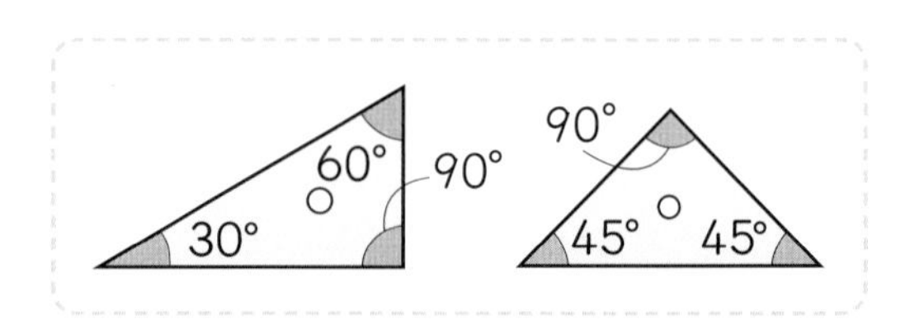

2 三角じょうぎを組み合わせて、角を作りました。㋐、㋑の角度は何度ですか。

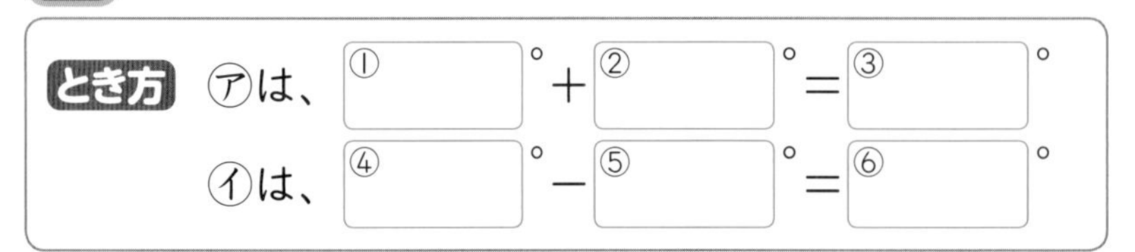

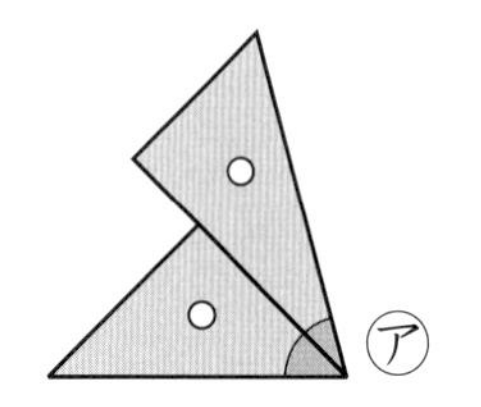

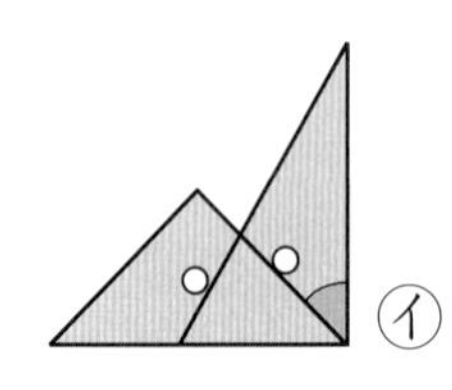

練習

★できた問題には、「た」をかこう！★

でき 1　でき 2　でき 3

教科書 上55～58ページ　答え 5ページ

1 次の大きさの角をかきましょう。

教科書 55ページ 1

① 45°　　② 110°

！まちがい注意

③ 200°

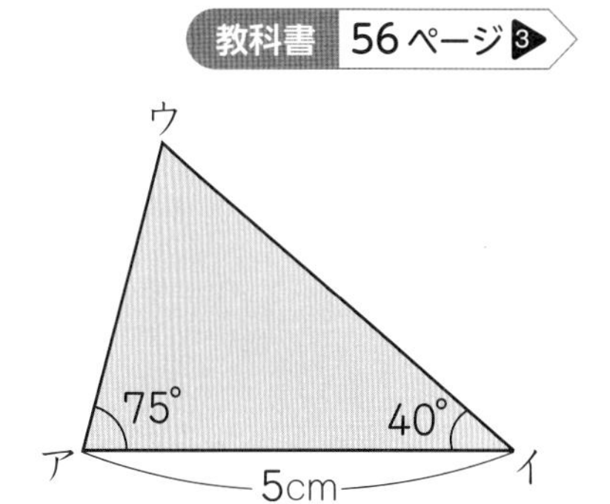

180°より大きい角は、
分度器をどう使えばい
いかな。

2 右のような三角形をかきましょう。

教科書 56ページ 3

ア ―――――――― イ

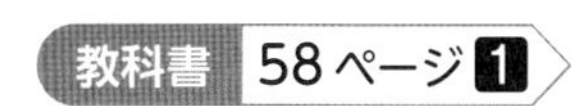

3 三角じょうぎを組み合わせて、角を作りました。

㋐、㋑の角度は何度ですか。

教科書 58ページ 1

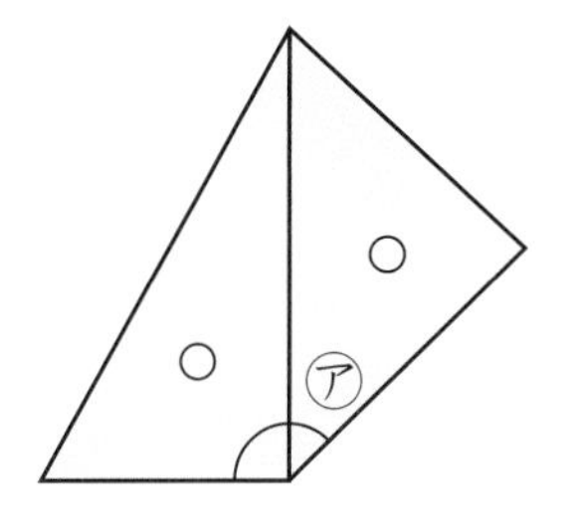

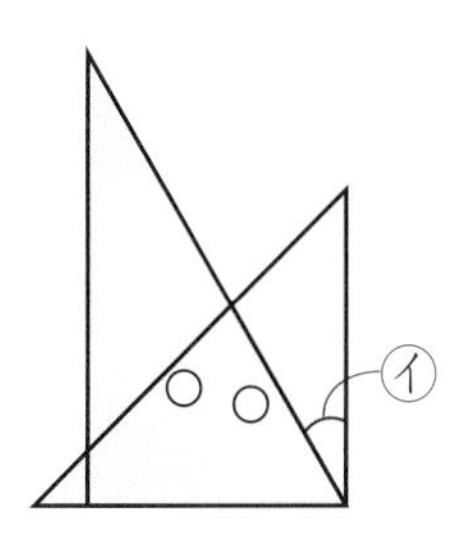

㋐（　　　　）

㋑（　　　　）

ヒント

1 ③ 180°より大きい角は、180°より何度大きいかを考えてかくか、360°より何度小さいかを考えてかきます。

4 角

教科書 上46～61ページ　答え 6ページ

知識・技能　／90点

1 次の□にあてはまる数を書きましょう。　1つ5点(10点)

① 半回転の角＝□°

② 270°＝□直角

2 よく出る 次の角度をはかりましょう。　1つ5点(20点)

①　（　　）

②　（　　）

③　（　　）

④　（　　）

3 よく出る 次の大きさの角をかきましょう。　1つ5点(20点)

① 120°

② 190°

③ 58°

④ 250°

学習日　　月　　日

4 次の図のように、直線が交わっています。

㋐〜㋓の角度は、それぞれ何度ですか。分度器を使わずに、計算で求めましょう。

1つ5点(20点)

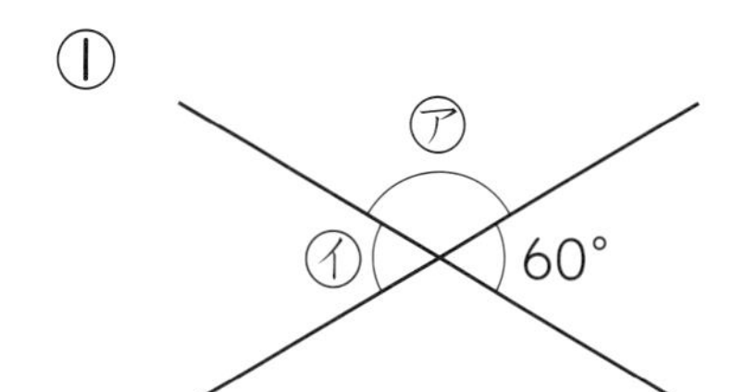

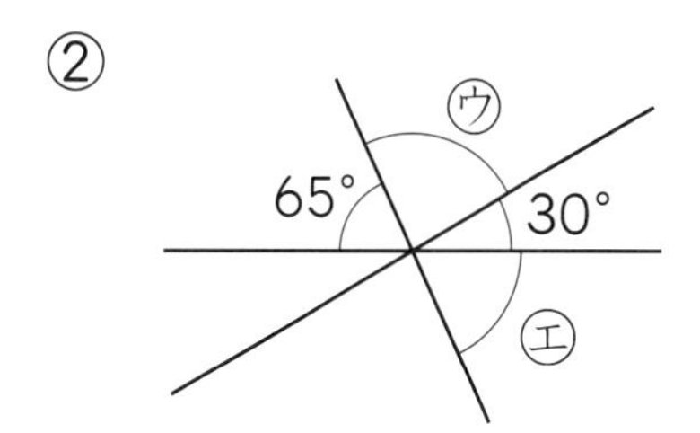

㋐（　　　　）　㋒（　　　　）

㋑（　　　　）　㋓（　　　　）

5 よく出る 三角じょうぎを、次のように組み合わせました。

㋐〜㋓の角度を求めましょう。

1つ5点(20点)

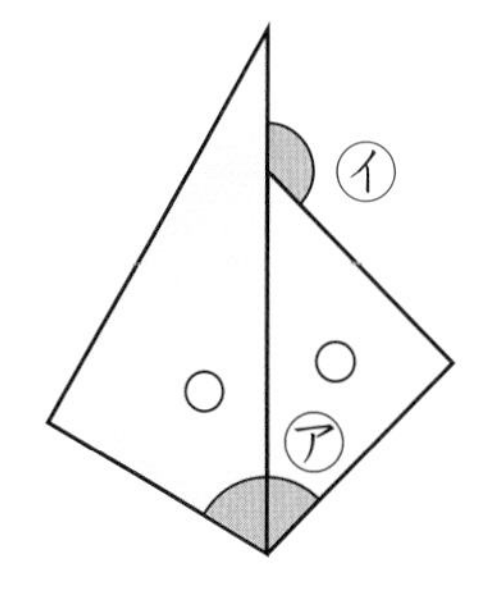

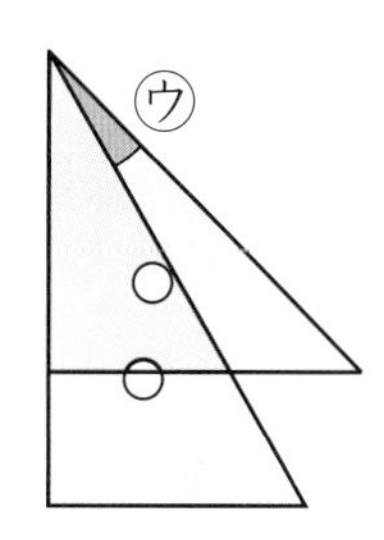

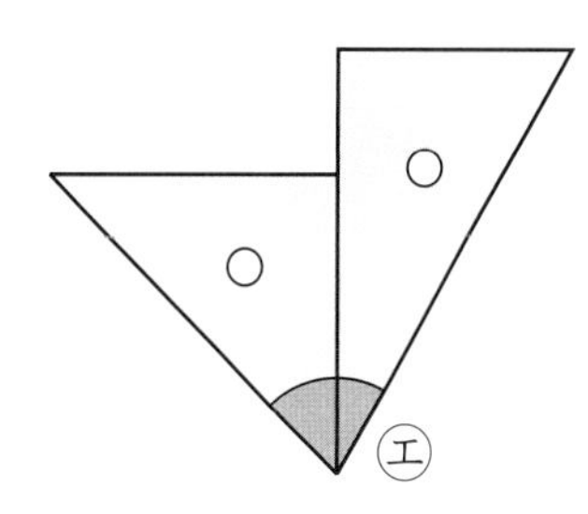

㋐（　　　　）　㋑（　　　　）

㋒（　　　　）　㋓（　　　　）

思考・判断・表現　／10点

できたらスゴイ!

6 長方形の紙を、右の図のように折りました。

㋐の角度を求めましょう。　(10点)

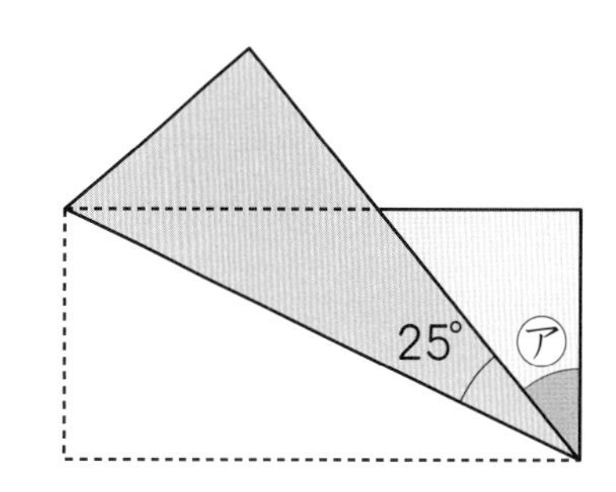

（　　　　）

ふりかえり　❶①がわからないときは、16ページの❷にもどってかくにんしてみよう。

学習日　月　日

(2けた)÷(1けた)の計算

教科書 上62～65ページ　答え 6ページ

次の□にあてはまる数を書きましょう。

ねらい 答えが九九にないわり算の計算のしかたを考えられるようにしよう。 練習 1 →

答えが九九にないわり算の計算①

答えがわられる数と同じになる九九を使って考えます。

1 42÷3 の計算のしかたを考えましょう。

とき方 7×6＝42 を使って考えます。
ブロックを7×6の形にならべて、3つに分けました。
7が2つ分だから、答えは□です。

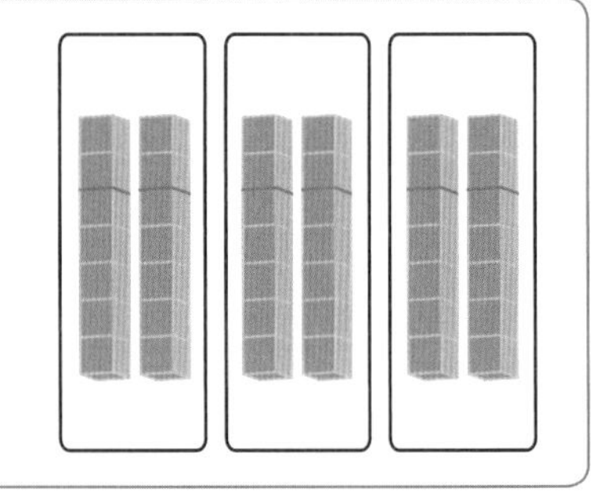

答えが九九にないわり算の計算②

わる数と商の関係(かんけい)のきまりを使って考えます。

2 48÷4 の計算のしかたを考えましょう。

とき方 48÷4＝□
↑÷2　↑×2
48÷8＝6

わられる数が同じとき、わる数を2でわると、商は2倍になります。
6×2＝□

1 九九を使って、次の□にあてはまる数を書きましょう。 教科書 63ページ 1

① 54÷3＝□
・答えが54になる九九は、
9×6＝54
ブロックを9×6の形にならべて、3つに分けると、1つ分は、9×2

② 72÷4＝□
・答えが72になる九九は、
9×8＝72
ブロックを9×8の形にならべて、4つに分けると、1つ分は、9×2

5 (2けた)÷(1けた)の計算

時間 20分

／100

ごうかく 80点

教科書 上62～65ページ　答え 7ページ

知識・技能　／78点

1 64÷4 を、次のような計算のしかたで計算します。□にあてはまる数を書きましょう。

全部できて　1問13点(52点)

① 64 を 32 と 32 に分けて

・32÷4=㋐□

㋑□×2=㋒□

② 64 を 36 と 28 に分けて

・36÷4=9

・28÷4=㋐□

9+㋑□=㋒□

③ 64 を 40 と 24 に分けて

・40÷4=㋐□

24÷4=㋑□

㋒□+㋓□=㋔□

④ わる数と商の関係のきまりを使って

・64÷4=㋐□

↑÷2　↑×㋑□

64÷8=　8

2 72÷3 を、次のような計算のしかたで計算します。□にあてはまる数を書きましょう。

全部できて　1問13点(26点)

① 8×9=72 を使って

・ブロックを 8×9 の形にならべて、3つに分けると、1つ分は

8×㋐□=㋑□

② わる数と商の関係のきまりを使って

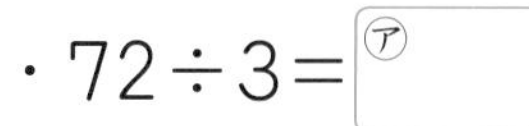

・72÷3=㋐□

↑÷3　↑×㋑□

72÷9=　8

思考・判断・表現　／22点

できたらスゴイ！

3 計算のしかたを考え、答えを出しましょう。

1問11点(22点)

① 81÷3

② 36÷2

① 商が1けたのわり算
② 商が2けたのわり算ー(1)

教科書 上66～69ページ　答え 7ページ

次の□にあてはまる数を書きましょう。

ねらい わり算の筆算ができるようにしよう。 練習 ❶❷→

わり算の筆算

✪たてる → かける → ひく　の順(じゅん)に計算します。

✪右の筆算で、3が商(しょう)になります。あまりのあるわり算の答えは、商と**あまり**になります。

```
    3 ←たてる
8）25
   24 ←かける
   ――
    1 ←ひく
```

わり算の答えのたしかめ

✪答えのたしかめは、わる数×商＋あまり＝わられる数　の式にあてはめます。

1 46÷5 を計算しましょう。また、答えのたしかめをしましょう。

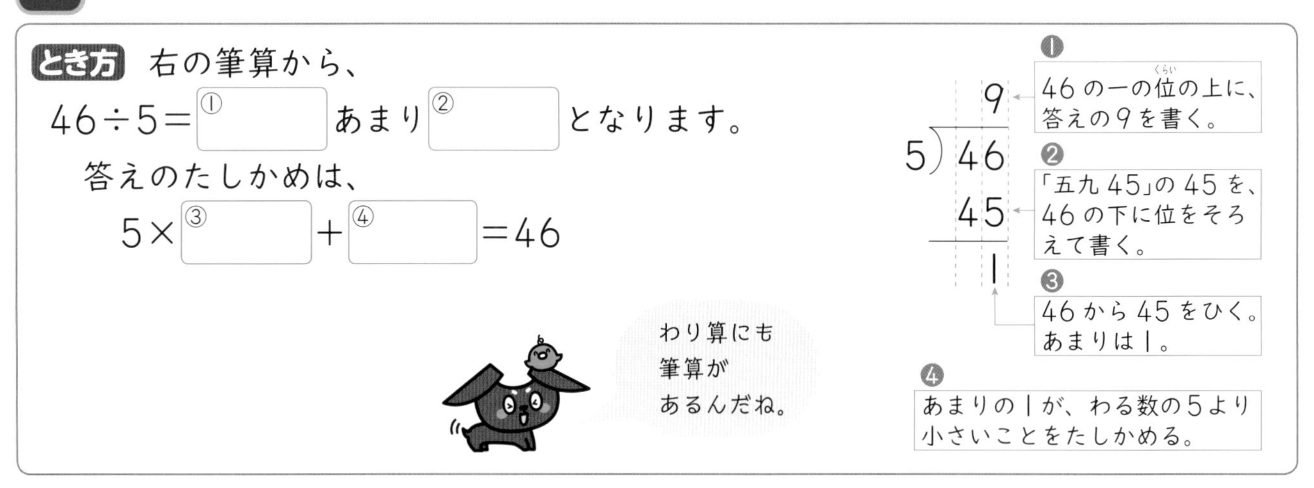

とき方 右の筆算から、

46÷5＝①□ あまり ②□ となります。

答えのたしかめは、

5×③□＋④□＝46

```
    9
5）46
   45
   ――
    1
```

❶ 46 の一の位(くらい)の上に、答えの9を書く。

❷ 「五九 45」の 45 を、46 の下に位をそろえて書く。

❸ 46 から 45 をひく。あまりは1。

❹ あまりの1が、わる数の5より小さいことをたしかめる。

ねらい 商が2けたのわり算のしかたを考えよう。 練習 ❸→

(2けた)÷(1けた)＝(2けた)

✪わられる数の十の位の数は、10 のまとまりのこ数と考えます。

2 52 まいの色紙を、4人で同じ数ずつ分けます。
1人分は何まいになりますか。

とき方 式を書きましょう。　52÷4

商を求(もと)めましょう。10 まいのたばにして分けると、1たばと2まいあまります。

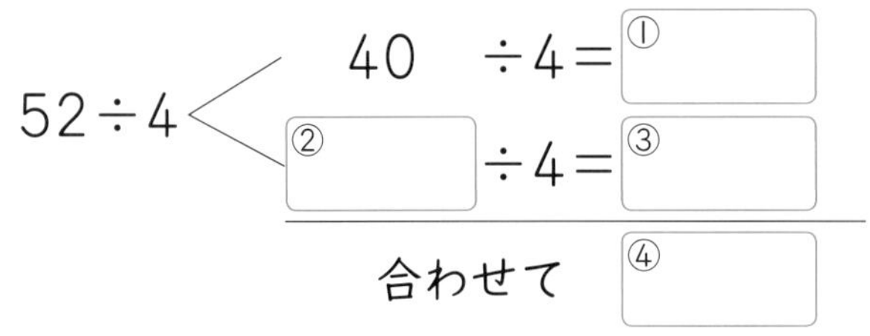

52÷4 ＜ 40　÷4＝①□
　　　　②□÷4＝③□

合わせて ④□　　1人分は ⑤□ まいです。

★できた問題には、「た」をかこう！★

学習日　月　日

教科書 上66〜69ページ　答え 7ページ

1 次の計算を筆算でしましょう。　教科書 66ページ 1

① 34÷5　② 45÷6　③ 56÷7

2 次の計算を筆算でしましょう。
また、答えのたしかめもしましょう。　教科書 66ページ 1

① 19÷3

たしかめ
(　)×(　)+(　)=(　)

② 54÷6

たしかめ
(　)×(　)=(　)

③ 43÷8

たしかめ
(　)×(　)+(　)=(　)

④ 86÷9

たしかめ
(　)×(　)+(　)+(　)=(　)

3 次の□にあてはまる数を求めましょう。　教科書 68ページ 1

① 48÷2 ＜ 40 ÷2=20 / □÷2=□
合わせて □

② 75÷3 ＜ □÷3=20 / 15 ÷3=□
合わせて □

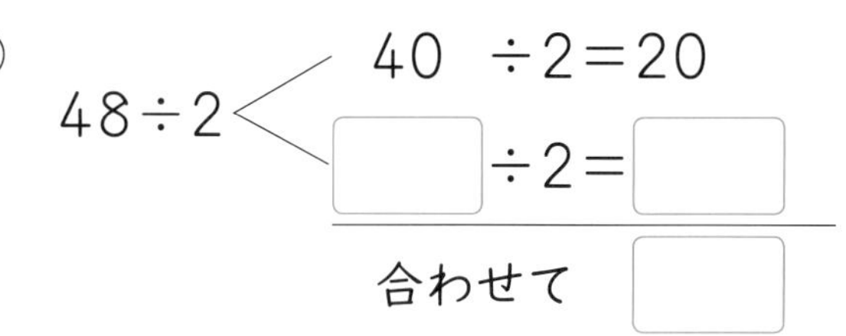

ヒント　2 たしかめの式の答えがわられる数と同じになるか、かくにんします。

② 商が2けたのわり算－(2)

教科書 上68～72ページ　答え 7ページ

次の□にあてはまる数を書きましょう。

ねらい 商が2けたのわり算の筆算ができるようにしよう。 練習 ❶❷❸→

筆算のしかた

大きい位から順に、

たてる → かける → ひく → おろす → たてる → かける → ひく

と計算します。

1 65÷4 を計算しましょう。

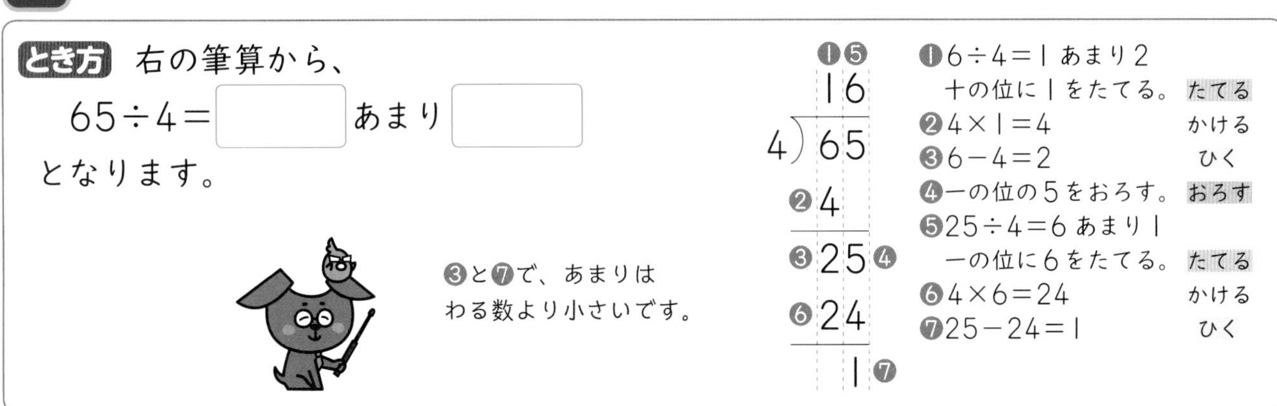

とき方 右の筆算から、

65÷4=□ あまり □

となります。

❶6÷4=1 あまり2
十の位に1をたてる。 たてる
❷4×1=4 かける
❸6−4=2 ひく
❹一の位の5をおろす。 おろす
❺25÷4=6 あまり1
一の位に6をたてる。 たてる
❻4×6=24 かける
❼25−24=1 ひく
❸と❼で、あまりはわる数より小さいです。

2 74÷3 の筆算のしかたを説明しましょう。

とき方 まず、7÷3で、十の位に①□をたてます。

3×2=6 なので、7−6=②□。

一の位の4をおろして、14になります。

14÷3で、一の位に③□をたてます。

3×4=12 なので、14−12=2 となり、

74÷3=④□ あまり2です。

3 41÷2 を計算しましょう。

とき方 まず、4÷2で、十の位に2をたてます。

2×2=4で、4−4=0なので、一の位の1をおろします。

□÷2になるので、一の位には0をたてます。（0のあつかいに気をつけよう。）

2×0=0、1−0=1です。最後の計算は省くことができます。

ぴったり2

練習

★できた問題には、「た」をかこう！★

でき ① でき ② でき ③

学習日　月　日

教科書 上68〜72ページ　答え 7〜8ページ

1 次の計算を筆算でしましょう。

教科書 68ページ 1、70ページ 2

① 64÷4　② 78÷3　③ 94÷2

2 次の計算を筆算でしましょう。また、答えのたしかめもしましょう。

教科書 71ページ 3

① 41÷3　② 63÷4

たしかめ（　　）　たしかめ（　　）

③ 73÷6　④ 82÷7

たしかめ（　　）　たしかめ（　　）

3 次の計算を筆算でしましょう。

教科書 72ページ 4

① 47÷2　② 62÷6　③ 91÷3

ヒント 1 まず、十の位の数÷わる数の商を十の位にたてます。

③ (3けた)÷(1けた)の計算
④ (3けた)÷(1けた)=(2けた)の計算

学習日　月　日

教科書 上73~76ページ　答え 8ページ

次の□にあてはまる数を書きましょう。

ねらい (3けた)÷(|けた)の計算ができるようにしよう。 練習 1 2

(3けた)÷(|けた)のわり算の筆算

✪(2けた)÷(|けた)の筆算と同じように、大きい位(くらい)から順(じゅん)に計算します。

✪商が百の位にたたないときは、十の位からたてて、計算を始めます。

1 574÷4 を筆算でしましょう。

とき方 ❶ 百の位の5とわる数の4をくらべます。
5÷4=|あまり|　だから、百の位に①□をたてます。
❷ 4×|=4、5−4=|、十の位の7をおろします。
❸ ②□÷4=4 あまり|　だから、十の位に4をたてます。
❹ 4×4=|6、|7−|6=|、一の位の5をおろします。
❺ |4÷4=③□あまり④□　だから、一の位に3をたてます。
❻ 4×3=|2、|4−|2=2　となり、574÷4=|43 あまり2です。

```
 ❶❸❺
   143
4)574
  4      ❷
  17
  16     ❹
   14
   12    ❻
    2
```

2 627÷6 を筆算でしましょう。

とき方 まず、6÷6 で、百の位に①□をたてます。
6×|=6、6−6=0 なので、十の位の2をおろします。
2÷6 になりますが、われないので、十の位には②□をたて、一の位の7をおろします。
27 になるので、一の位には③□がたちます。
27−24=3 となり、627÷6=④□あまり3です。

```
   104
6)627
  6
   27
   24
    3
```

3 3|4÷4 を筆算でしましょう。

とき方 3÷4 で、商は百の位にたちません。
十の位も合わせて、3|÷4 で、十の位に①□をたて、計算を始めます。
3|4÷4=②□あまり③□です。

```
    78
4)314
  28
   34
   32
    2
```

練習

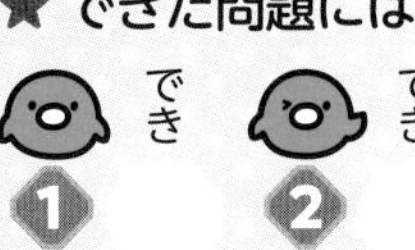

月　　日

1 次の計算を筆算でしましょう。

教科書 73ページ1、75ページ2

① 864÷2　② 435÷3　③ 772÷6

④ 837÷5　⑤ 560÷2　⑥ 923÷4

⑦ 915÷3　⑧ 528÷5

0のあつかいには
気をつけようね。

2 次の計算を筆算でしましょう。

教科書 76ページ1

① 228÷3　② 332÷4　③ 486÷9

④ 337÷5　⑤ 468÷8　⑥ 647÷7

ヒント 2 商が百の位にたたないので、十の位からたてて計算します。

⑥ 1けたでわるわり算

教科書 上66〜78ページ　答え 9〜10ページ

知識・技能　／80点

1 51÷4 について、答えましょう。　1つ2点(8点)

① わられる数はいくつですか。　(　　　)

② 51÷4 を、右のように筆算でしました。商はいくつですか。　(　　　)

```
   12
4)51
   4
   11
    8
    3
```

③ 51÷4 の答えのたしかめをしました。次の㋐、㋑にあてはまる数を書きましょう。

[㋐]×12+[㋑]=51

㋐(　　　)　㋑(　　　)

2 よく出る 次の計算を筆算でしましょう。　1つ5点(45点)

① 47÷6　② 96÷4　③ 81÷3

④ 67÷5　⑤ 74÷7　⑥ 428÷2

⑦ 398÷2　⑧ 657÷6　⑨ 721÷4

3 次の計算を筆算でしましょう。

1つ5点(15点)

① 576÷9　　② 301÷8　　③ 283÷7

できたらスゴイ!

4 次の筆算はまちがっています。□の中に、正しく計算しましょう。また、答えのたしかめもしましょう。

1つ3点(12点)

①
```
   11
8)97
  8
 17
  8
  9
```

②
```
   16
5)534
  5
  34
  30
   4
```

たしかめ（　　　　）　　たしかめ（　　　　）

思考・判断・表現　　／20点

5 よく出る　114まいのシールを3人で同じ数ずつ分けます。

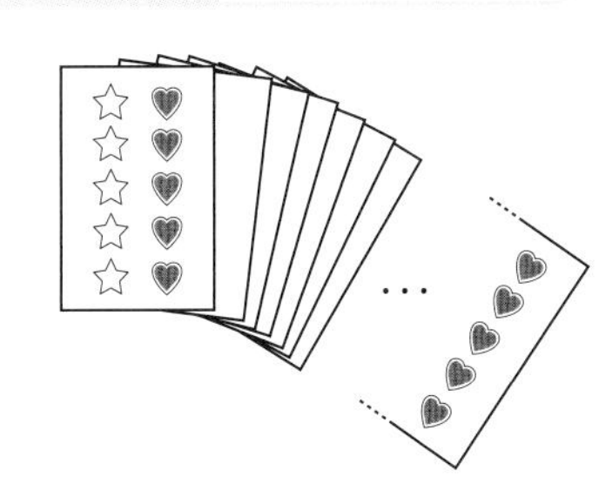

1人分は何まいになりますか。　式・答え　1つ5点(10点)

式

答え（　　　　）

6 よく出る　ジャガイモが158ことれました。これを6こずつふくろに入れます。

6こ入りのふくろは何ふくろできて、何こあまりますか。

式・答え　1つ5点(10点)

式

答え（　　　　）

ふろくの「計算せんもんドリル」1～7もやってみよう！

ふりかえり　1がわからないときは、24ページの1にもどってかくにんしてみよう。

ぴったり1 じゅんび

7 しりょうの整理

① 表の整理
② しりょうの整理

学習日　月　日

教科書 上79～82ページ　答え 10ページ

次の□にあてはまることばや数を書きましょう。

ねらい 記録を2つのことがらで整理できるようにしよう。　練習 1

2つのことがらを1つに整理した表

調べたことを、右下のような表に整理すると、2つのことがわかりやすくなります。

ここでは、けがの種類と学年の2つのことがわかる表にしたんだね。

表1　けがをした人の記録

学年	けがの種類	場所	学年	けがの種類	場所
3	すりきず	教室	6	つき指	体育館
1	すりきず	校庭	3	切りきず	教室
4	打ち身	教室	1	すりきず	校庭
5	つき指	校庭	4	つき指	校庭
1	切りきず	校庭	1	すりきず	教室
2	すりきず	教室	1	切りきず	体育館

→

表2　けがの種類と学年　(人)

けがの種類＼学年	1	2	3	4	5	6	合計
すりきず	3	1	1				5
切りきず	2		1				3
つき指				1	1	1	3
打ち身				1			1
合計	5	1	2	2	1	1	12

1 上の表で、いちばん多かったけがの種類は何ですか。

とき方 右上の表2の右の合計らんでいちばん多いのは、□です。
（合計5人）

ねらい 調べたことを分類し、表に整理できるようにしよう。　練習 2

4つに分類した表

2つのことについて、2つの見方があるときは、4つに分類した右のような表に整理するとわかりやすくなります。

犬が好きで、ねこがきらいな人は4人だね。

表3 犬とねこの好ききらい調べ(人)

		犬 好き	犬 きらい	合計
ねこ	好き	5	3	8
ねこ	きらい	4	2	6
合計		9	5	14

2 右上の表3で、ねこが好きで犬がきらいな人は何人いますか。
また、合計のらんのいちばん上の8は、どんな人が8人いることを表していますか。

とき方 右のように、ねこが好きな人──→に、犬がきらいな人↓を見ると、ねこが好きで犬がきらいな人は□人です。

	好き	きらい	合計
好き	5	3	8

8は、ねこが□な人が8人いることを表しています。

★できた問題には、「た」をかこう！★

できた 1　できた 2

教科書 上79～82ページ　答え 10ページ

1 次の表は、ある道路を通った乗り物の種類と色を表しています。

教科書 81ページ 2

乗り物の種類と色

種　類	色
乗用車	赤
タクシー	白
トラック	青
乗用車	黒
タクシー	赤
トラック	赤

種　類	色
タクシー	黒
乗用車	青
タクシー	白
バイク	赤
バイク	黄
バス	緑

種　類	色
タクシー	白
乗用車	白
タクシー	黒
バス	青
トラック	緑
タクシー	黒

種　類	色
乗用車	黄
バス	赤
トラック	緑
トラック	赤
タクシー	黒
乗用車	黒

① 乗り物の種類と色の2つのことがらで、次の表にまとめます。
表の㋐～㋘をうめましょう。

乗り物の種類と色　(台)

種類＼色	赤		白		青		黒		黄		緑		合　計
乗用車	一	1	一	1	一	1	㋓	㋔	一	1		0	㋖
タクシー	一	1	下	3		0	正	4		0		0	8
トラック	㋐	㋑		0	一	1		0		0	T	2	㋗
バス	一	1		0	一	1		0		0	一	1	3
バイク	一	1		0		0		0	一	1		0	2
合　計	㋒		4		3		㋕		2		3		㋘

② いちばんたくさん通ったのは、何色のどんな乗り物ですか。

(　　　　　)

2 右の表は、まさしさんのクラスで一輪車(いちりんしゃ)に乗れる人の数と、竹馬ができる人の数を調べたものです。

教科書 82ページ 1

一輪車・竹馬調べ　(人)

		竹馬	
		できる人	できない人
一輪車	乗れる人	13	11
	乗れない人	4	7

① 一輪車に乗れる人は、何人ですか。

(　　　　　)

② 竹馬だけできる人は、何人ですか。

(　　　　　)

③ まさしさんのクラスは、全部で何人ですか。

(　　　　　)

「○○ができる人」と
「○○だけできる人」は
ちがうよ。

ヒント
2 ③ 一輪車に乗れる人と乗れない人の合計が、クラスの人数です。
また、竹馬ができる人とできない人の合計も、クラスの人数です。

7 しりょうの整理

教科書 上79～87ページ ／ 答え 10ページ

知識・技能 ／70点

1 よく出る 次の表は、けがの種類（しゅるい）とけがをした場所を調べたものです。

①各4点、②～⑦各5点(50点)

けがの種類と場所 (人)

	教室	運動場	ろうか	階だん	中庭	合 計
切りきず	3	㋐	0	0	2	10
すりきず	4	8	0	1	3	16
ねんざ	1	3	2	4	2	㋑
打ち身	2	4	㋒	3	1	15
つき指	0	4	0	0	0	4
合 計	10	24	7	㋓	8	㋔

① 表の中の㋐～㋔にあてはまる数を書きましょう。

㋐（　　） ㋑（　　） ㋒（　　）

㋓（　　） ㋔（　　）

② 階だんで打ち身をした人は何人ですか。

（　　）

③ ㋐は、どこでどんなけがをした人の数ですか。

（　　）

④ ㋓は、どのような人の数ですか。

（　　）

⑤ どんなけがをした人がいちばん多いですか。

（　　）

⑥ どこの場所でけがをした人がいちばん多いですか。

（　　）

⑦ けがをした人は、全部で何人ですか。

（　　）

2 あゆみさんのクラスの人数は、35人です。
全員で、さか上がりや足かけ上がりができるかを調べました。

さか上がりができる人	26人
足かけ上がりができる人	25人
どちらもできる人	17人

右の表の①～⑤にあてはまる人数を書きましょう。　各4点(20点)

さか上がり・足かけ上がり調べ（人）

		足かけ上がり		合計
		できる	できない	
さか上がり	できる	17	②	26
	できない	①	③	④
合計		25	⑤	35

思考・判断・表現　／30点

できたらスゴイ!

3 よく出る 次の表は、ゆうじさんのクラスで、平泳ぎとクロールができるかを調べて、表に整理したものです。　各10点(30点)

平泳ぎ・クロール調べ　（人）

		クロール		合計
		できる	できない	
平泳ぎ	できる	16	8	24
	できない	5	3	8
合計		21	11	32

① クロールができて、平泳ぎができない人は何人いますか。

（　　　）

② 両方ともできない人は何人いますか。

（　　　）

③ 平泳ぎができない人は何人いますか。

（　　　）

ふりかえり 1①がわからないときは、32ページの1にもどってかくにんしてみよう。

次の□にあてはまる数を書きましょう。

ねらい 何十でわるわり算ができるようにしよう。 練習 1→

何十でわるわり算

✪何十でわるわり算は、10をもとにして考えます。

1 70まいの色紙を、1人に20まいずつ分けると、何人に分けられて、何まいありますか。

とき方 10まいのたばで考えます。

70÷20は7÷2の計算になり、
7÷2=①□ あまり1で、
②□人に分けられて、③□まいあまります。

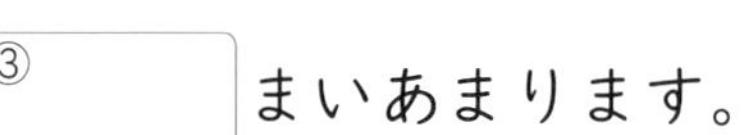

あまりの1は
10のたばが1たば
のことだね。

ねらい 2けたでわるわり算ができるようにしよう。 練習 2 3→

2けたでわるわり算

はじめに見当をつけ、かりの商をたてます。かりの商が大きすぎたときは、1ずつ小さくします。

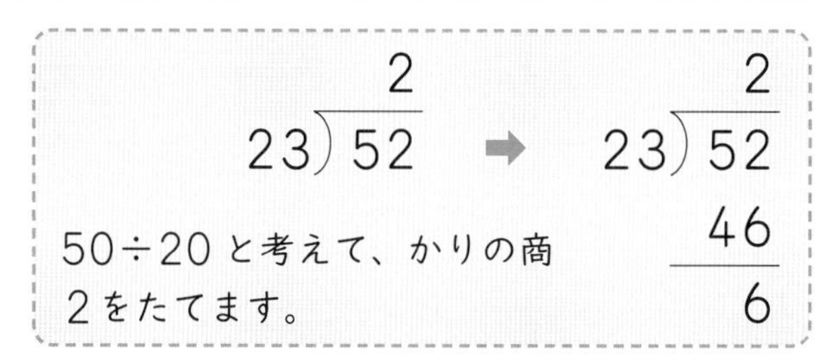

2
23)52
→
2
23)52
46
6
50÷20と考えて、かりの商2をたてます。

2 175÷28を筆算でしましょう。

とき方

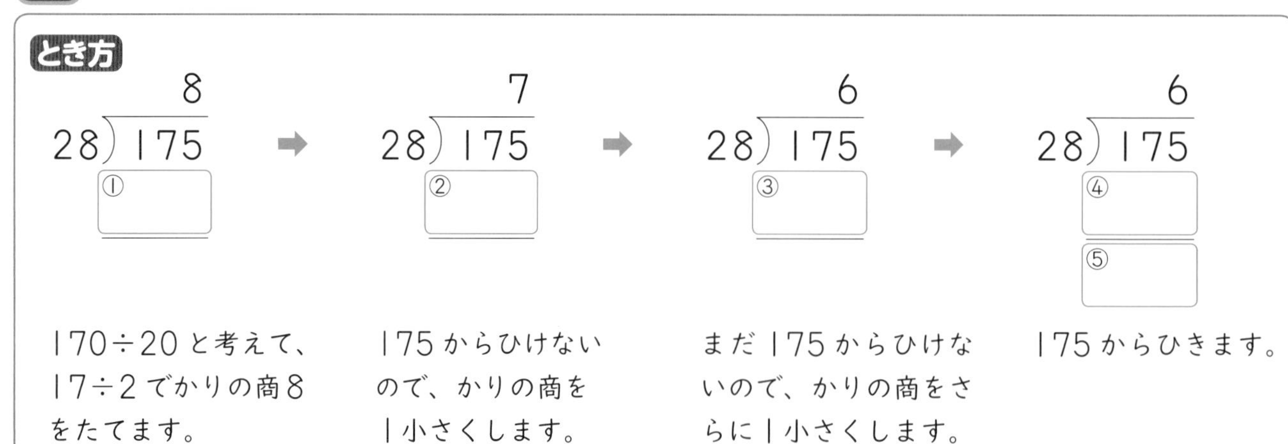

8
28)175
①
7
28)175
②
6
28)175
③
6
28)175
④
⑤
170÷20と考えて、17÷2でかりの商8をたてます。
175からひけないので、かりの商を1小さくします。
まだ175からひけないので、かりの商をさらに1小さくします。
175からひきます。

練習

★できた問題には、「た」をかこう！★

でき ① でき ② でき ③

学習日 月 日

教科書 上88～95ページ　答え 11ページ

1 次の計算をしましょう。

教科書 89ページ1、90ページ2

① 80÷40　② 100÷20　③ 240÷80

④ 90÷50　⑤ 350÷40　⑥ 430÷70

2 次の計算をしましょう。

教科書 91ページ1、93ページ3

① $23\overline{)69}$　② $24\overline{)78}$　③ $16\overline{)48}$

④ $14\overline{)84}$　⑤ $28\overline{)92}$　⑥ $17\overline{)86}$

! まちがい注意

3 次の計算をしましょう。

教科書 94ページ4

① $34\overline{)238}$　② $17\overline{)147}$　③ $25\overline{)235}$

ヒント

3 ②③ 10より大きい数がかりの商にたつときは、9をかりの商とします。

ぴったり1
じゅんび

③ 2けたでわるわり算(2)

学習日　月　日

教科書 上96～99ページ　答え 11ページ

次の□にあてはまる数を書きましょう。

ねらい 商が2けたになるわり算や、3けたでわるわり算を考えよう。　練習 1 2 3

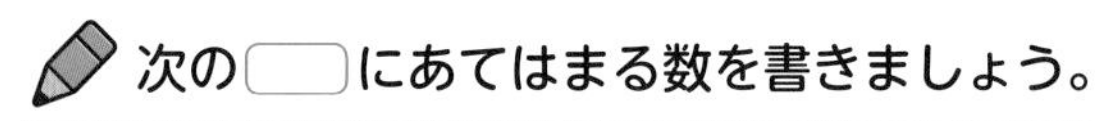

商が2けたのわり算

```
26)598   →      2    →     23    →     23
            26)598     26)598     26)598
               52         52         52
               78         78         78
                                     78
                                      0
```

商は十の位(くらい)からたちます。59÷26で商をたてます。

かけて、ひきます。さらに、一の位の8をおろします。

78÷26のわり算をします。

かけて、ひきます。

(3けたの数)÷(3けたの数)の筆算

3けたでわるわり算も、2けたでわるわり算と同じようにして計算します。

1 875÷32を筆算でしましょう。

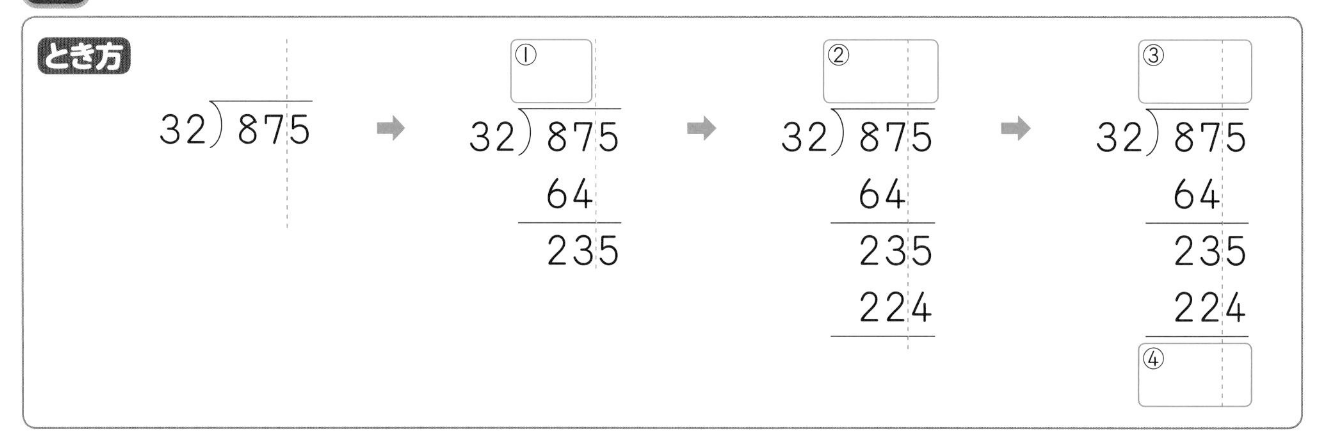

とき方

```
32)875  →    ①       →    ②       →    ③
          32)875       32)875       32)875
             64           64           64
             235          235          235
                          224          224
                                       ④
```

2 657÷218を筆算でしましょう。

とき方

```
218)657  →     ①
           218)657
               ②
               ③
```

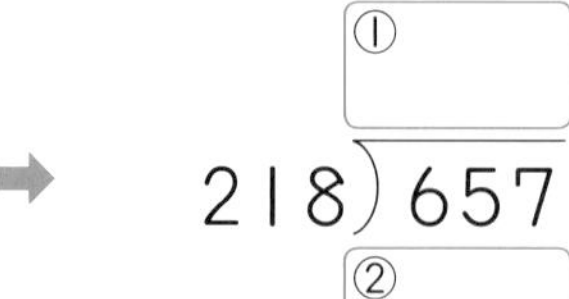

600÷200と考えて、かりの商をたてます。

3けたでわるわり算も、
2けたでわるわり算と
同じように計算するんだね。

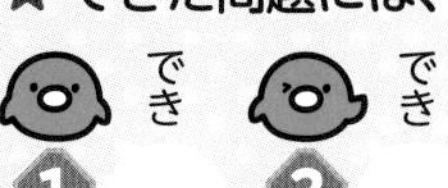
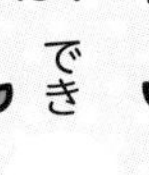

★できた問題には、「た」をかこう！★

① ② ③ でき

学習日　　月　　日

教科書 上96～99ページ　答え 11～12ページ

1 次の計算を筆算でしましょう。

教科書 96ページ1、98ページ2

① 456÷19　　② 950÷38　　③ 502÷24

④ 782÷34　　⑤ 675÷36　　⑥ 173÷16

よくみて

2 次の筆算はまちがっています。□の中に、正しく計算しましょう。

教科書 98ページ3

①

```
      2
23)468
    46
     8
```

②

```
     10
49)735
    49
    45
```

3 次の計算を筆算でしましょう。

教科書 99ページ3

① 936÷312　　② 692÷173　　③ 835÷264

ヒント
1 商は十の位からたちます。
③⑥は、一の位の商をわすれないようにします。

8 2けたでわるわり算
④ わり算のくふう
⑤ どんな式になるかな

教科書 上100〜101ページ　答え 12ページ

次の□にあてはまる数やことばを書きましょう。

ねらい わり算のきまりを使って、くふうして計算できるようにしよう。　練習 1→

わられる数とわる数のおわりに0があるわり算

✪わられる数とわる数のおわりに0があるわり算では、それぞれの0を同じ数だけ消して計算することができます。

✪0を消して計算したわり算で、あまりを求めるときには、あまりに0を消した分だけ0をつけたします。

1 3200÷600を計算しましょう。また、答えのたしかめをしましょう。

とき方 わられる数とわる数のおわりにある0を2つ消して計算できます。

右の筆算から、あまりの大きさに注意して、

3200÷600＝5 あまり ①□

となります。

答えのたしかめは、

②□×5＋③□＝3200

```
      5
600)3200
     30
      2
```

わられる数とわる数を100でわっているんだね。

ねらい どんな式になるか、わかるようにしよう。　練習 2 3→

図にかいて考えよう

（例） 162人を18人ずつの組に分けると、何組できますか。

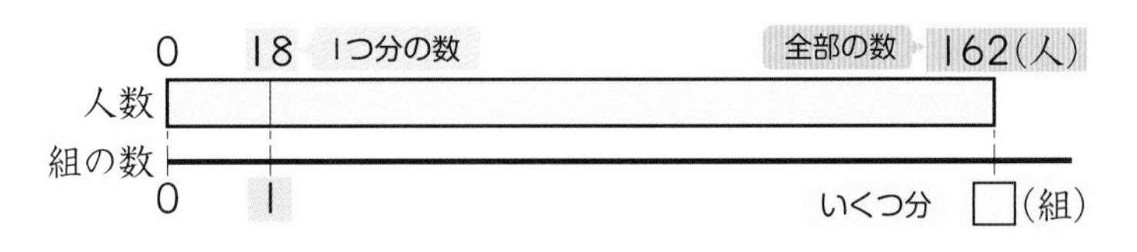

いくつ分＝全部の数÷1つ分の数だから、162÷18＝9で、9組できます。

2 128まいの色紙を8人で同じ数ずつ分けると、1人分は何まいになりますか。

とき方 わかっているものは、

①□といくつ分です。

求めるものは、②□です。

1つ分の数＝全部の数÷いくつ分

だから、128÷8＝③□で、1人分は④□まいです。

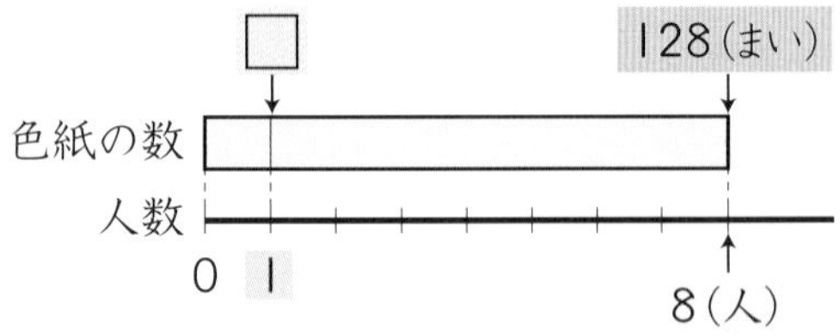

（図）□　128(まい)　色紙の数　人数　0　1　8(人)

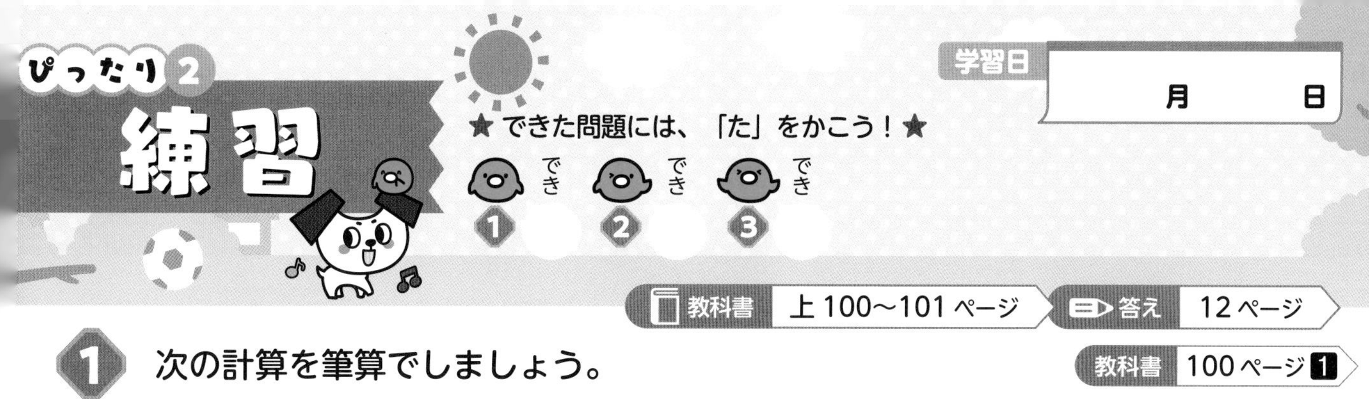

教科書 上100～101ページ　答え 12ページ

1 次の計算を筆算でしましょう。

教科書 100ページ 1

① 3500÷50　② 27000÷300　③ 4600÷700

④ 6600÷800　⑤ 2900÷40　⑥ 5800÷90

2 135このキャラメルを、1人に15こずつ配ると、何人に配れますか。

教科書 101ページ 1

① わかっているものは、何と何ですか。

(　　　　)と(　　　　)

② 求めているものは、何ですか。

(　　　　)

③ 次の図を見て、答えを求めましょう。

0　15　　　　135(こ)
キャラメルの数
人数
0　1　　　　□(人)

(　　　　)

! まちがい注意

3 138本のえん筆があります。

6つの箱に同じ本数ずつ分けて入れると、1つの箱に入れるえん筆は何本になりますか。

教科書 101ページ 1

138は全部の数、
6はいくつ分の
数だね！

(　　　　)

ヒント

1 0を消して計算したわり算で、あまりがあるときには、あまりに0を消した分だけ0をつけたします。

8 2けたでわるわり算

教科書 上 88～104ページ　答え 12～13ページ

知識・技能　／66点

1 884÷26 の計算を筆算でします。
□の中にはあてはまる数を書きましょう。　1つ2点(6点)

$26\overline{)884}$

① 商は、何の位からたちますか。　(　　　　)

② 十の位の商は、□÷□でたてます。

③ 一の位の商を求める計算は、□÷26 です。

2 よく出る 次の計算を筆算でしましょう。　1つ5点(60点)

① 34÷17　② 86÷28　③ 239÷56

④ 612÷68　⑤ 936÷39　⑥ 805÷73

⑦ 846÷34　⑧ 299÷28　⑨ 715÷232

⑩ 2700÷400　⑪ 6500÷70　⑫ 57000÷600

学習日　　月　　日

思考・判断・表現　　／34点

3 よく出る　遠足で４年生１９７人が動物園に行きます。
55人乗りのバスで行くと、バスは何台いりますか。　　式・答え　1つ6点(12点)

式

答え（　　　　）

4 よく出る　えん筆が２４４本あります。
これを２３人で同じ数ずつ分けると、１人分は何本になって、何本あまりますか。
式・答え　1つ6点(12点)

式

答え（　　　　）

できたらスゴイ！

5 ある数を４５でわるのをまちがえて、５４でわったら、商が１５で、あまりが４でした。
正しい計算の答えを求めましょう。　　式・答え　1つ5点(10点)

式

答え（　　　　）

1 外国には、日本のわり算の筆算のしかたとちがう方法(ほうほう)で筆算をする国があります。次の①は、カナダの７７１÷２１の筆算のしかたです。この方法で、②のように、９４３÷１８の計算をしました。
　あ～うにあてはまる数を求めましょう。

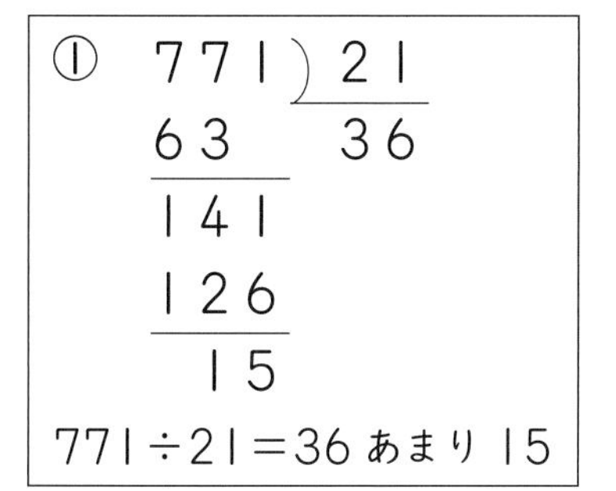

②
943) 18
あ0　5い
43
36
7
943÷18=う あまり 7

あ（　　　）　い（　　　）　う（　　　）

◀カナダでは、わる数を右に書き、その下に商をたてて筆算をしています。

ふろくの「計算せんもんドリル」14～19もやってみよう！

ふりかえり　1がわからないときは、38ページの1にもどってかくにんしてみよう。

どれだけとんだか考えよう

教科書　上 105～107 ページ　答え　13～14 ページ

４年１組の子どもたちが走りはばとびをしました。身長と、とんだ長さの関係(かんけい)を考えてみましょう。

たかしさんの身長は 142 cm です。走りはばとびで 284 cm とびました。

① 身長の何倍とびましたか。

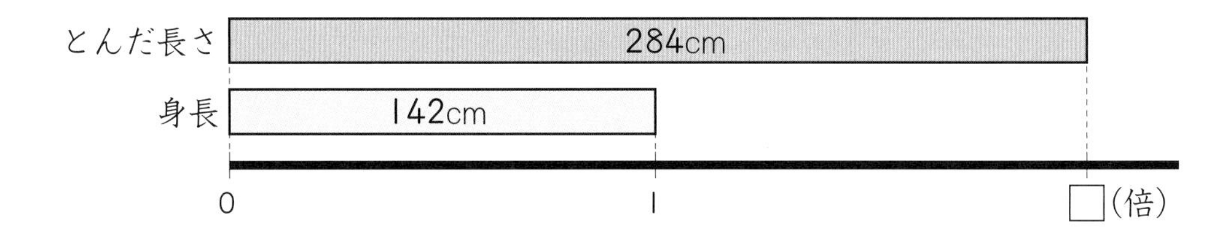

284÷142＝2

（　2倍　）

② 142 cm を１としたとき、284 cm はいくつといえますか。

「とんだ長さ」は「身長」のいくつ分になっているかな。

（　　　　）

 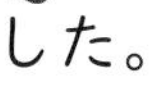

2 ゆみさんの身長は 130 cm です。走りはばとびで、身長の2倍の長さをとびました。

ゆみさんは何 cm とびましたか。

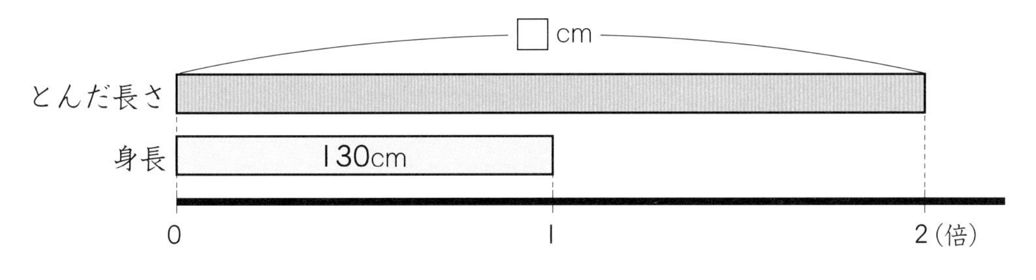

130×2＝260

（　　　　　　　）

3 ためしに、先生も走りはばとびをしてみました。先生は5m 10 cm とびました。先生の身長は 170 cm です。身長の何倍とびましたか。

（　　　　　　　）

4 体長の 80 倍の長さをとぶモモンガがいます。このモモンガは 12 m とべます。体長は何 cm ですか。

（　　　　　　　）

よくよんで

5 体長の 30 倍の長さをとぶバッタがいます。

① このバッタの体長が6cm のとき、何 m 何 cm とべますか。

（　　　　　　　）

② 6cm を 1 としたとき、30 にあたる長さは何 m 何 cm ですか。

（　　　　　　　）

9 垂直(すいちょく)・平行と四角形

① 垂直
② 平行

教科書 上112〜123ページ　答え 14ページ

次の□にあてはまることばや記号を書きましょう。

ねらい 垂直な2本の直線について調べ、垂直な直線がかけるようにしよう。 練習 ❶❷→

垂直

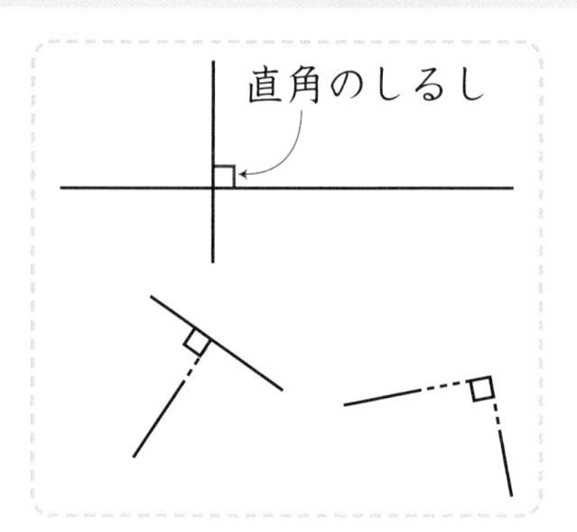

✪2本の直線が交わってできる角が直角のとき、この2本の直線は**垂直**であるといいます。

✪2本の直線は、交わっていなくても、一方の直線か両方の直線をのばすと直角に交わるとき、垂直であるといいます。

1 点アを通って、直線㋐に垂直な直線をかきましょう。

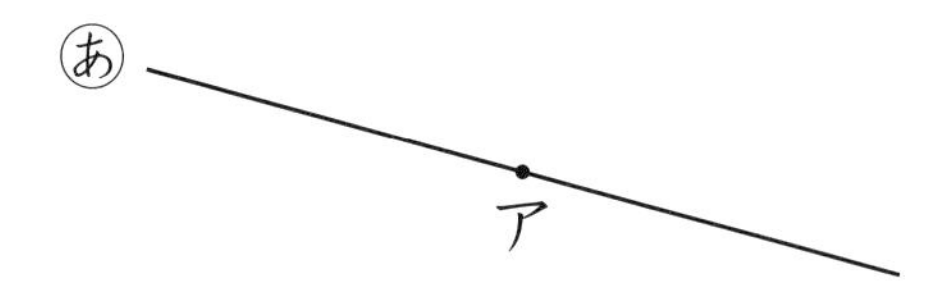

とき方 三角じょうぎを使ってかきます。

❶ 三角じょうぎの□の頂点(ちょうてん)を点アに合わせ、１つの辺(へん)を直線□に重ねます。

❷ 直角をはさむ残(のこ)りの辺にそって直線を引きます。

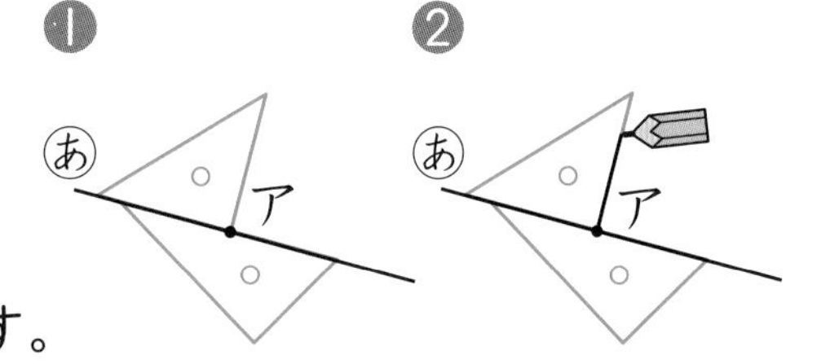

ねらい 平行な2本の直線について調べ、平行な直線がかけるようにしよう。 練習 ❸❹→

平行

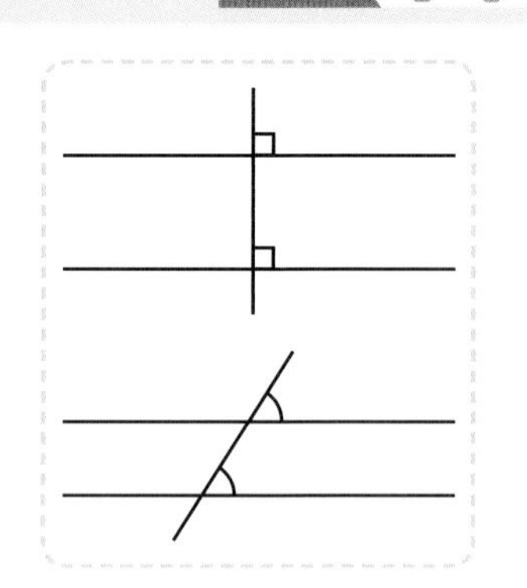

✪１本の直線に垂直に交わっている2本の直線は、**平行(へいこう)**であるといいます。

✪平行な2本の直線は、ほかの直線と等しい角度で交わります。平行な2本の直線の間の長さはどこも等しく、どこまでのばしても交わりません。

2 点アを通って、直線㋐に平行な直線をかきましょう。

•ア

㋐ ――――――

とき方 三角じょうぎを使ってかきます。

直線□に三角じょうぎを合わせます。もう１まいの三角じょうぎを合わせ、点アに合うように右の三角じょうぎを動かし、点アを通る直線を引きます。

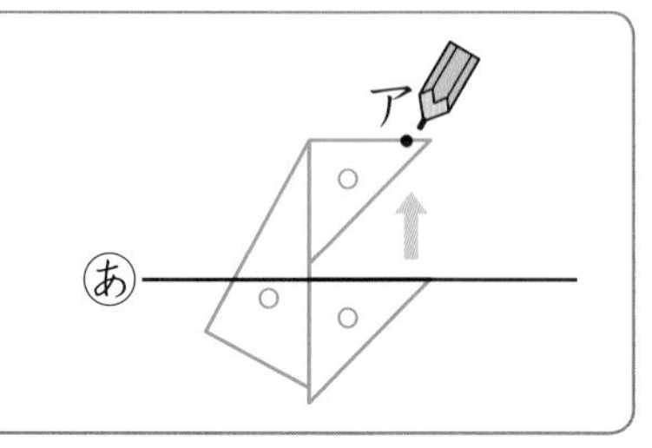

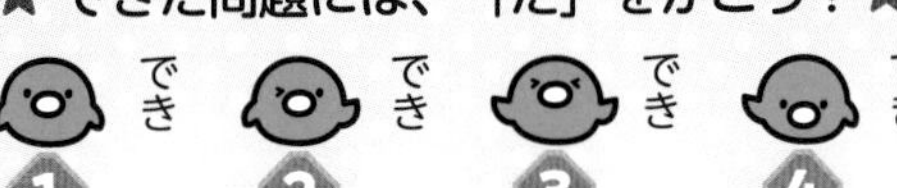

学習日　　月　　日

教科書　上112～123ページ　答え　14ページ

1 次の図で、2本の直線が垂直なのはどれですか。全部答えましょう。

教科書　114ページ 1

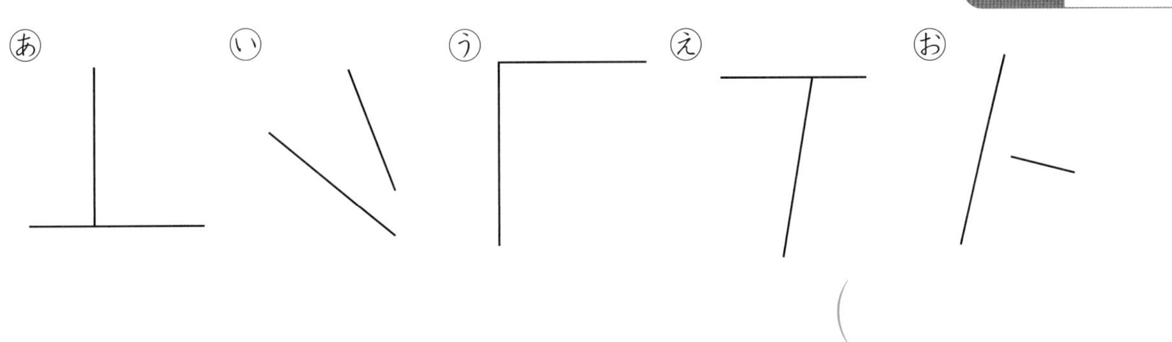

（　　　　　）

2 **点アを通って、直線あに垂直な直線をかきましょう。**

教科書　116ページ 2

3 次の図で、直線あと直線いは平行です。
角ア～ウの角度を求めましょう。

教科書　119ページ 5

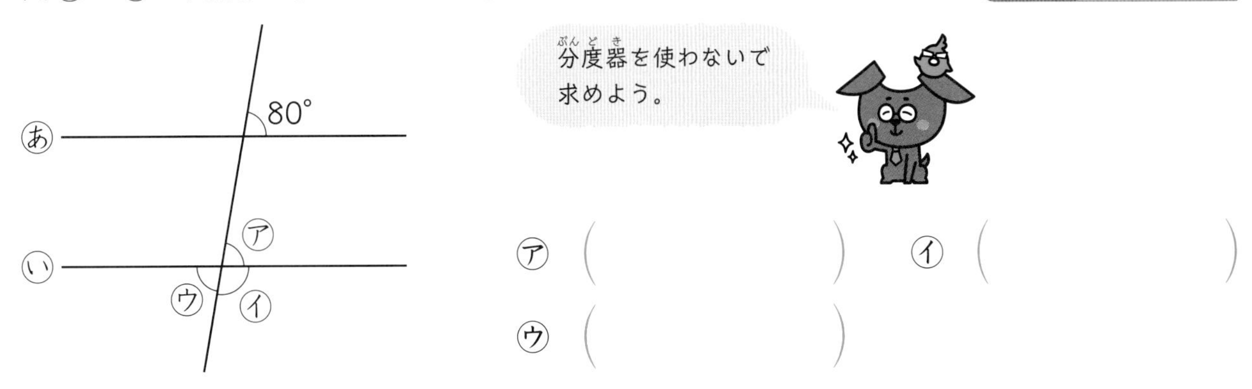

ア（　　　　）　イ（　　　　）

ウ（　　　　）

4 **点アを通って、直線あに平行な直線をかきましょう。**

教科書　121ページ 3

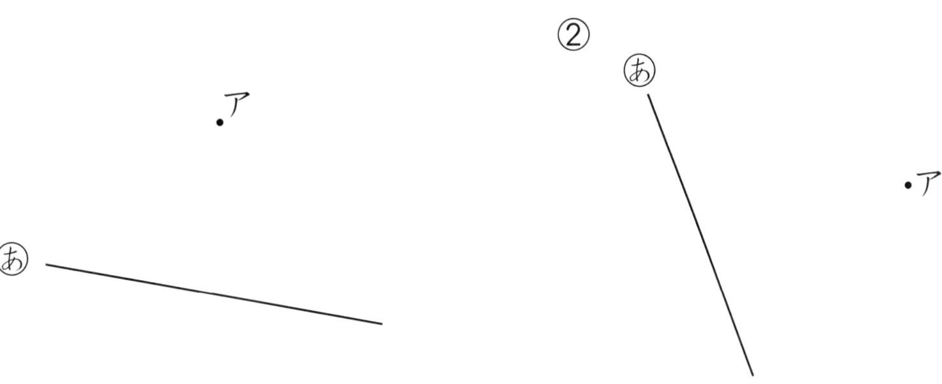

ヒント　**1** い、おの2本の直線が交わるように、直線をのばしてみましょう。

③ いろいろな四角形

教科書 上124〜129ページ　答え 14ページ

次の□にあてはまる数やことばを書きましょう。

ねらい いろいろな四角形の形とせいしつを理かいしよう。　練習 1 2 3 4

台形

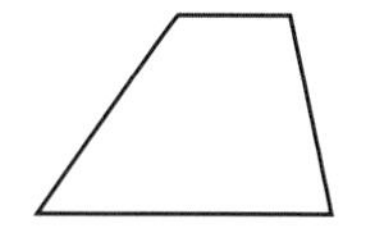

✪向かい合った１組の辺が平行な四角形を**台形**といいます。

平行四辺形

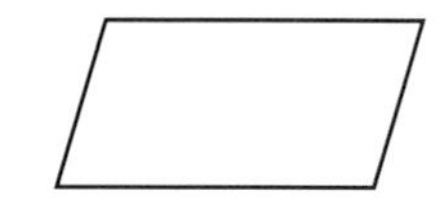

✪向かい合った２組の辺がそれぞれ平行な四角形を**平行四辺形**といいます。向かい合った辺の長さは等しく、向かい合った角の大きさも等しくなっています。

ひし形

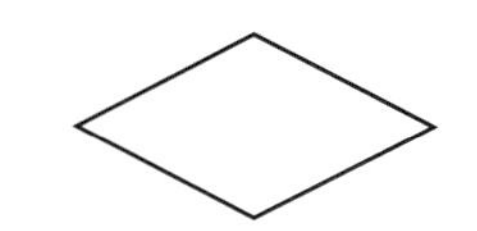

✪４つの辺の長さがみな等しい四角形を**ひし形**といいます。向かい合った角の大きさは等しく、向かい合った辺は平行です。

1 右の平行四辺形で辺AD、辺CDの長さは何cmですか。また、角C、角Dの大きさは何度ですか。

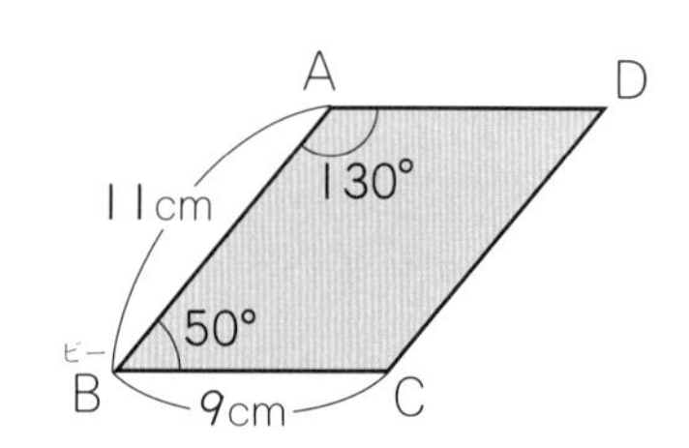

とき方 平行四辺形の向かい合った辺の長さは等しいから、辺ADは①□cm、辺CDは②□cmです。また、平行四辺形の向かい合った角の大きさも等しいから、角Cは③□°、角Dは④□°です。

2 辺の長さが4cmと5cmで、その間の角が70°の平行四辺形をかきましょう。

とき方 平行四辺形のせいしつを利用して、分度器やコンパスを使ってかきます。

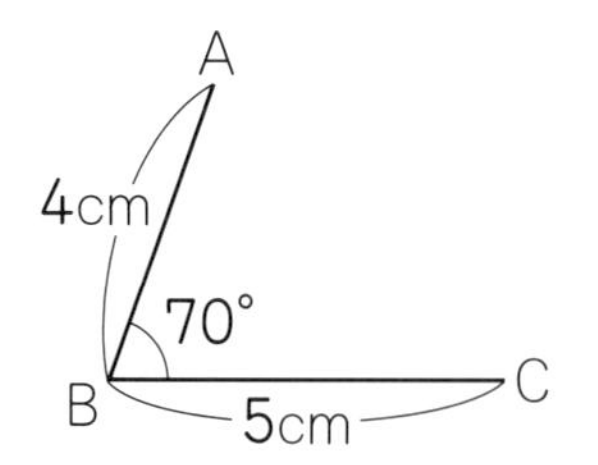

BCの長さ5cmをとり、分度器で点Bに70°の角を作り4cmの直線を引いて頂点Aの位置を決めます。

→ (1) コンパスで、向かい合った辺の長さが□なるようにして、頂点Dの位置を決めます。

→ (2) 分度器を使って点Cに大きさが□°の角を作り、4cmの直線を引いて頂点Dの位置を決めます。

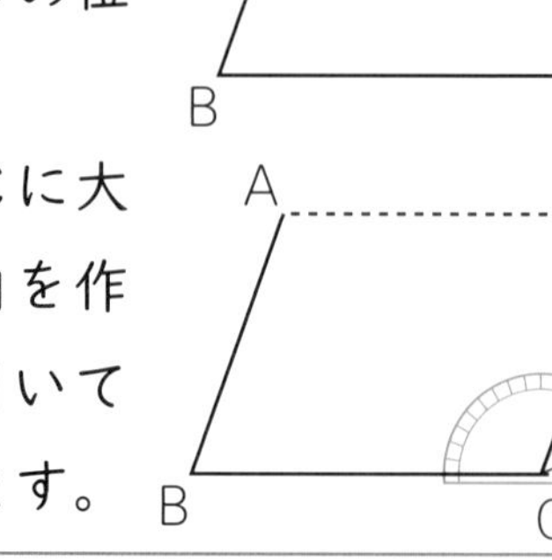

学習日　月　日

教科書 上124～129ページ　答え 14～15ページ

よくみて

1 次の図形の中で、台形と平行四辺形を記号で全部答えましょう。

教科書 124ページ 1～126ページ 3

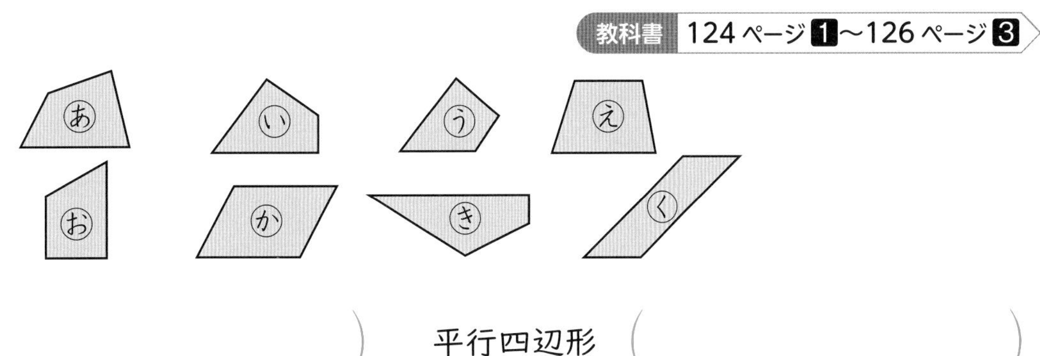

台形（　　　　）　平行四辺形（　　　　）

2 **右のような平行四辺形があります。**

教科書 126ページ ▶

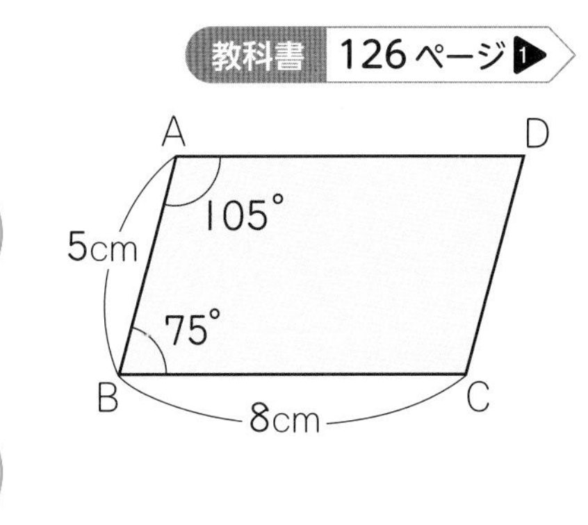

① 角Cと角Dの大きさは、それぞれ何度ですか。

角C（　　　　）　角D（　　　　）

② 辺AD、辺CDの長さは、それぞれ何cmですか。

辺AD（　　　　）　辺CD（　　　　）

3 辺の長さが3cmと4cmで、その間の角が50°である平行四辺形をかきましょう。

教科書 127ページ 4

4 **右のようなひし形があります。**

教科書 128ページ 5

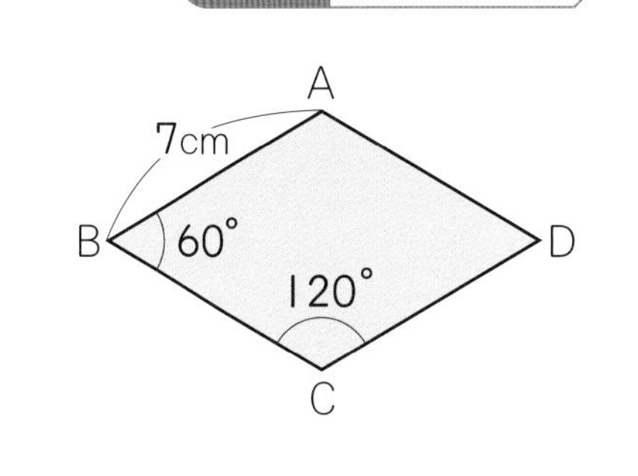

① 辺ADの長さは、何cmですか。（　　　　）

② 角Dの大きさは、何度ですか。（　　　　）

③ 角Aの大きさは、何度ですか。（　　　　）

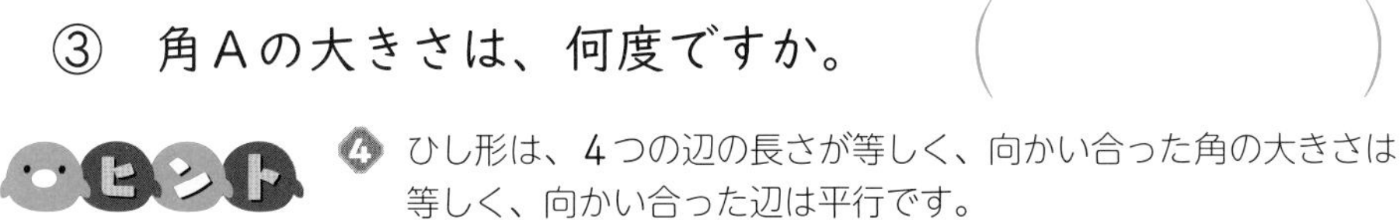

4 ひし形は、4つの辺の長さが等しく、向かい合った角の大きさは等しく、向かい合った辺は平行です。

9 垂直・平行と四角形
④ 四角形の対角線
⑤ 四角形の関係
⑥ しきつめもよう

教科書 上130～134ページ　答え 15ページ

次の□にあてはまることばや記号を書きましょう。

ねらい いろいろな四角形の対角線について調べよう。　練習 1→

四角形の対角線

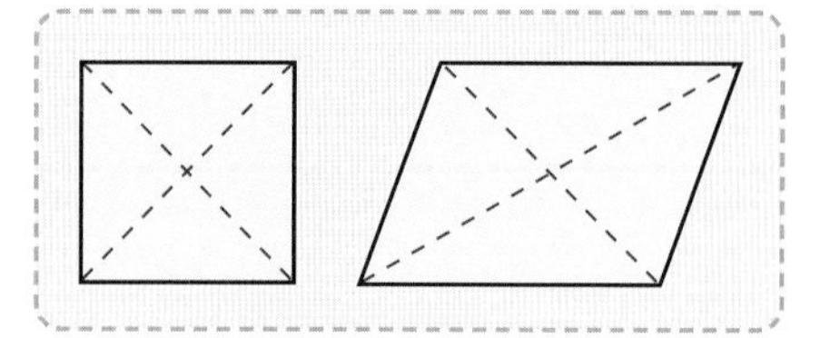

✪四角形の向かい合った頂点を結んだ直線を**対角線**といいます。四角形の対角線は、２本あります。

1 台形、平行四辺形、ひし形、長方形、正方形について、次のせいしつのある四角形には○、次のせいしつのない四角形には×を、下の表の①～⑤に書きましょう。

四角形の対角線のせいしつ ＼ 四角形の名前	台形	平行四辺形	ひし形	長方形	正方形
２本の対角線の長さが等しい。	×	×	×	①	○
２本の対角線がそれぞれの真ん中の点で交わる。	②	○	③	○	○
２本の対角線が垂直である。	×	④	⑤	×	○

ねらい 四角形の関係を調べたり、四角形をしきつめたりしてみよう。　練習 2 3→

角の大きさと四角形の関係

✪平行四辺形の１つの角を90°にすると、長方形になります。また、ひし形の１つの角を90°にすると、正方形になります。

しきつめもよう

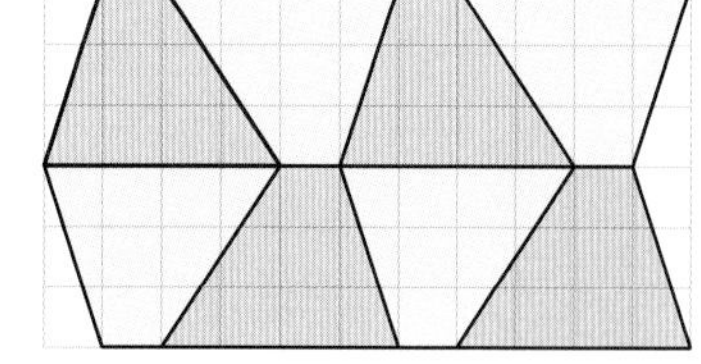

✪形も大きさも同じ平行四辺形や台形などをすきまなくしきつめていくと、いろいろなもようができます。

2 辺の長さが3cmと4cmの平行四辺形をかきます。

㋐の角の大きさを90°にしてかくと、どんな四角形がかけますか。

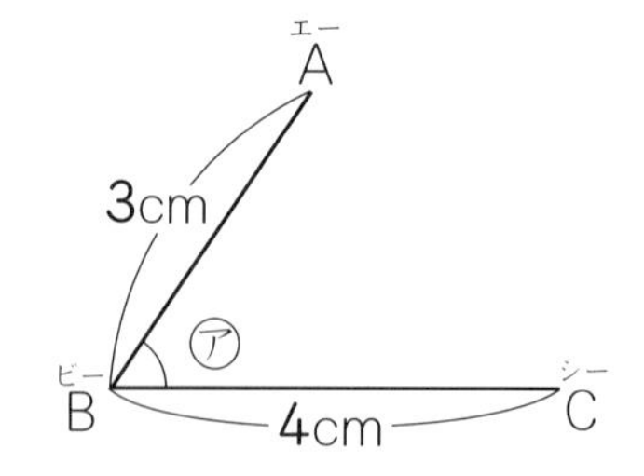

とき方 平行四辺形のせいしつを利用して、分度器やコンパスを使って、かいてみます。

㋐の角の大きさを90°にすると、□がかけます。

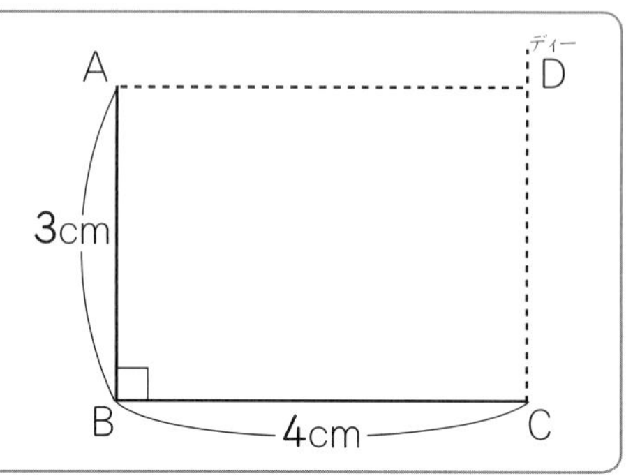

1 四角形の対角線のせいしつを使って、次の四角形をかきましょう。

教科書 131ページ 2

！まちがい注意

① 対角線の長さが3cmと5cmのひし形。

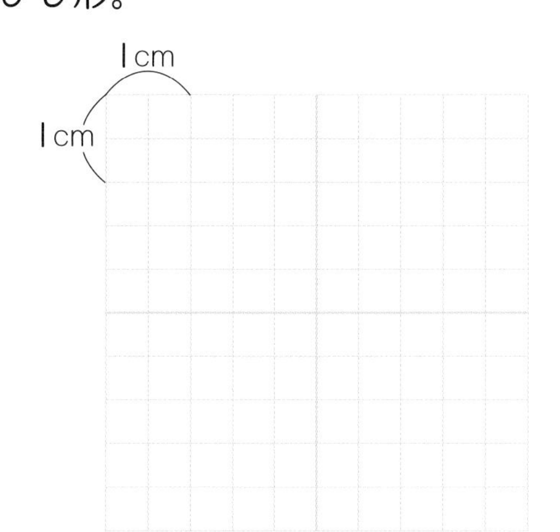

② 対角線の長さが3cmの正方形。

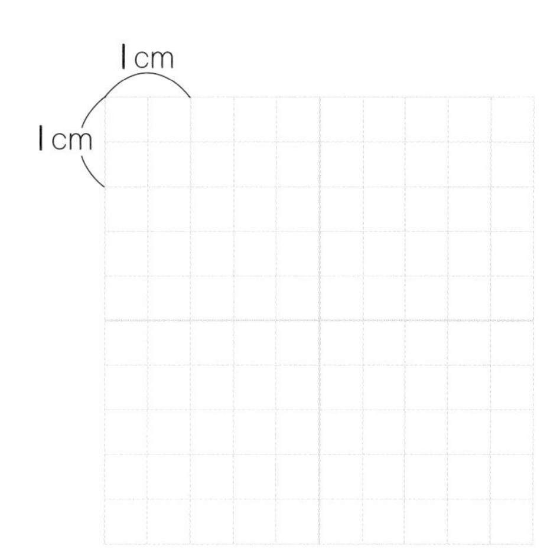

2 1辺の長さが3cmのひし形を、右の図のようにして、㋐の角の大きさを90°にしてかきましょう。

どんな四角形がかけますか。

教科書 132ページ 1

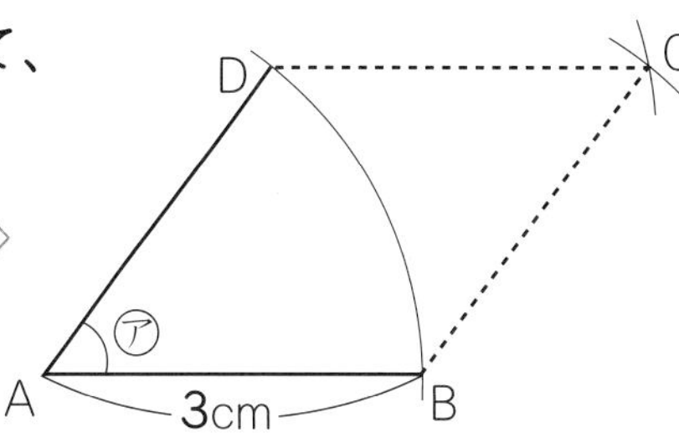

かける四角形（　　　　）

A 3cm B

3 次の方がんにかかれた平行四辺形に続け（つづ）て、形も大きさも同じ平行四辺形をしきつめましょう。

教科書 134ページ 1

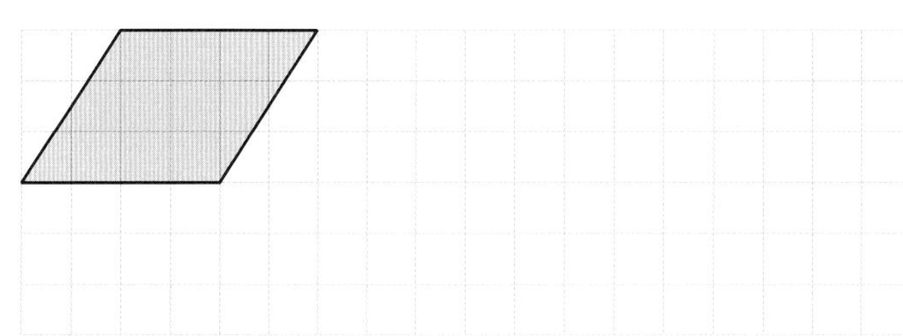

方がんのます目を数えながら、じょうぎを使ってかきましょう。

2 ㋐の角を90°にすると、4つの角はそれぞれ何度になるかを考えます。

⑨ 垂直・平行と四角形

教科書 上 112〜137 ページ　答え 15〜16 ページ

知識・技能　／80点

1 右の図について、次の問題に答えましょう。　1つ4点(20点)

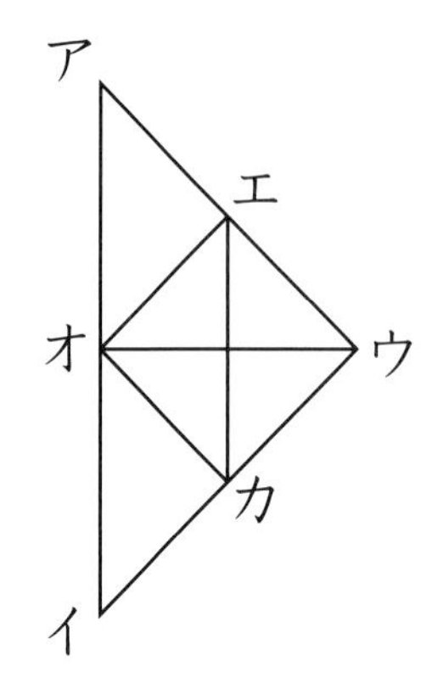

① 直線アイと平行な直線はどれですか。
また、垂直な直線はどれですか。

平行（　　　　　）

垂直（　　　　　）

② 直線アウと平行な直線はどれですか。
また、垂直な直線はどれとどれですか。

平行（　　　　　）

垂直（　　　　　）（　　　　　）

2 よく出る 次のせいしつをもっている四角形を、下から選んで、記号で全部答えましょう。　1つ5点(30点)

① 向かい合った２組の辺が、それぞれ平行な四角形。（　　　　　）

② 向かい合った１組の辺だけが平行な四角形。（　　　　　）

③ ４つの辺の長さがみな等しい四角形。（　　　　　）

④ ４つの角の大きさがみな等しい四角形。（　　　　　）

⑤ ２本の対角線の長さが等しい四角形。（　　　　　）

⑥ ２本の対角線が垂直に交わる四角形。（　　　　　）

ア　正方形　　イ　長方形　　ウ　平行四辺形　　エ　ひし形　　オ　台形

3 よく出る 点アを通って、直線あに垂直な直線と平行な直線をかきましょう。　1つ5点(10点)

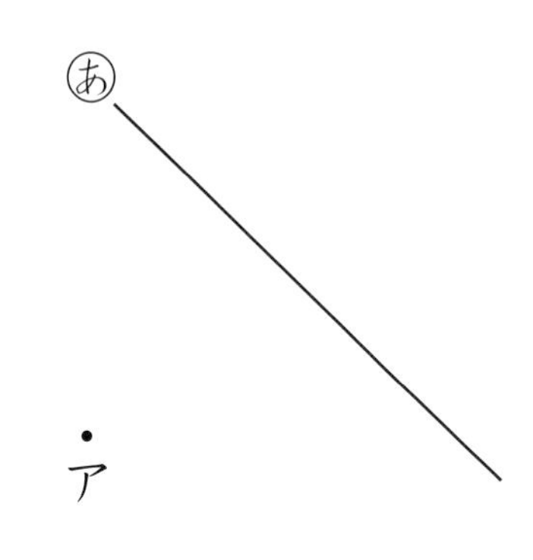

学習日　　月　　日

4 よく出る 次の図で、辺あ、いの長さと、角ア、イの大きさを求めましょう。

1つ5点(20点)

平行四辺形

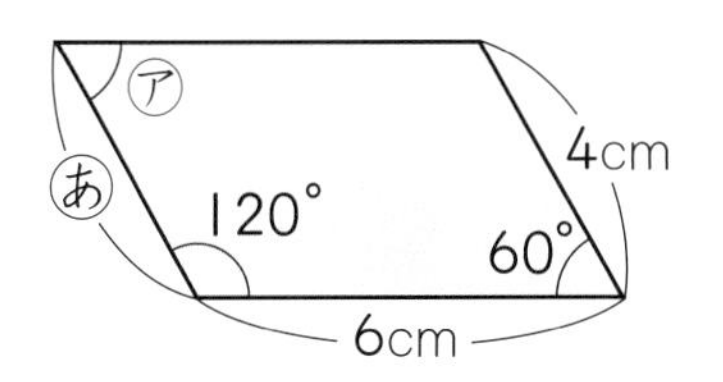

ひし形

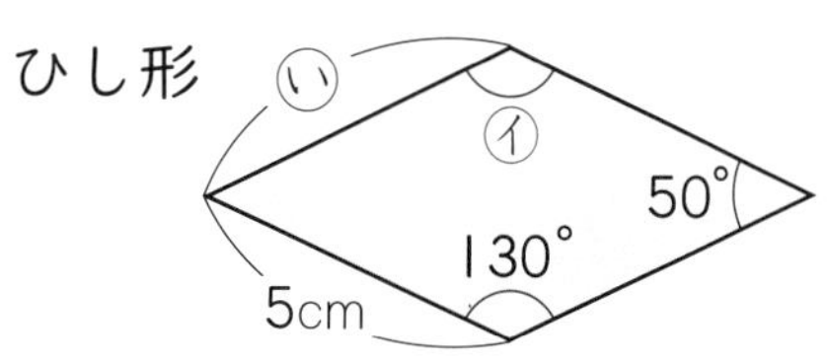

辺あ(　　　　)　辺い(　　　　)

角ア(　　　　)　角イ(　　　　)

思考・判断・表現　　／20点

できたらスゴイ!

5 右のような平行四辺形があります。

1つ10点(20点)

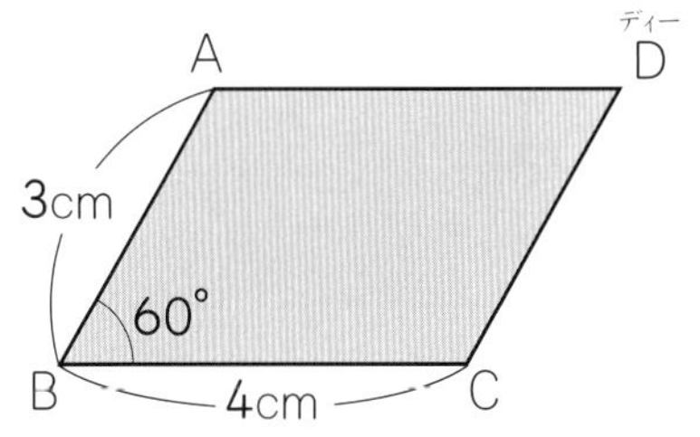

① 辺ABの長さと角の大きさは変えないで、辺BCの長さを3cmにすると、どんな四角形になりますか。

(　　　　)

② 辺BCの長さは変えないで、この平行四辺形を正方形にするには、辺ABの長さや角Bの大きさをどうすればよいですか。

(　　　　)

はってん 四角形の関係

教科書 133ページ

1 これまで学習したいろいろな四角形を、辺の長さや角の大きさをもとにして、次のように仲間分けしました。ア〜ウにあてはまる四角形の名前を答えましょう。

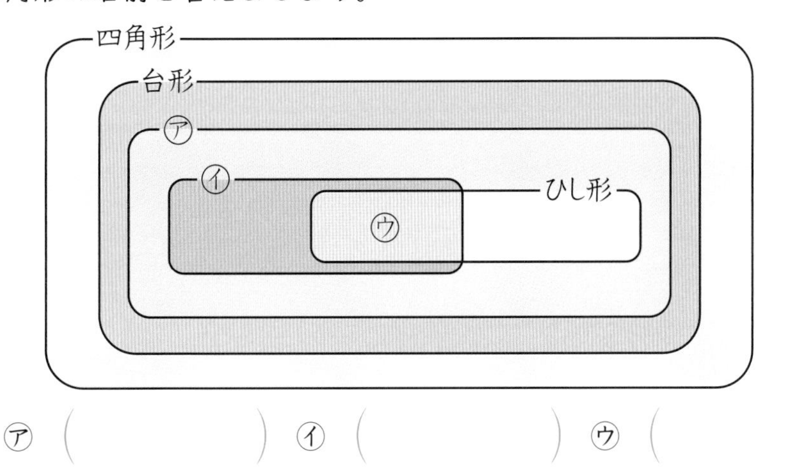

ア(　　　　)　イ(　　　　)　ウ(　　　　)

◀左の図は、
四角形に台形、ア、イ、ウ、ひし形がふくまれ、
台形にア、イ、ウ、ひし形がふくまれ、
アにイ、ウ、ひし形がふくまれ、
イにウがふくまれ、
ひし形にウがふくまれていることを表しています。

ふりかえり　1がわからないときは、46ページの1、2にもどってかくにんしてみよう。

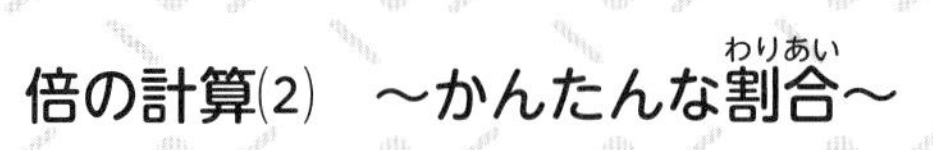

倍の計算(2) ～かんたんな割合～

くらべ方を考えよう

教科書 上138～140ページ　答え 16ページ

ゴムⓐとゴムⓘがあります。
もとの長さが40 cmのゴムⓐは、120 cmまでのびます。
もとの長さが80 cmのゴムⓘは、160 cmまでのびます。
この2本のゴムののび方をくらべましょう。

1 それぞれのゴムののびた長さを求めましょう。

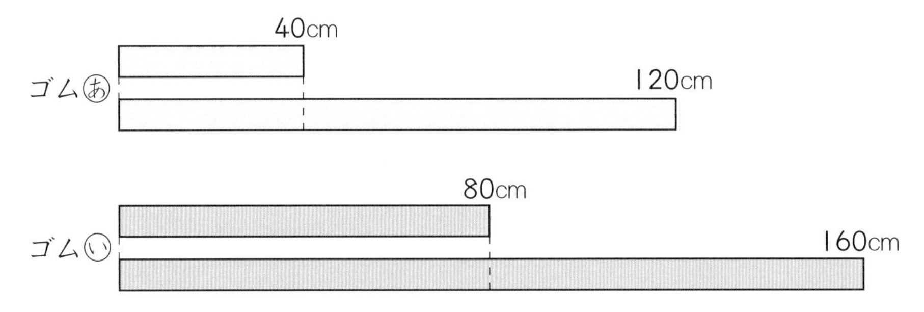

ゴムⓐ 120−40＝80

(　　　　　)

ゴムⓘ 160−80＝80

(　　　　　)

もとの長さは
ちがうけど、
のびた長さは
同じだね。

もとの長さの何倍にのびたか、それぞれ求めましょう。

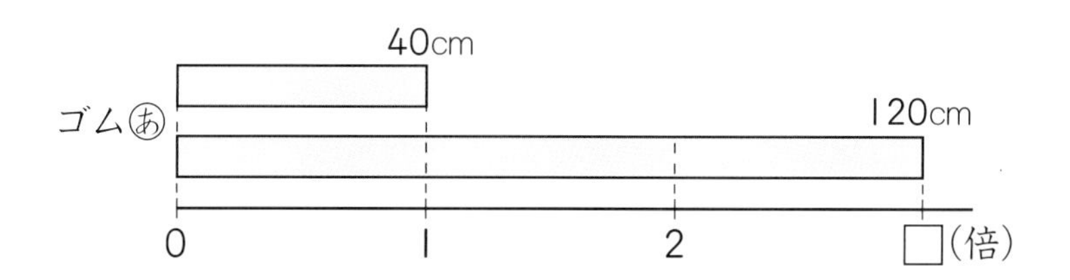

ゴム(あ)　120÷40＝3

(　　　　　)

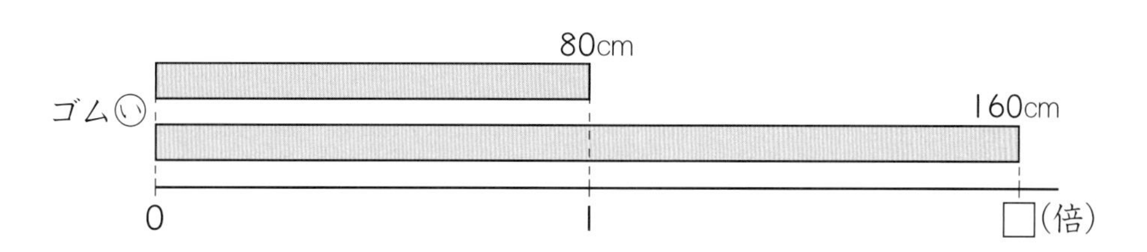

ゴム(い)　160÷80＝2

(　　　　　)

もとにする量を１としたとき、ある量がいくつにあたるかを表した数を割合というよ。

もとの大きさがちがうときは、割合を使ってくらべるといいね。

3 もとの長さが 30 cm のゴム(う)は 150 cm までのびます。
　もとの長さが 50 cm のゴム(え)も 150 cm までのびます。
　ゴム(う)とゴム(え)では、何倍にのびるかでくらべると、どちらがよくのびるといえますか。

(　　　　　)

4 ばね㋐におもりをつるすと、長さが 15 cm から 45 cm にのびました。
　ばね㋑に同じ重さのおもりをつるすと、10 cm から 40 cm にのびました。
　ばね㋐とばね㋑では、何倍にのびたかでくらべると、どちらのばねがよくのびるといえますか。

(　　　　　)

① がい数の表し方

教科書 下2〜7ページ　答え 16ページ

次の□にあてはまる数を書きましょう。

ねらい　およその数の表し方を理かいしよう。　練習 1 2 3 →

四捨五入（ししゃごにゅう）

およその数のことを、**がい数**といいます。およそ2000のことを、約（やく）2000ともいい、約何千と表すことを、「千の位（くらい）までのがい数にする」といいます。

2000と3000の間の数を千の位までのがい数で表すには、百の位の数字が、

0、1、2、3、4のとき、約2000

5、6、7、8、9のとき、約3000とします。

このようながい数の表し方を、**四捨五入**（ししゃごにゅう）といいます。

2451 → 2000
└百の位
2738 → 3000

また、5より小さいことを、5**未満**（みまん）と表し、ちょうど5か、または5より大きいことを、5**以上**（いじょう）、ちょうど5か、または5より小さいことを、5**以下**（いか）と表します。

上から〜けたのがい数　上から1けたのがい数にするときは、上から2けた目を四捨五入します。

6821 → 7000
└上から2けた目

1 14456、14523の百の位を四捨五入して、千の位までのがい数にしましょう。

とき方　14456の百の位の数は①□だから、千の位の数はそのままで、百の位から下は000として、②□になります。

14523の百の位の数は③□なので、千の位の数を1大きくして④□になります。

2 8921を四捨五入して、上から2けたのがい数にしましょう。

とき方　8921を上から2けたのがい数にするには、上から①□けた目を四捨五入します。がい数は②□になります。

3 十の位を四捨五入して百の位までのがい数にしたとき、500になる整数のはんいを、以上、未満を使って表しましょう。

とき方　十の位を四捨五入して500になる整数で、いちばん小さい数は①□、いちばん大きい数は②□です。これを、③□以上④□未満と表します。

450　500　550

ぴったり2 練習

★できた問題には、「た」をかこう！★

でき 1　でき 2　でき 3

学習日　月　日

教科書 下2〜7ページ　答え 16〜17ページ

1 次の数を四捨五入して、[ ]の中の位までのがい数にしましょう。

教科書 4ページ2、6ページ3

① 5793 [千の位]　(　　)

② 84399 [千の位]　(　　)

③ 64545 [一万の位]　(　　)

④ 491548 [一万の位]　(　　)

2 次の数を四捨五入して、上から1けたと2けたのがい数にしましょう。

教科書 6ページ3

① 3241
上から1けた (　　)
上から2けた (　　)

② 56297
上から1けた (　　)
上から2けた (　　)

③ 748351
上から1けた (　　)
上から2けた (　　)

上から何けた目を
四捨五入すれば
いいかな。

! まちがい注意

3 四捨五入して千の位までのがい数にしたとき、3000になる整数のはんいを、以上、未満を使って表しましょう。

教科書 7ページ4

(　　)

ヒント 3 千の位までのがい数にするので、百の位を四捨五入します。

学習日 月 日

② 切り捨て・切り上げ

教科書 下8ページ　答え 17ページ

次の□にあてはまる数を書きましょう。

ねらい 切り捨てによる、がい数の表し方を考えよう。 練習 1 2 →

切り捨て

✪**切り捨て**て百の位までのがい数にするには、
100にたりないはしたの数を0にします。

2598 → 2500

1 次の数を切り捨てて、百の位までのがい数にしましょう。
(1) 4971　(2) 80523

とき方 (1) 4971で100にたりない数は71です。
これを0にするので、□となります。
(2) 80523で100にたりない数は□です。
これを0にするので、□となります。

2 578024を切り捨てて、上から2けたのがい数にしましょう。

とき方 上から2けた目は一万の位です。
10000にたりないはしたの数、8024を0にするので、□になります。

ねらい 切り上げによる、がい数の表し方を考えよう。 練習 3 4 →

切り上げ

✪**切り上げ**て百の位までのがい数にするには、
100にたりないはしたの数を100として、
百の位の数を1大きくします。

6324 → 6400

3 3547を切り上げて、百の位までのがい数にしましょう。

とき方 100にたりない数は□です。これを100として百の位の数を
1大きくするので、百の位を□にして、□となります。

4 21693を切り上げて、上から1けたのがい数にしましょう。

とき方 一万の位の数を1大きくして、□となります。

★できた問題には、「た」をかこう！★

できる 1　できる 2　できる 3　できる 4

学習日　月　日

教科書 下8ページ　答え 17ページ

1 切り捨てて百の位までのがい数にすると 500 になる整数で、いちばん大きい数はいくつですか。

教科書 8ページ 1

(　　　)

2 次の数を切り捨てて、上から2けたのがい数にしましょう。

教科書 8ページ 1

① 3156　(　　　)

② 18390　(　　　)

③ 80943　(　　　)

④ 458072　(　　　)

3 次の数を切り上げて、千の位までのがい数にしましょう。

教科書 8ページ ▶

① 2649　(　　　)

② 15892　(　　　)

③ 69105　(　　　)

④ 724836　(　　　)

よくよんで

4 758 このたまごがあります。

100 こずつ入る箱にたまごを全部入れるには、箱をいくつ用意すればよいですか。

教科書 8ページ ▶

7箱だと
700 このたまご
しか入らないね。

(　　　)

ヒント

1 100 にたりないはしたの数を0にするとき、100 にたりない数でいちばん大きい数は、99 です。

10 がい数

③ がい算
④ がい数の活用

学習日 月 日

教科書 下9～13ページ　答え 17ページ

次の□にあてはまる数を書きましょう。

ねらい がい算のしかたを理かいしよう。　練習 1 4 →

がい算

和や差をがい数で求めたいときは、それぞれの数を、先にがい数にしてから計算できます。がい数にしてから計算することを、**がい算**といいます。

1 右の表は、ある日の遊園地の入園者数です。

(1) 1日の入園者数は、全部で約何千人ですか。

(2) 午後の入園者数は、午前の入園者数より約何千何百人多いですか。

遊園地の入園者数(人)

午前	3481
午後	4807

とき方 (1) 午前と午後の入園者数をそれぞれ四捨五入して、千の位までのがい数にします。
（百の位の数はそれぞれ4と8です。）

3481 → ①□　4807 → ②□

和を求めて、3000＋5000＝③□　答え 約④□人

(2) 午前と午後の入園者数をそれぞれ四捨五入して、百の位までのがい数にします。
（十の位の数はそれぞれ8と0です。）

3481 → ①□　4807 → ②□

差を求めて、4800－3500＝③□　答え 約④□人

ねらい がい数を使って、積や商を見積もれるようにしよう。　練習 2 3 →

積の見積もり

かけられる数とかける数を、上から1けたのがい数にして積の大きさを見積もります。
（見当をつけることを「見積もる」ともいいます。）

192×318 → 200×300

商の見積もり

わられる数とわる数を、上から1けたのがい数にして商の大きさを見積もります。

6350÷38 → 6000÷40

2 4260×57の積を見積もりましょう。

とき方 かけられる数とかける数を、それぞれ上から1けたのがい数にします。

4260×57 → □×60で、積の見積もりは□となります。

練習

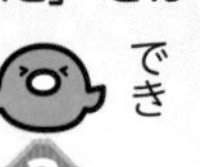

学習日　月　日

★できた問題には、「た」をかこう！★

でき 1　でき 2　でき 3　でき 4

教科書 下9～13ページ　答え 18ページ

1 あやかさん、つよしさん、ゆかりさんは遊園地に行きました。右の表は、3人が使った乗り物代を表したものです。 教科書 9ページ 1

乗り物代

名前	金がく(円)
あやかさん	1750
つよしさん	2100
ゆかりさん	1250

① 3人の乗り物代を合わせると、約何千円になりますか。

（　　　）

② 乗り物代がいちばん多くかかった人と、いちばん少なかった人との差は約何百円ですか。

（　　　）

2 次の計算の積を見積もりましょう。 教科書 10ページ 2

① 281×125　　② 3481×18

（　　　）　（　　　）

3 次の計算の商を見積もりましょう。 教科書 11ページ 2

① 4268÷35　　② 9107÷328

（　　　）　（　　　）

4 あきらさんは遊園地に行きます。
かかる費用(ひよう)は右の表の通りです。
約何千円持っていけばたりますか。 教科書 12ページ 3

かかる費用

こうもく	金がく(円)
電車代	680
入園料(りょう)	2570
食事代	840

（　　　）

ヒント
4 たりなくならないようにするには、どのようなしかたでがい数を作ればいいか考えて、見積もりをします。

⑩ がい数

教科書 下2～17ページ　答え 18～19ページ

知識・技能　／60点

1 四捨五入して千の位までのがい数にしたとき、21000 になる整数の中で、いちばん小さい数といちばん大きい数を求めましょう。　1つ4点(8点)

20500　21000　21500

いちばん小さい数 (　　　)

いちばん大きい数 (　　　)

2 よく出る 次の数を四捨五入して、[　]の中の位までのがい数にしましょう。　1つ4点(16点)

① 7654　[百の位]　(　　　)

② 39146　[千の位]　(　　　)

③ 89576　[一万の位]　(　　　)

④ 79895944　[一万の位]　(　　　)

3 よく出る 次の数を四捨五入して、上から2けたのがい数にしましょう。　1つ5点(10点)

① 6327579　(　　　)

② 19768543　(　　　)

4 次の数を切り捨てて、上から2けたのがい数にしましょう。
また、切り上げて、上から1けたのがい数にしましょう。　1つ4点(16点)

① 738024
切り捨て (　　　)
切り上げ (　　　)

② 1835906
切り捨て (　　　)
切り上げ (　　　)

5 よく出る 次の積と商の見積もりをしましょう。　1つ5点(10点)

① 573×7280　(　　　)

② 9378÷472　(　　　)

学習日　月　日

思考・判断・表現　／40点

6 あきらさんは、次の文ぼう具を買おうとしています。
約(やく)何百円あればたりますか。　式・答え　1つ5点(10点)

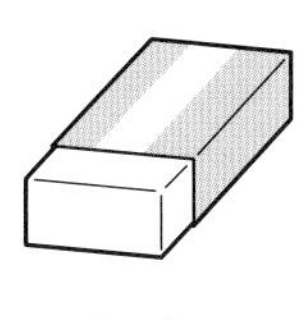
95円

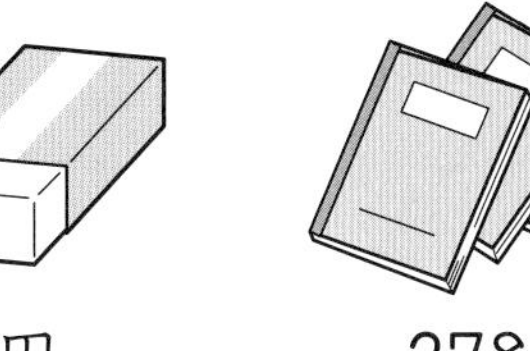
278円

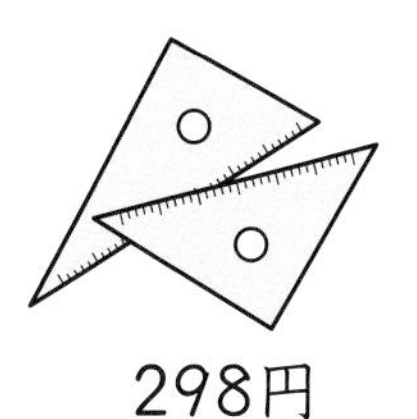
298円

148円

式

答え（　　　）

できたらスゴイ！

7 えみさんの住む市の人口は 218251 人です。えみさんの学校の４年生は 187 人です。
市の人口は４年生の人数の約何倍ですか。それぞれの人数を上から１けたのがい数にして求めましょう。　式・答え　1つ5点(10点)

式

答え（　　　）

8 はやとさんは、自分の住んでいる市の図書館で、１月から７月までにかし出された本のさっ数を月ごとに調べて、左のような表にまとめました。　1つ10点(20点)

図書館でかし出された本のさっ数

月	本のさっ数(さつ)	がい数(さつ)
1	76132	
2	52084	
3	70551	
4	83675	
5	89708	
6	72364	
7	96007	

図書館でかし出された本のさっ数

(さつ)
□
□
□
□
50000
0
1　2　3　4　5　6　7　(月)

① 本のさっ数を四捨五入で千の位までのがい数にして、表に書きましょう。

② グラフの□にあてはまる目もりを入れて、折(お)れ線グラフに表しましょう。

ふりかえり　1がわからないときは、56ページの3にもどってかくにんしてみよう。

ぴったり1
じゅんび
3分でまとめ

① 式と計算

学習日　　月　　日

教科書 下18～22ページ　答え 19ページ

次の□にあてはまる数やことばを書きましょう。

ねらい　|つの式に表すしかたや計算の順じょを考えよう。　練習 ❶❷→

|つの式に表すしかた

✪(　)は、ひとまとまりとみて先に計算するしるしとして使います。

✪たし算、ひき算、かけ算、わり算のまじった式では、かけ算やわり算は、(　)がなくてもひとまとまりとみて、先に計算します。

1　200円のノートを、40円安くして売っています。|さつ買って出したお金が1000円のとき、おつりは何円ですか。|つの式に表して、答えを求めましょう。

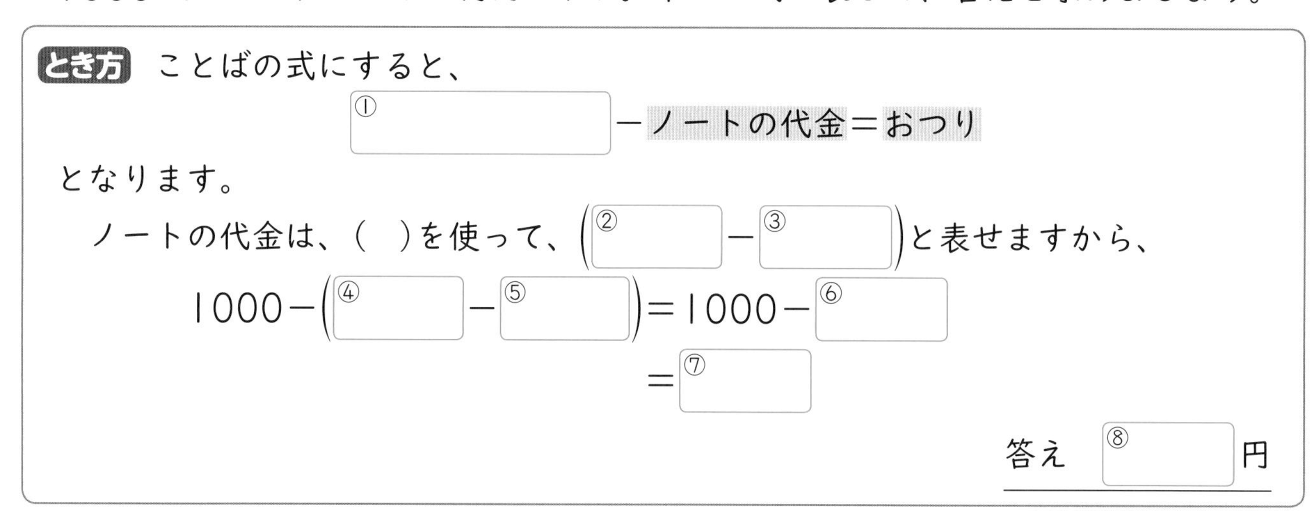
とき方　ことばの式にすると、

①□ − ノートの代金 = おつり

となります。

ノートの代金は、(　)を使って、(②□ − ③□)と表せますから、

1000 − (④□ − ⑤□) = 1000 − ⑥□

= ⑦□

答え ⑧□円

ねらい　計算の順じょに気をつけて、計算しよう。　練習 ❸→

計算の順じょ

❶　式は、ふつう、左から順に計算します。

❷　(　)のある式では、(　)の中を先に計算します。

❸　＋、−、×、÷ のまじった式では、かけ算やわり算を先に計算します。

2　42−(8−5)×7 を計算しましょう。

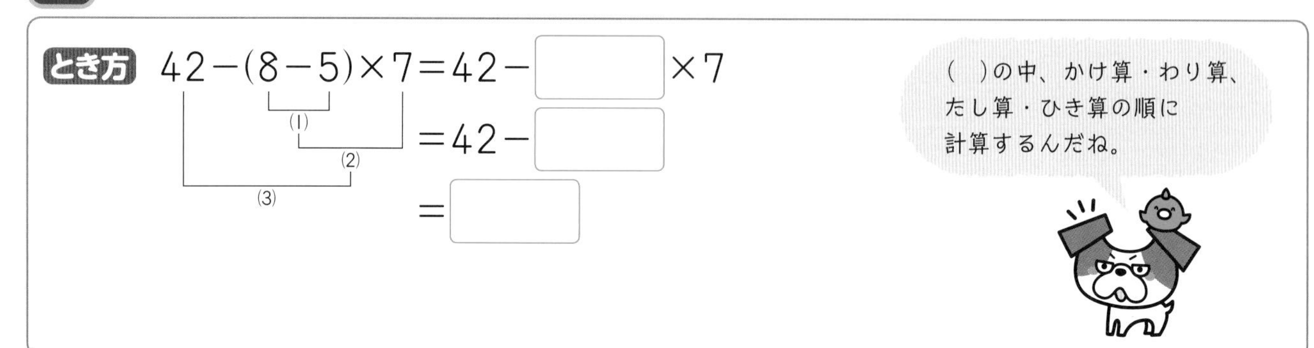
とき方　42−(8−5)×7 = 42 − □ ×7

= 42 − □

= □

(1) (2) (3)

(　)の中、かけ算・わり算、たし算・ひき算の順に計算するんだね。

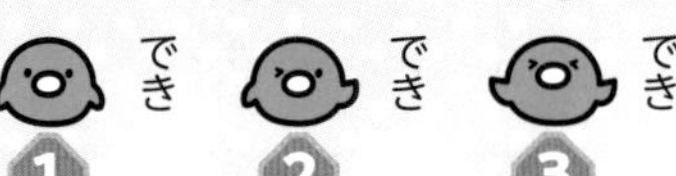

★できた問題には、「た」をかこう！★

できた 1　できた 2　できた 3

学習日　月　日

教科書 下18～22ページ　答え 19ページ

1 1000円を持って買い物に行きました。

580円の本と、180円のノートを1さつずつ買いました。残(のこ)りは、何円になりますか。1つの式に表して、答えを求めましょう。 教科書 19ページ 1

式

答え（　　　　）

よくよんで

2 80円のえん筆を6本と、90円の消しゴムを6こ買います。

全部で何円になりますか。

1つの式に表して、答えを求めましょう。 教科書 21ページ 2

式

答え（　　　　）

3 次の計算をしましょう。 教科書 22ページ 3

① $150-(30+40)$　　② $65-(18-5)$

③ $18+7\times3$　　④ $3\times5+15\div3$

⑤ $24\div6\times2$　　⑥ $24\div(6+2)$

⑦ $23+5\times(8-4)$　　⑧ $7\times(13-5)-3\times4$

ヒント

3 ④ 2×5 と $15\div3$ を計算して、それぞれの答えをたします。
⑧ 7×8 と 3×4 を計算して、ひき算をします。

学習日　月　日

11 式と計算
② 計算のきまり
③ 計算のきまりを使って

教科書 下23～27ページ　答え 20ページ

次の□にあてはまる数を書きましょう。

ねらい 計算のきまりを使って、計算できるようにしよう。　練習 ❶❷❸→

計算のきまり

✪たし算には、次のようなきまりがあります。

(1) たされる数とたす数を入れかえても、和は変わりません。

【たし算の交かんのきまり】 ■＋▲＝▲＋■

(2) 3つの数をたすとき、たす順じょをかえても、和は変わりません。

【たし算の結合のきまり】 (■＋▲)＋●＝■＋(▲＋●)

✪かけ算には、次のようなきまりがあります。

(1) かけられる数とかける数を入れかえても、積は変わりません。

【かけ算の交かんのきまり】 ■×▲＝▲×■

(2) 3つの数をかけるとき、かける順じょをかえても、積は変わりません。

【かけ算の結合のきまり】 (■×▲)×●＝■×(▲×●)

✪(　)を使った計算には、次のようなきまりがあります。

【分配のきまり】 (■＋▲)×●＝■×●＋▲×●
(■－▲)×●＝■×●－▲×●

1 次の計算をしましょう。

(1) 13＋82＋18　　(2) 16×25×4

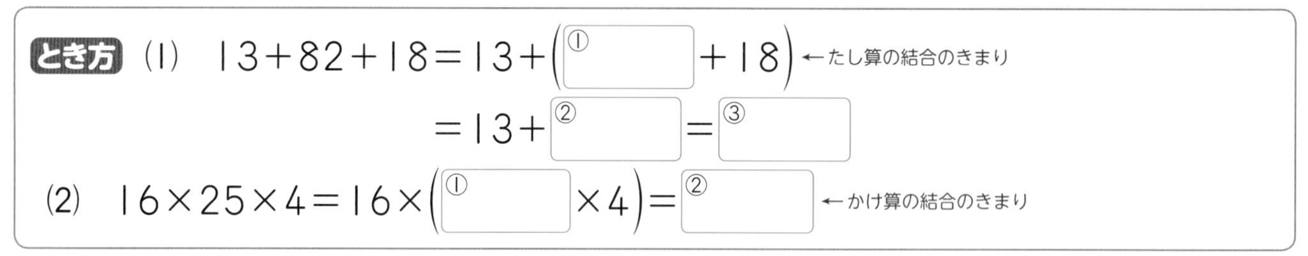

とき方 (1) 13＋82＋18＝13＋(①□＋18) ←たし算の結合のきまり
＝13＋②□＝③□

(2) 16×25×4＝16×(①□×4)＝②□ ←かけ算の結合のきまり

2 計算のきまりを使って、くふうして次の計算をしましょう。

(1) 7×3＋13×3　　(2) 197×3

とき方 (1) 7×3＋13×3＝(①□＋②□)×3
＝③□×3＝④□

(2) 197×3＝(①□－3)×3＝②□×3－3×3
＝③□－9＝④□

ぴったり2

練習

★できた問題には、「た」をかこう！★

できた ① できた ② できた ③

学習日　月　日

教科書 下23～27ページ　答え 20ページ

1 次の□にあてはまる数を書きましょう。　教科書 23ページ1、24ページ2

① 38+49=□+38　② 9×18=18×□

③ (16+28)+32=16+(28+□)

④ (78×25)×4=78×(□×4)

⑤ (18+45)×2=□×2+45×2

⑥ (74−56)×5=74×5−56×□

計算のきまりを使うと、計算がかん単にできるよ。

よくみて

2 くふうして、次の計算をしましょう。　教科書 23ページ1、26ページ1

① 15+46+54　② 19×12−13×12

③ 64×5　④ 298×3

3 右のような2まいの切手シートがあります。

2まいのシートを合わせると、切手は全部で何まいになりますか。2通りの方法で式に表し、□にあてはまる数を書きましょう。　教科書 24ページ2

10まい　4まい　3まい

① 切手のまい数をべつべつに計算して、合わせる。

㋐□×10+㋑□×10=㋒□+30

=㋓□

② 2まいの切手シートをつなげて計算する。

(4+㋐□)×10=㋑□×10

=㋒□

ヒント

2 ① 46+54=100だから、これを先に計算するとかん単にできます。

④ かけ算のきまり
⑤ 整数の計算

教科書 下28～29ページ　答え 20ページ

次の□にあてはまる数を書きましょう。

ねらい かけ算のきまりがわかるようにしよう。

練習 1 2 →

かける数と積（せき）の間にあるきまり

かけ算では、かける数を□倍すると、積も□倍になります。

また、かける数を□でわると、積も□でわった数になります。

1 次の□にあてはまる数を求（もと）めましょう。

(1) 30 × 4 ＝ 120
　↓×2　↓×□
30 × 8 ＝ 240

(2) 50 × 12 ＝ 600
　↓÷3　↓÷□
50 × 4 ＝ 200

とき方 (1) 120×□＝240、□＝240÷120＝□で、

□にあてはまる数は□です。

(2) 600÷□＝200、□＝600÷200＝□で、

□にあてはまる数は□です。

ねらい けたが多い整数の計算ができるようにしよう。

練習 3 →

計算のしかた

- たし算、ひき算は、けたが多くなっても、これまでと同じように、位（くらい）ごとに計算します。
- かけ算は、かける数を位ごとに分けて計算し、あとで合わせます。
- わり算は、商のたつ位を考えます。

2 次の計算をしましょう。

(1) 514×267　　(2) 4500÷85

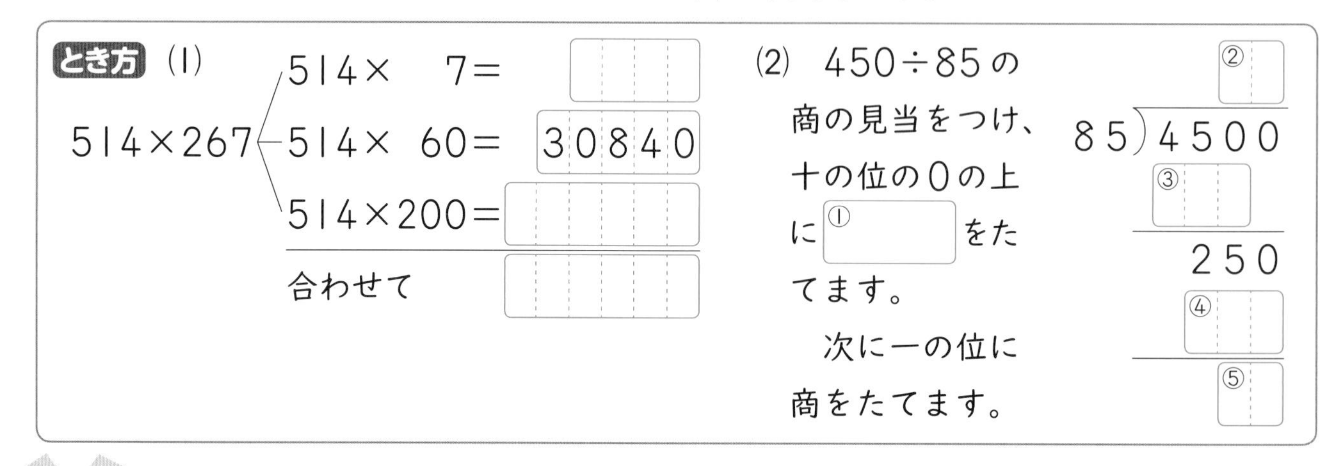
とき方 (1)

514×267
- 514×　7＝□
- 514×　60＝30840
- 514×200＝□

合わせて □

(2) 450÷85の商の見当をつけ、十の位の0の上に①□をたてます。

次に一の位に商をたてます。

85)4500 （②□ ③□ 250 ④□ ⑤□）

練習

学習日　月　日

教科書 下28～29ページ　答え 20～21ページ

1 かけ算の、かけられる数と積の間にあるきまりを見つけます。
次の2つの式を見て、下の□にあてはまることばを書きましょう。

教科書 28ページ 1

20 × 8 ＝ 160　（↓×□　↓×□）
40 × 8 ＝ 320

60 × 3 ＝ 180　（↓÷□　↓÷□）
20 × 3 ＝ 60

かけ算では、かけられる数を□倍すると、積も［　　］になります。

また、かけられる数を□でわると、積も［　　］になります。

2 かけ算の、かけられる数とかける数と積の間にあるきまりを見つけます。
次の①～④にあてはまる数を書き、⑤、⑥にあてはまることばを書きましょう。

教科書 28ページ 1

30 × 6 ＝ 180　（↓×①［　］　↓÷②［　］）
90 × 2 ＝ 180

80 × 3 ＝ 240　（↓÷③［　］　↓×④［　］）
20 × 12 ＝ 240

かけ算では、かけられる数を□倍し、かける数を□で⑤［　　］と、⑥［　　］は変わりません。また、かけられる数を□でわり、かけられる数を□倍しても、積は変わりません。

3 次の計算をしましょう。

教科書 29ページ 1

① 4629＋5175　　② 7014－5846

③ 5196＋86734　　④ 45032－6978

⑤ 254×637　　⑥ 6231÷93

ヒント　3 ①～④　位をそろえて筆算で計算します。

⑪ 式と計算

教科書 下18～32ページ　答え 21～22ページ

知識・技能　／72点

1 よく出る 次の□にあてはまる数を書きましょう。　全部できて 1問4点(16点)

① 150－(70＋50)＝150－□
　＝□

② 5×(23＋14)＝5×□
　＝□

③ (36－8)÷4＝□÷4
　＝□

④ 32＋35÷7＝32＋□
　＝□

2 よく出る 次の計算をしましょう。　1つ5点(20点)

① 15×(6＋3)－12

② 15－30÷5×2

③ (15＋25)÷(12－4)

④ 80－40÷(12－8)

3 よく出る 次の計算をくふうしてしましょう。　1つ5点(20点)

① 68×4＋32×4

② 7×4×25

③ 97×6

④ 46×5

学習日　月　日

4 次の計算をしましょう。　1つ4点(16点)

① 7851＋43609　② 62009−5826

③ 578×309　④ 4028÷53

思考・判断・表現　／28点

5 みほさんは、2000円を持って買い物に行きました。本屋さんで980円の本を1さつ買い、文ぼう具屋さんで180円のボールペンを1本買います。
残(のこ)りは何円になりますか。
1つの式に表して、答えを求(もと)めましょう。　式・答え　1つ5点(10点)

式

答え（　　　）

できたらスゴイ!

6 画用紙が180まいあります。1人に3まいずつ36人に配ります。
残りは何まいになりますか。
1つの式に表して、答えを求めましょう。　式・答え　1つ5点(10点)

式

答え（　　　）

7 たかしさんの学校の4年生174人が社会見学で博物館(はくぶつかん)に行きました。博物館の入館料(りょう)は1人365円です。
入館料は4年生全体で何円になりますか。　式・答え　1つ4点(8点)

式

答え（　　　）

ふろくの「計算せんもんドリル」20～21もやってみよう！

1がわからないときは、64ページの2にもどってかくにんしてみよう。

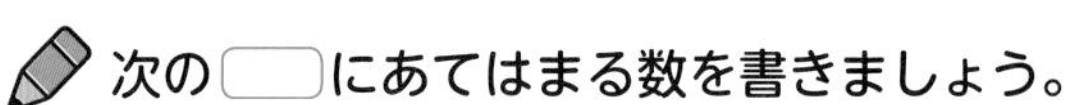

学習日　月　日

12 小数

① 小数の表し方

教科書 下33〜38ページ　答え 22ページ

次の□にあてはまる数を書きましょう。

ねらい 小数を使って、はしたが表せるようにしよう。　練習 ① ③

0.1より小さいはしたの表し方

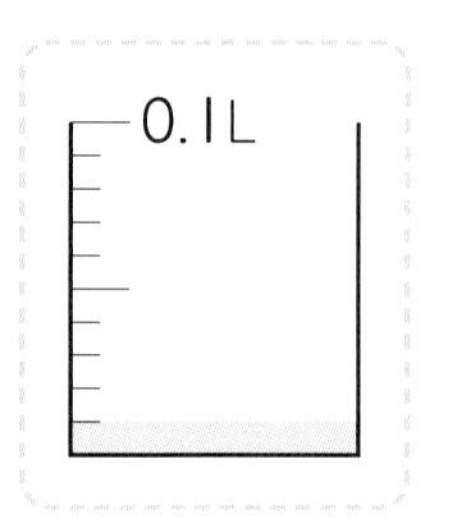

✪右のように、0.1Lを10等分した1つ分のかさを、**0.01L**と書き、**れい点れいーリットル**と読みます。

✪0.01Lを10等分した1つ分のかさを、**0.001L**と書き、**れい点れいれいーリットル**と読みます。

1 ジュースのかさは何Lですか。

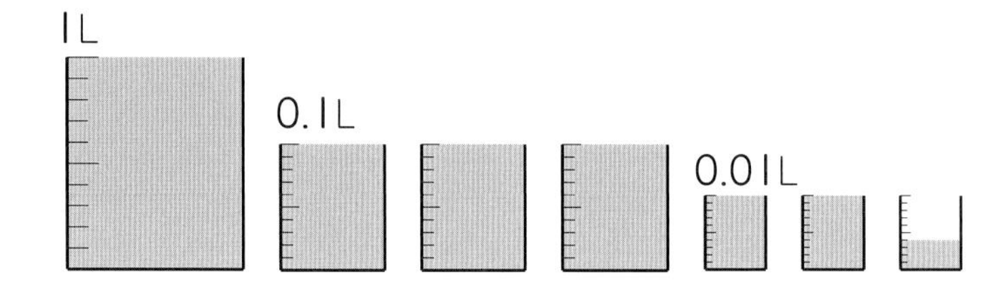

とき方 0.01Lますの小さい目もり1つ分は□Lを表しています。0.01Lますの小さい目もりが4こ分で□Lだから、合わせて□Lになります。

ねらい かさや長さ、重さを、小数を使って表せるようにしよう。　練習 ② ④

単位の関係

100 mL＝0.1 L	10 cm＝0.1 m	100 m＝0.1 km	100 g＝0.1 kg
10 mL＝0.01 L	1 cm＝0.01 m	10 m＝0.01 km	10 g＝0.01 kg
1 mL＝0.001 L	0.1 cm＝1 mm	1 m＝0.001 km	1 g＝0.001 kg
	＝0.001 m		

2 (　)の中の単位で表しましょう。

(1) 450 mL　(L)　　(2) 2983 m　(km)

とき方 (1) 100 mLは0.1 L、10 mLは0.01 Lです。400 mL＝①□L、50 mL＝②□Lだから、450 mL＝③□Lです。

(2) 100 mは0.1 km、10 mは0.01 km、1 mは0.001 kmです。
2000 m＝2 km、900 m＝①□km、80 m＝②□km、3 m＝③□kmだから、2983 m＝④□kmです。

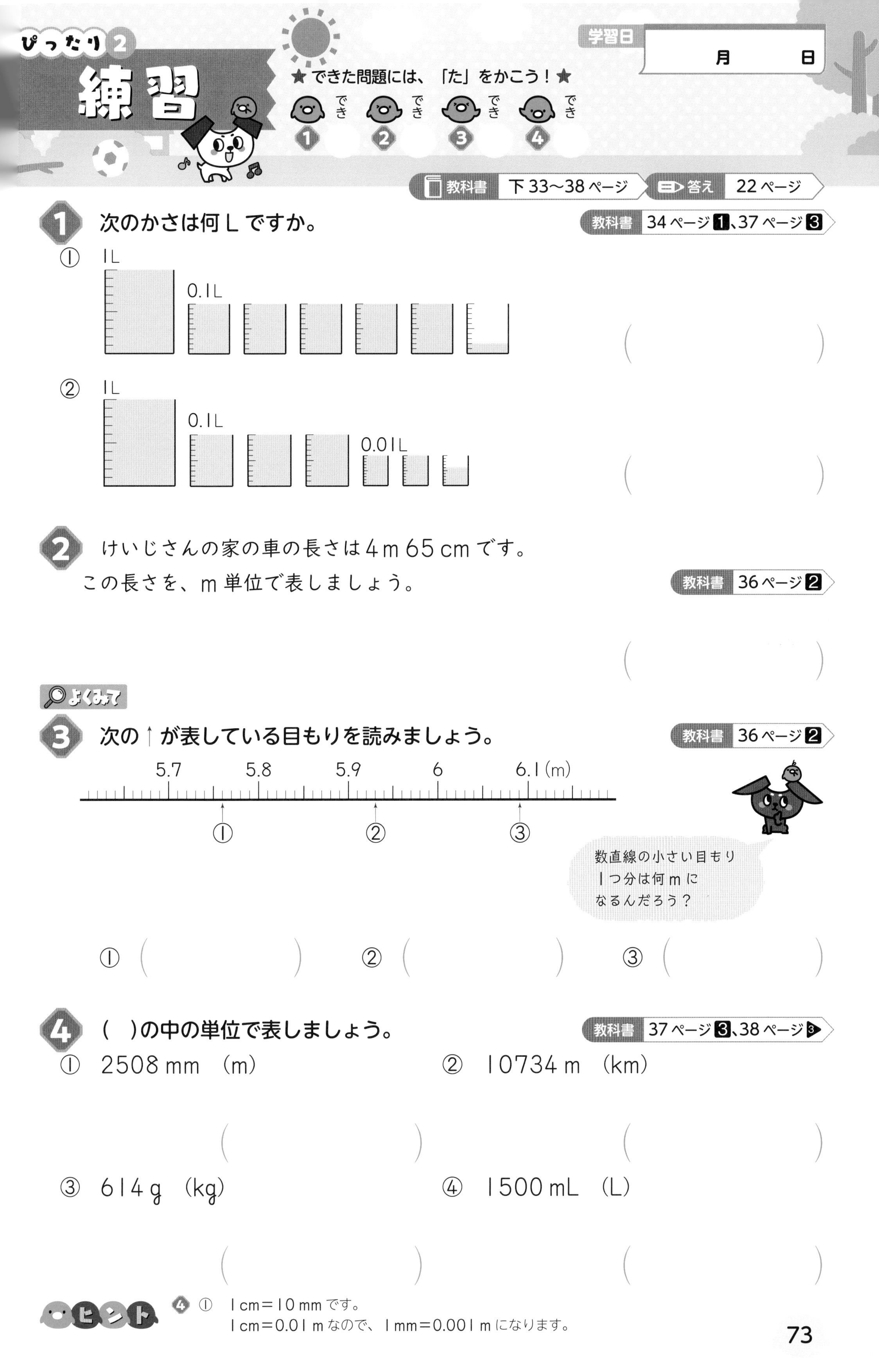

ぴったり2

練習

★できた問題には、「た」をかこう！★

でき 1　でき 2　でき 3　でき 4

学習日　月　日

教科書 下33～38ページ　答え 22ページ

1 次のかさは何Lですか。

教科書 34ページ1、37ページ3

① 1L　0.1L

(　　　)

② 1L　0.1L　0.01L

(　　　)

2 けいじさんの家の車の長さは4m 65cmです。

この長さを、m単位で表しましょう。

教科書 36ページ2

(　　　)

よくみて

3 次の↑が表している目もりを読みましょう。

教科書 36ページ2

5.7　5.8　5.9　6　6.1(m)

①　②　③

数直線の小さい目もり1つ分は何mになるんだろう？

① (　　　)　② (　　　)　③ (　　　)

4 (　)の中の単位で表しましょう。

教科書 37ページ3、38ページ3

① 2508mm　(m)

(　　　)

② 10734m　(km)

(　　　)

③ 614g　(kg)

(　　　)

④ 1500mL　(L)

(　　　)

ヒント

4 ①　1cm＝10mmです。
1cm＝0.01mなので、1mm＝0.001mになります。

② 小数のしくみ

学習日　月　日

教科書 下39～42ページ　答え 22ページ

次の□にあてはまる数を書きましょう。

ねらい 小数の位(くらい)について理かいしよう。　練習 1 2 →

小数の位

小数点のすぐ右から順(じゅん)に、**小数第一位(だいいちい)**（$\frac{1}{10}$の位）、**小数第二位**（$\frac{1}{100}$の位）、**小数第三位**（$\frac{1}{1000}$の位）といいます。

3	.	4	9	7
一の位	小数点	小数第一位	小数第二位	小数第三位

1 8.163は、1を①□こと、0.1を②□こと、0.01を③□こと、0.001を④□こ合わせた数です。

また、1を4こと、0.1を7こと、0.01を5こと、0.001を9こ合わせた数は、⑤□です。

ねらい 小数のしくみを理かいしよう。　練習 3 4 →

小数のしくみ

小数も、整数と同じように、10倍すると、どの数字も位が1つ上がった数になり、$\frac{1}{10}$にすると、どの数字も位が1つ下がった数になります。

一の位	$\frac{1}{10}$の位	$\frac{1}{100}$の位	$\frac{1}{1000}$の位
2.	5		
0.	2	5	
0.	0	2	5

10倍　$\frac{1}{10}$

2 1.074を10倍、100倍した数を求(もと)めましょう。

とき方 1.074を10倍した数は、小数点を右へ1けたうつした数で、□、100倍した数は小数点を右へ2けたうつした数で、□です。

3 37.2の$\frac{1}{10}$の数を求めましょう。

とき方 37.2の$\frac{1}{10}$の数は、小数点を左へ1けたうつした数で、□です。

学習日　月　日

★できた問題には、「た」をかこう！★

でき 1　でき 2　でき 3　でき 4

教科書 下39〜42ページ　答え 22〜23ページ

1 次の□にあてはまる数を書きましょう。

教科書 39ページ 1

① 1.695は、1を㋐□こと、0.1を㋑□こと、0.01を㋒□こと、0.001を㋓□こ合わせた数です。

② 0.407は、□を4こと、□を7こ合わせた数です。

③ 5.827は、0.001を□こ集めた数です。

④ 0.001を309こ集めた数は、□です。

まちがい注意

2 次の数を、小さい順にならべましょう。

教科書 41ページ 2

0.07　0　0.7　7　0.007

7が、何の位の数字なのかを考えましょう。

（　→　→　→　→　）

3 3.812を10倍、100倍、1000倍した数を求めましょう。

教科書 42ページ 3

10倍（　）

100倍（　）

1000倍（　）

4 281.3の$\frac{1}{10}$の数を求めましょう。

教科書 42ページ 3

（　）

ヒント

1 ③④ 0.001を1000こ集めると1になります。

学習日　月　日

③ 小数のたし算とひき算

教科書 下43～47ページ　答え 23ページ

次の□にあてはまる数を書きましょう。

ねらい 小数のたし算ができるようにしよう。 練習 1 3

小数のたし算

✪小数のたし算は、整数の場合と同じように、位(くらい)をそろえて計算します。

✪小数のたし算でも、整数と同じように計算のきまりが成(な)り立ちます。

■＋▲＝▲＋■、(■＋▲)＋●＝■＋(▲＋●)

1 やかんに水が 2.31 L、水とうに 1.55 L 入っています。
やかんと水とうの水を合わせると、全部で何 L になりますか。

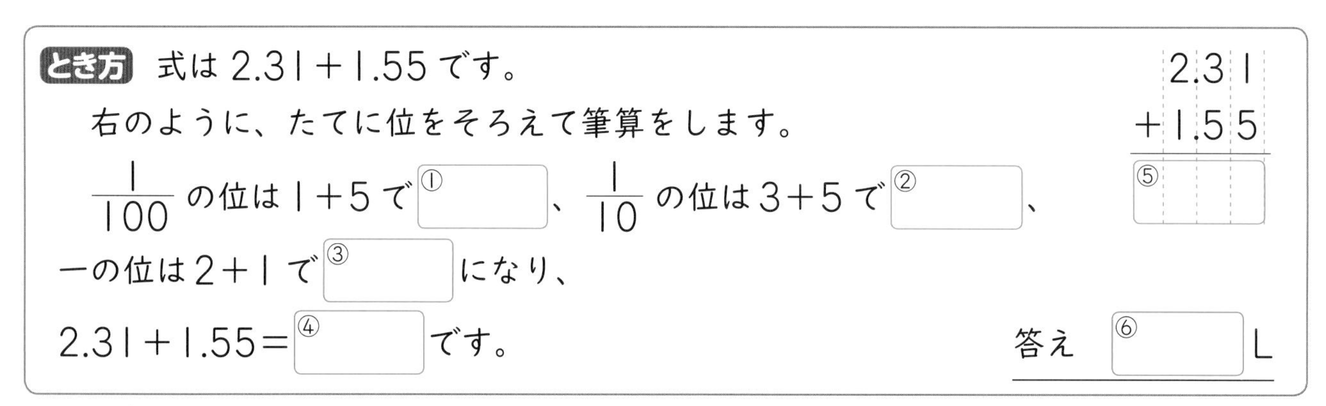

とき方 式は 2.31＋1.55 です。
右のように、たてに位をそろえて筆算をします。
$\frac{1}{100}$ の位は 1＋5 で ①□、$\frac{1}{10}$ の位は 3＋5 で ②□、
一の位は 2＋1 で ③□ になり、
2.31＋1.55＝④□ です。

答え ⑥□ L

$$\begin{array}{r} 2.31 \\ +1.55 \\ \hline ⑤\ \ \ \ \end{array}$$

ねらい 小数のひき算ができるようにしよう。 練習 2 4

小数のひき算

✪小数のひき算は、整数の場合と同じように、位をそろえて計算します。

2 2.74 L の油から、1.52 L だけ使いました。残(のこ)りの油は、何 L ですか。

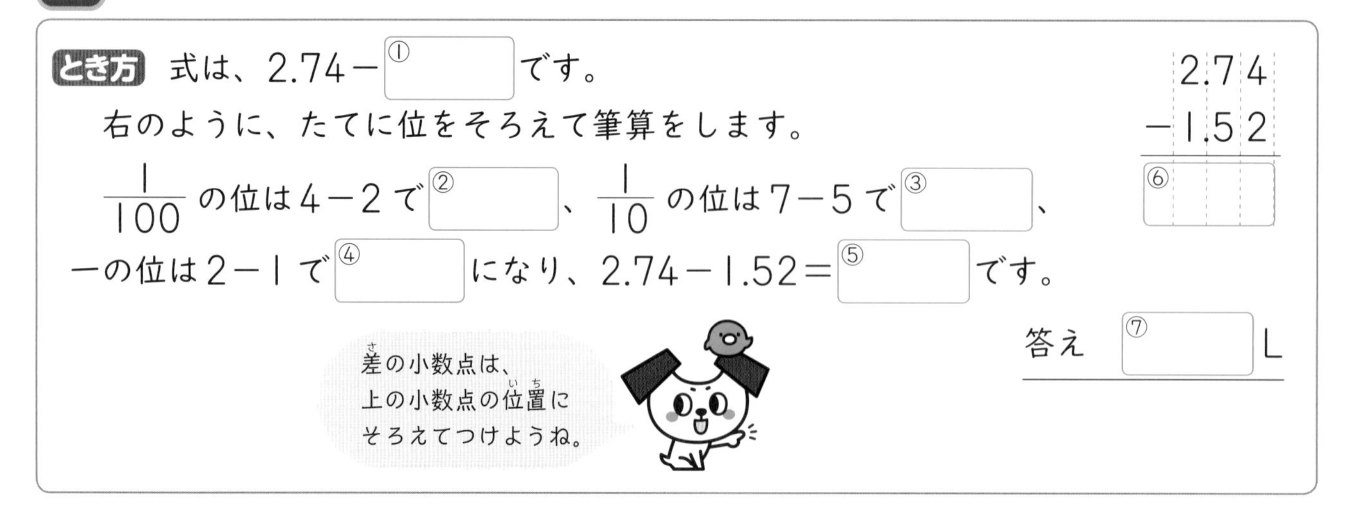

とき方 式は、2.74－①□ です。
右のように、たてに位をそろえて筆算をします。
$\frac{1}{100}$ の位は 4－2 で ②□、$\frac{1}{10}$ の位は 7－5 で ③□、
一の位は 2－1 で ④□ になり、2.74－1.52＝⑤□ です。

答え ⑦□ L

$$\begin{array}{r} 2.74 \\ -1.52 \\ \hline ⑥\ \ \ \ \end{array}$$

ぴったり2
練習

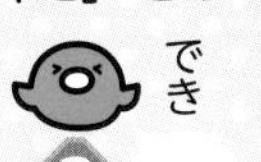

★できた問題には、「た」をかこう！★

できた ① できた ② できた ③ できた ④

学習日　　月　　日

教科書 下43～47ページ　答え 23ページ

1 次の計算を筆算でしましょう。

教科書 43ページ 1

① 3.14＋5.23　　② 7.52＋0.46

③ 4.07＋1.38　　④ 2.83＋1.49

⑤ 5.92＋0.78　　⑥ 6.31＋2.6

2 次の計算を筆算でしましょう。

教科書 45ページ 2

① 4.87－2.53　　② 0.69－0.39

③ 6.15－4.6　　④ 5－1.72

⑤ 5.03－0.36　　⑥ 3.04－2.77

3 計算のきまりを使って、次の計算をしましょう。

教科書 47ページ 3

① 4.69＋2.75＋0.25　　② 3.46＋3.7＋6.54

! まちがい注意

4 3mのリボンから、65cmだけ切り取りました。

残りのリボンの長さは、何mですか。

教科書 45ページ 2

（　　　　）

ヒント

2 ⑥ 一の位の計算はくり下がっているので、2－2になります。
答えの一の位に0と小数点を書くのをわすれないようにします。

⑫ 小数

教科書 下 33～50 ページ　答え 23～24 ページ

知識・技能　／84点

1 次のかさや長さを、小数で表しましょう。　1つ4点(8点)

① 0.1L

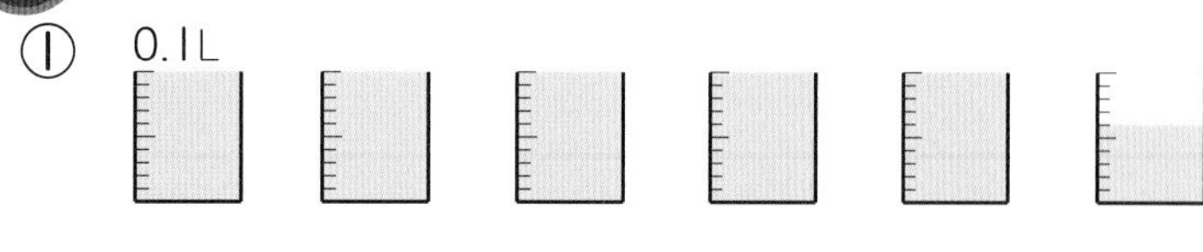

(　　　　)

②

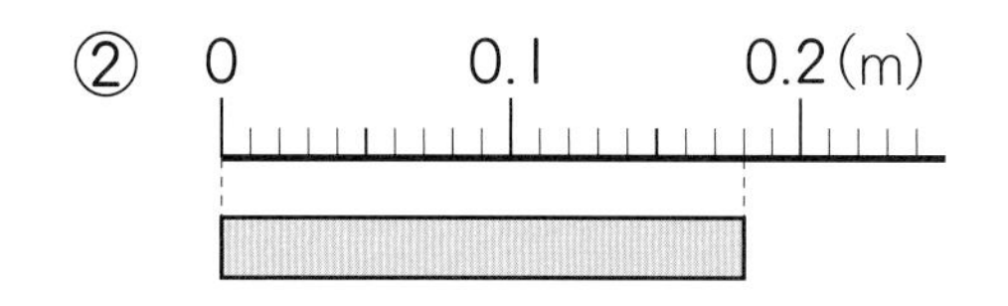

(　　　　)

2 次の数直線で、↑が表している目もりを読みましょう。　1つ4点(12点)

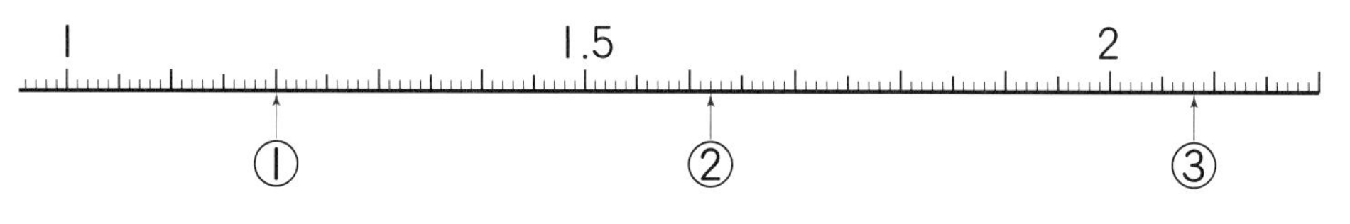

① (　　　　)　② (　　　　)　③ (　　　　)

3 よく出る [　]の中の単位(たんい)で表しましょう。　1つ4点(16点)

① 4816 mL [L] (　　　　)　② 1.36 m [cm] (　　　　)

③ 59254 m [km] (　　　　)　④ 168 g [kg] (　　　　)

4 よく出る 次の□にあてはまる数を書きましょう。　全部できて 1つ4点(12点)

① 8.402 は、㋐□を 8 こと、㋑□を 4 こと、㋒□を 2 こ合わせた数です。また、0.001 を㋓□こ集めた数です。

② 0.098 を 100 倍した数は□です。

③ 5.01 の $\frac{1}{10}$ の数は□です。

5 不等号(ふとうごう)を使って、大小を表しましょう。 1つ4点(8点)

① 0.572 □ 0.56　② 1.89 □ 1.92

6 よく出る 次の計算を筆算でしましょう。 1つ4点(28点)

① 3.45＋2.73　② 5.13＋3.47

③ 6.27－4.82　④ 7.03－5.66

⑤ 6.2－1.45　⑥ 3.48－2.78

⑦ 1.35＋2.87＋4.65

思考・判断・表現 ／16点

7 A(エー)の畑では 3.05 kg、B(ビー)の畑では 4.28 kg のじゃがいもがとれました。
じゃがいもは全部で何 kg とれましたか。 式・答え 1つ4点(8点)

式

答え (　　　　)

できたらスゴイ！

8 ジュースが 1.5 L あります。ゆうまさんと弟と妹の3人でジュースを飲んだあと調べたら、0.86 L 残(のこ)っていました。
3人が飲んだジュースは何 L ですか。 式・答え 1つ4点(8点)

式

答え (　　　　)

ふろくの「計算せんもんドリル」10～13もやってみよう！

ふりかえり 1①がわからないときは、72 ページの1にもどってかくにんしてみよう。

ぴったり1 じゅんび

13 そろばん

① 数の表し方
② たし算とひき算

学習日　月　日

教科書 下51～53ページ　答え 24ページ

次の□にあてはまる数やことばを書きましょう。

ねらい そろばんで、大きい数や小数を表すことができるようにしよう。 練習 1→

そろばんでの数の表し方

✪定位点の１つを一の位に決めて表します。

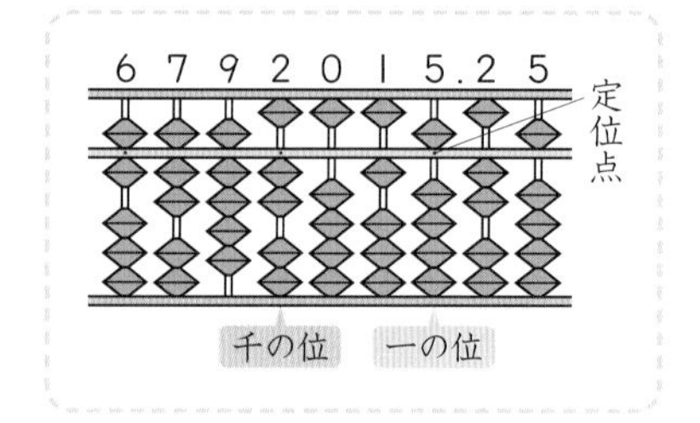

1 143892705を表しましょう。

とき方 定位点の１つを一の位に決めると、その定位点の左側の定位点は□の位、さらにその左の定位点は□の位になります。１は□の位になるので、百万の位の２つ左から置いていきます。

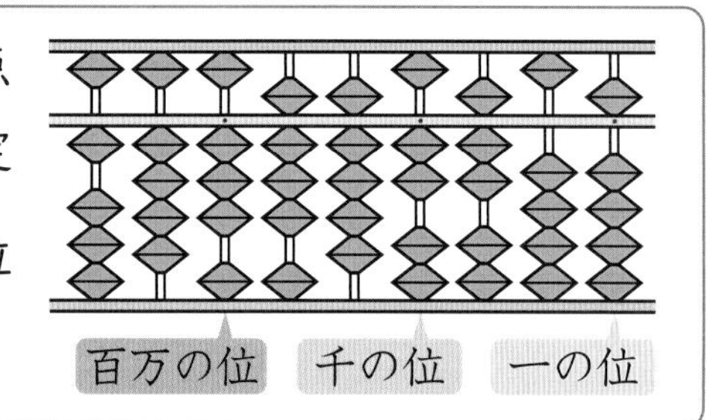

ねらい 大きい数や小数のたし算、ひき算ができるようにしよう。 練習 2 3→

大きい数や小数のたし算、ひき算

✪位に気をつけて、今までと同じように左のけたから順に計算します。

2 (1) 93＋29　(2) 3.2−0.8 を計算しましょう。

とき方 (1) ❶93を置きます。

❷十の位に２をたします。10−2＝8なので、十の位から８をひいて、百の位に□を入れます。

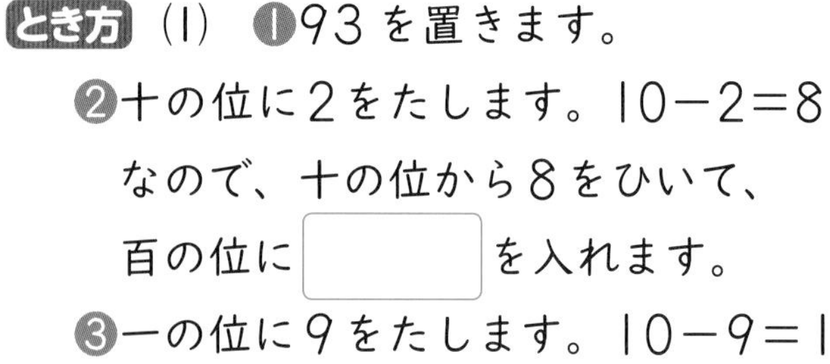

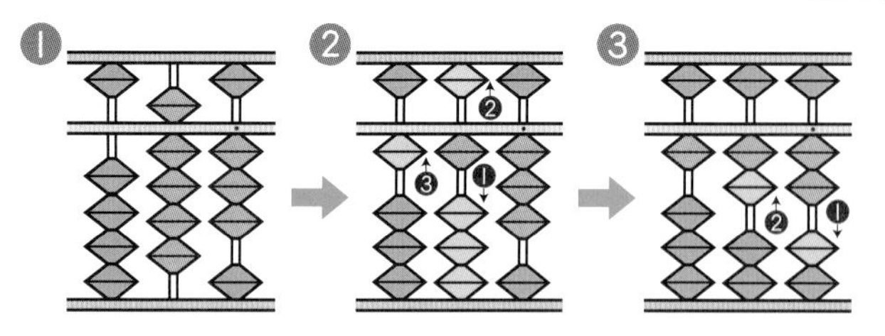

❸一の位に９をたします。10−9＝1なので、一の位から１をひいて、十の位に□をたします。93＋29＝□。

(2) ❶□を置きます。

❷$\frac{1}{10}$の位から８はひけないので、一の位から１をひいて、$\frac{1}{10}$の位に10−8の□をたします。3.2−0.8＝□。

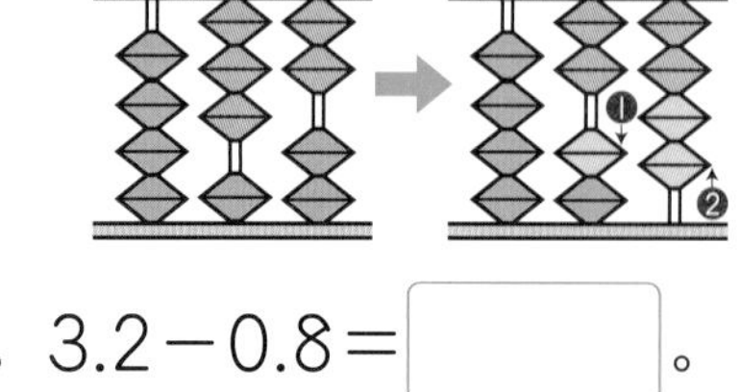

★できた問題には、「た」をかこう！★

できた ① できた ② できた ③

学習日 月 日

1 次の数を読みましょう。

教科書 51ページ 1

①

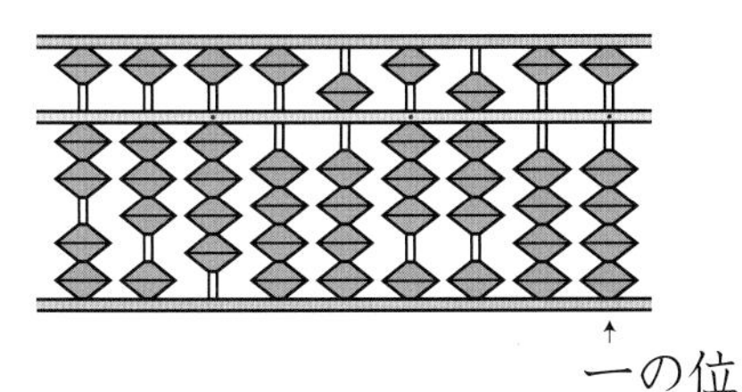

②

一の位

(　　　　　　　　) (　　　　　　　　)

2 次の計算をしましょう。

教科書 52ページ 1

① 37＋75　② 64＋56　③ 67＋69

④ 87＋58　⑤ 76＋45　⑥ 98＋76

⑦ 0.8＋6.9　⑧ 2.4＋3.7　⑨ 1.3＋2.7

⑩ 30億（おく）＋90億　⑪ 500億＋400億　⑫ 80兆（ちょう）＋40兆

3 次の計算をしましょう。

教科書 53ページ 2

① 132－75　② 161－67　③ 121－73

④ 143－97　⑤ 174－89　⑥ 154－56

⑦ 3.2－0.5　⑧ 4.1－1.7　⑨ 13.4－5.9

⑩ 70億－30億　⑪ 100億－40億　⑫ 800兆－500兆

ヒント

3 ①　2から5はひけないので、十の位から1をひいて、10－5＝5で、一の位に5を入れます。

学習日　　月　　日

① 面積

教科書 下 54〜59 ページ　答え 25 ページ

次の□にあてはまる数を書きましょう。

ねらい 広さのくらべ方や、広さを数で表す方法を知ろう。 練習 ❶❷❸→

面積

広さを数で表したものを**面積**といいます。

１辺が１cm の正方形の面積と同じ広さを、１cm² と書き、**１平方センチメートル**と読みます。cm² は面積の単位です。

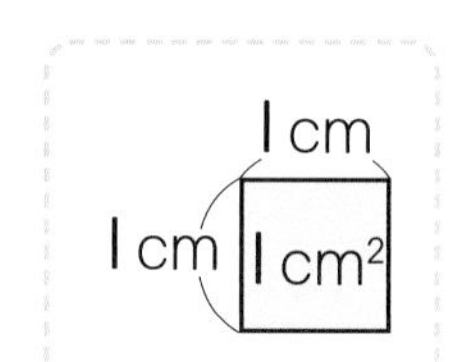

1 次の図形の面積は、何 cm² ですか。

(1)

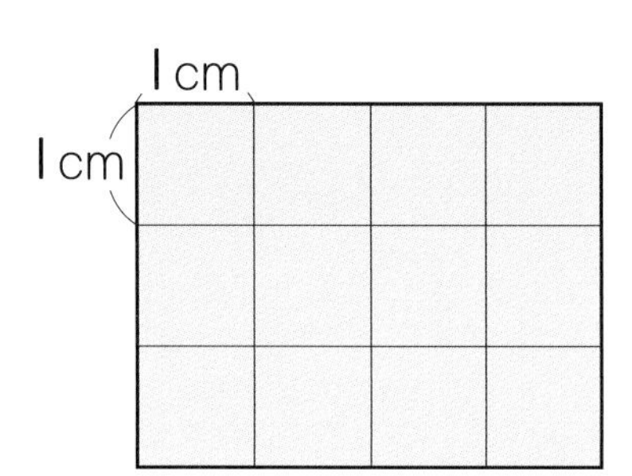

(2)

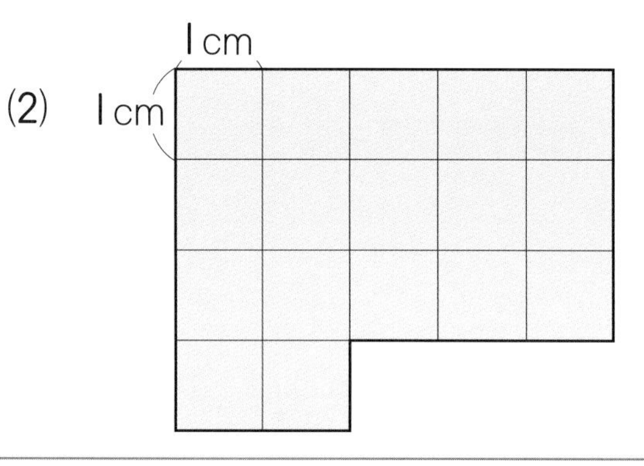

とき方 (1)　１cm² の正方形が□こあるから、面積は□cm² です。

(2)　１cm² の正方形が□こあるから、面積は□cm² です。

2 次の図形の面積は、何 cm² ですか。方がんの１目もりは、１cm です。

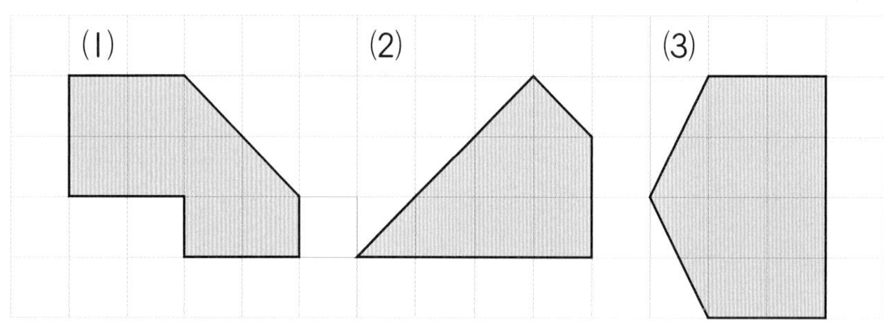

とき方 (1)　１cm² の正方形が①□こあります。

◺は２こで②□cm² になるから、面積は③□cm² です。

(2)　１cm² の正方形が①□こあります。

◺が②□こあるので、③□cm² です。合わせて④□cm² です。

(3)　１cm² の正方形が①□こあります。

◺は２こで②□cm² になるから、面積は③□cm² です。

★できた問題には、「た」をかこう！★

できき ❶　できき ❷　できき ❸

学習日　月　日

教科書 下54～59ページ　答え 25ページ

1 次の図形の面積は、何 cm^2 ですか。 教科書 58ページ 2

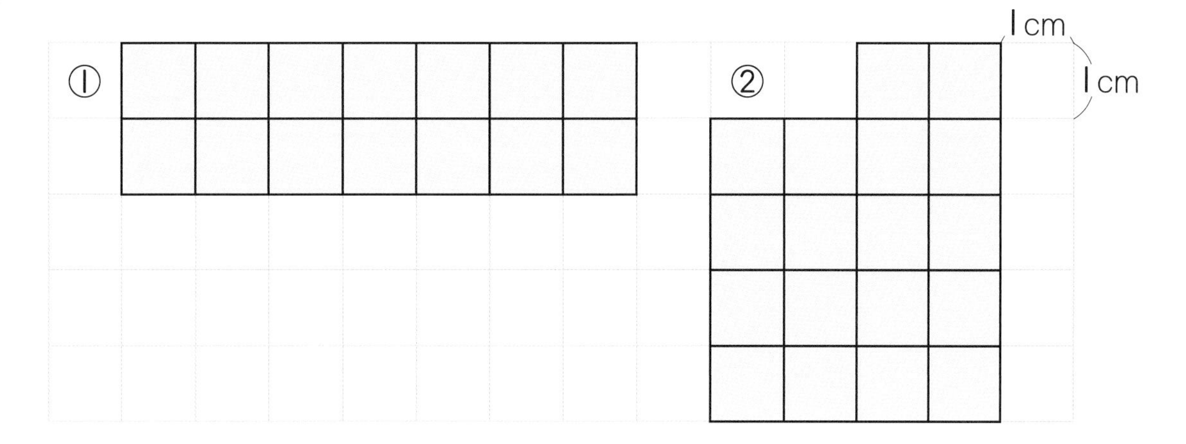

①（　　　　）　②（　　　　）

2 次の図形の面積は、何 cm^2 ですか。 教科書 58ページ 3

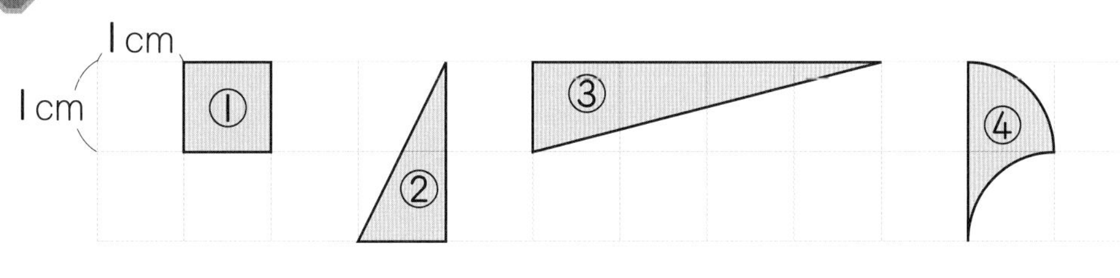

図形を組み合わせて、1 cm^2 の正方形にして考えましょう。

①（　　　　）　②（　　　　）

③（　　　　）　④（　　　　）

3 次の図形の面積は、何 cm^2 ですか。方がんの1目もりは、1cmです。 教科書 58ページ 4

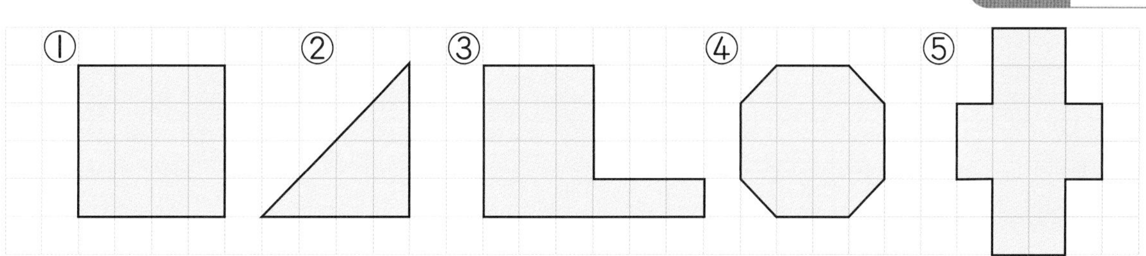

①（　　　　）　②（　　　　）

③（　　　　）　④（　　　　）

⑤（　　　　）

ヒント　3 ②④ ◺は2こで1 cm^2 になります。

14 面積

② 長方形と正方形の面積

学習日　月　日

教科書 下60〜63ページ　答え 25ページ

次の□にあてはまる数を書きましょう。

ねらい 長方形や、正方形の面積を、公式を使って求められるようにしよう。　練習 1 3 4

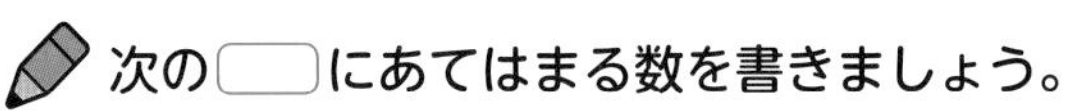

長方形の面積の公式

長方形の面積＝たて×横

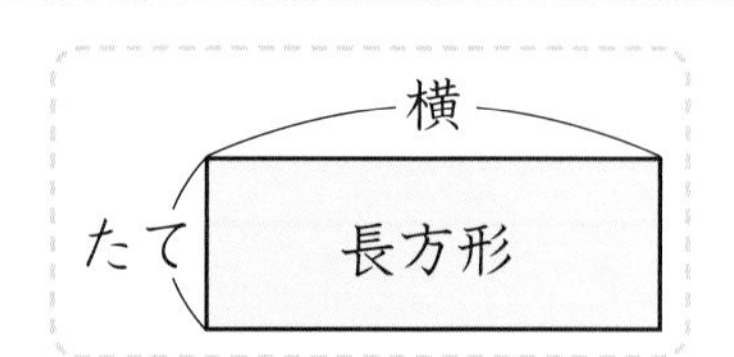

1 右の長方形の面積を求めましょう。

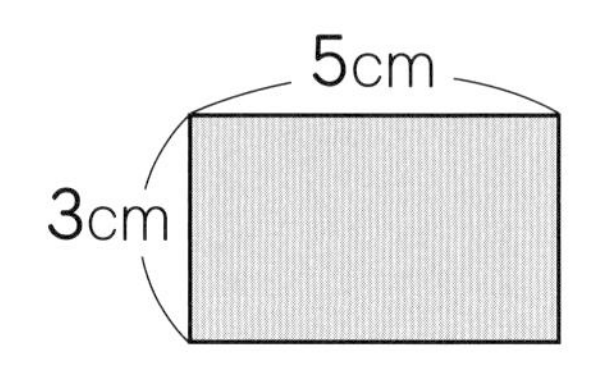

とき方 長方形の面積の公式に、たて、横の長さをあてはめます。

□×□＝□で□cm^2です。

2 面積が42 cm^2で、横の長さが7cmの長方形があります。たての長さは何cmですか。

とき方 長方形の面積の公式にあてはめて、考えます。

□(たて)×7(横)＝42になればよいので、□＝□÷7で

求められます。たての長さは、□cmです。

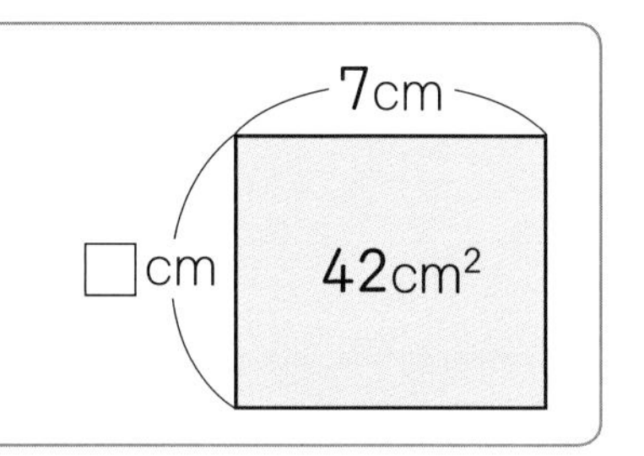

ねらい 正方形の面積を、公式を使って求められるようにしよう。　練習 1 2

正方形の面積の公式

正方形の面積＝1辺×1辺

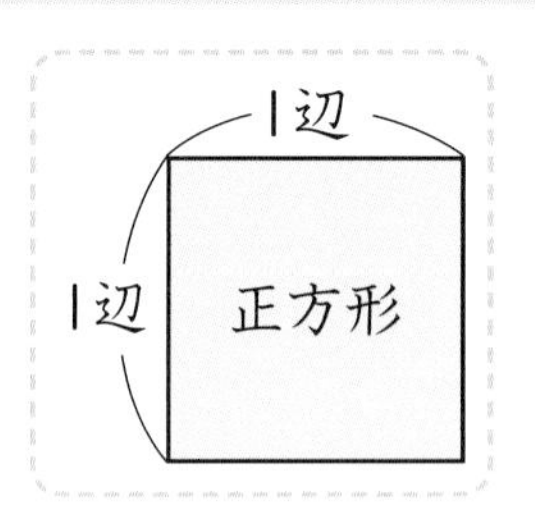

3 右の正方形の面積を求めましょう。

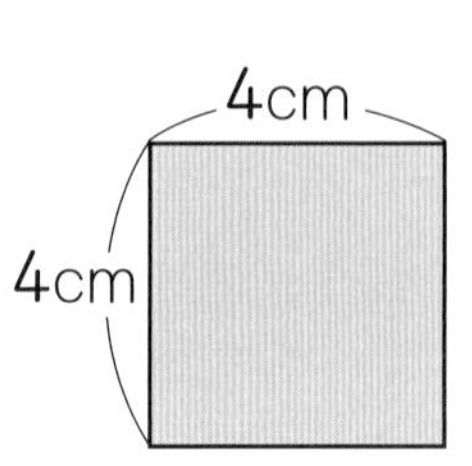

とき方 正方形の面積の公式に、1辺の長さをあてはめます。

□×□＝□で□cm^2です。

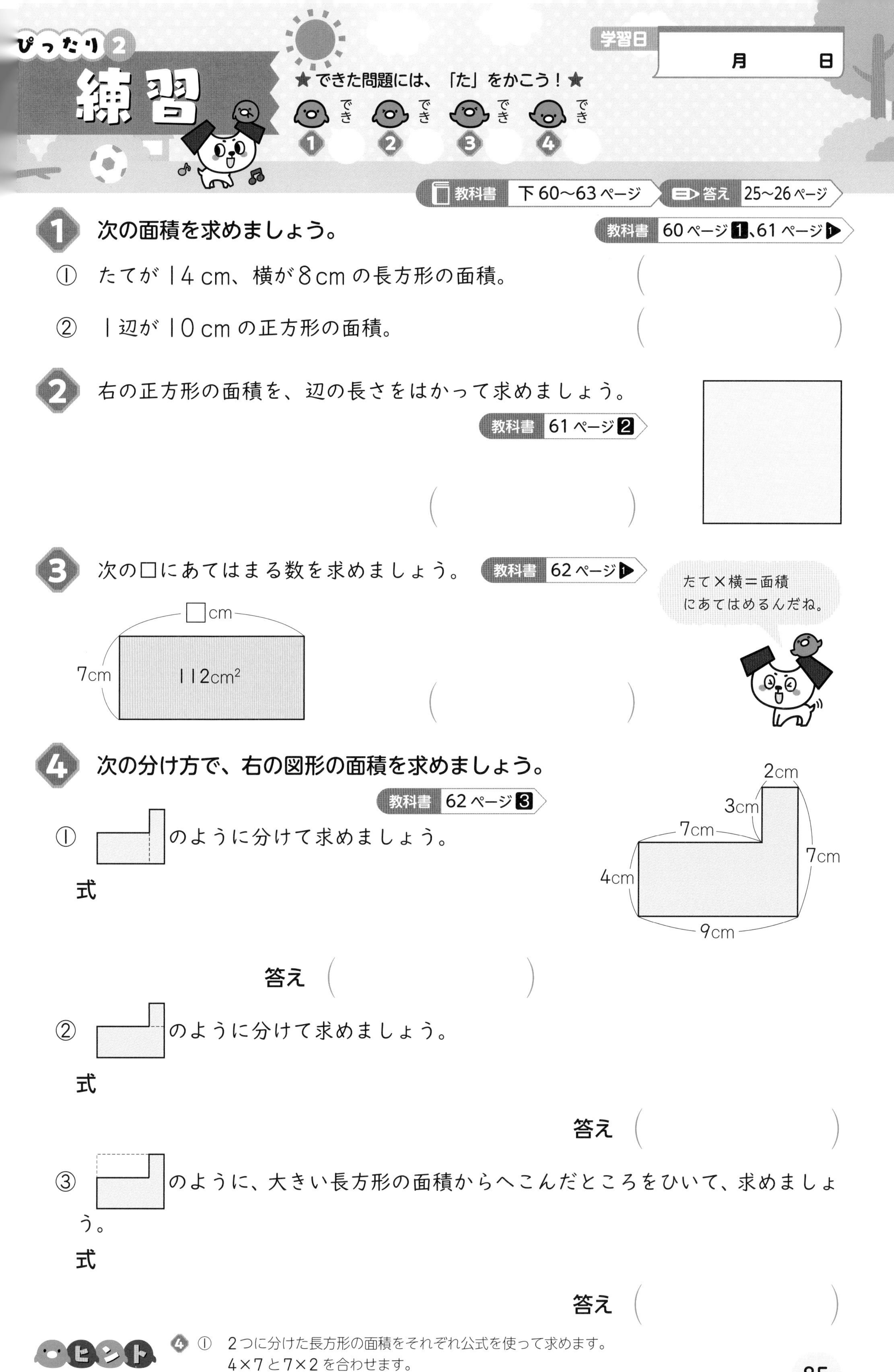

1 次の面積を求めましょう。　教科書 60ページ1、61ページ▶

① たてが14cm、横が8cmの長方形の面積。　(　　　　)

② 1辺が10cmの正方形の面積。　(　　　　)

2 右の正方形の面積を、辺の長さをはかって求めましょう。　教科書 61ページ2

(　　　　)

3 次の□にあてはまる数を求めましょう。　教科書 62ページ▶

(　　　　)

4 次の分け方で、右の図形の面積を求めましょう。　教科書 62ページ3

① のように分けて求めましょう。

式

答え (　　　　)

② のように分けて求めましょう。

式

答え (　　　　)

③ のように、大きい長方形の面積からへこんだところをひいて、求めましょう。

式

答え (　　　　)

ヒント

4 ① 2つに分けた長方形の面積をそれぞれ公式を使って求めます。
4×7と7×2を合わせます。

③ 大きい面積の単位（たんい）
④ 面積の単位の関係（かんけい）

学習日　　月　　日

教科書 下64～69ページ　答え 26ページ

次の□にあてはまる数を書きましょう。

ねらい cm^2 より広い面積を表す単位を覚え（おぼ）よう。　練習 ❶❷❸→

1平方（へいほう）メートル・1平方キロメートル

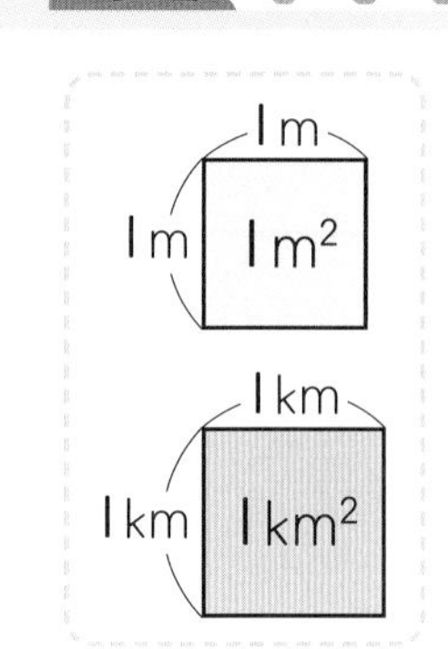

✪ 1辺（ぺん）が1mの正方形の面積と同じ広さを、$1m^2$ と書き、**1平方メートル**と読みます。**$1m^2$＝10000 cm^2** です。

✪ 1辺が1kmの正方形の面積と同じ広さを、$1km^2$ と書き、**1平方キロメートル**と読みます。km^2 は、島や県、国などの広い面積を表すのに使います。**$1km^2$＝1000000 m^2** です。

1 $1m^2$ は何 cm^2 ですか。また、$1km^2$ は何 m^2 ですか。

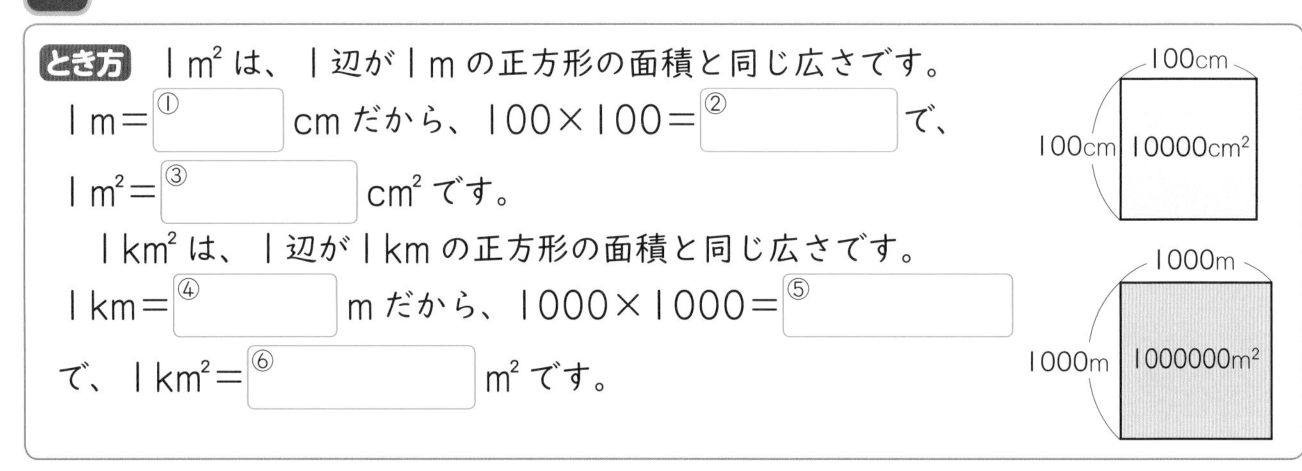

とき方 $1m^2$ は、1辺が1mの正方形の面積と同じ広さです。

1m＝①□cmだから、100×100＝②□で、

$1m^2$＝③□ cm^2 です。

$1km^2$ は、1辺が1kmの正方形の面積と同じ広さです。

1km＝④□mだから、1000×1000＝⑤□

で、$1km^2$＝⑥□ m^2 です。

ねらい 1a、1haの面積について理かいしよう。　練習 ❶❷→

1アール

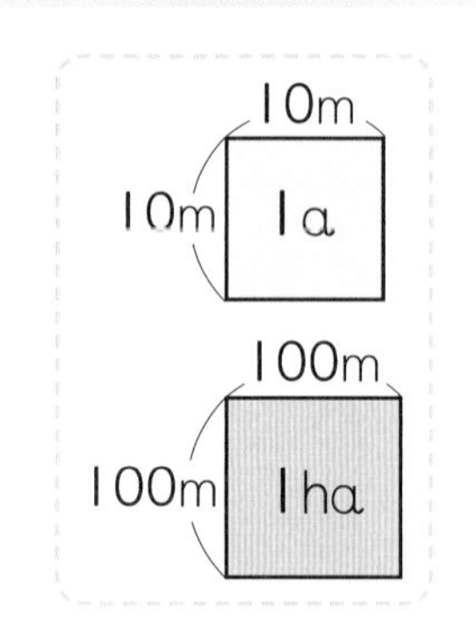

✪ 1辺が10mの正方形の面積と同じ広さを、1aと書き、**1アール**と読みます。**1a＝100 m^2** です。

1ヘクタール

✪ 1辺が100mの正方形の面積と同じ広さを、1haと書き、**1ヘクタール**と読みます。**1ha＝10000 m^2** です。

2 右のような花だんの面積は、何aですか。

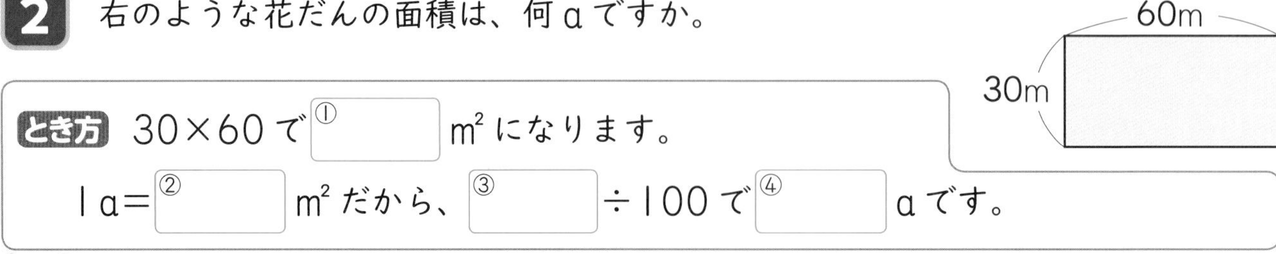

とき方 30×60で①□ m^2 になります。

1a＝②□ m^2 だから、③□÷100で④□aです。

1 次の四角形の面積を、[　]の中の単位で求めましょう。

教科書　64ページ 1、66ページ 2

① [m^2]

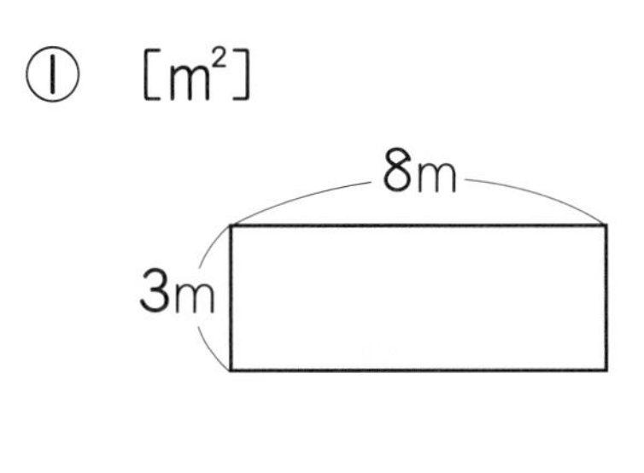

(　　　　)

② [a]

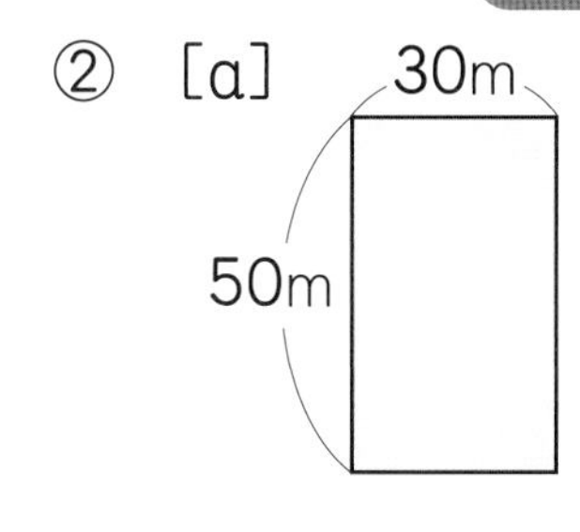

(　　　　)

③ [ha]

300m
300m

(　　　　)

④ [km^2]

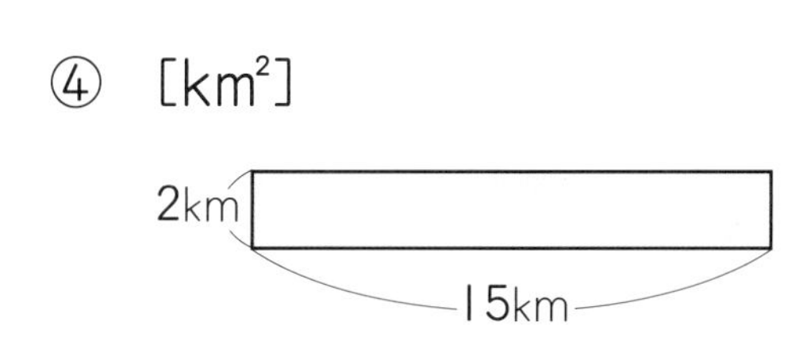

(　　　　)

2 次の□にあてはまる数を書きましょう。

教科書　64ページ 1、66ページ 2、68ページ 1

① $3\,m^2 =$ □ cm^2

② $1800\,m^2 =$ □ a

③ 5ha＝□ m^2

④ $400000000\,m^2 =$ □ km^2

⑤ $2\,km^2 =$ □ ha

よくよんで

3 正方形や長方形の辺の長さと面積について、次の問題に答えましょう。

教科書　68ページ 1

① 1辺が1mの正方形の面積は、1辺が10cmの正方形の面積の何倍ですか。

(　　　　)

② たて300m、横400mの長方形の形をした土地の面積は、たて3m、横4mの長方形の形をした土地の面積の何倍ですか。

(　　　　)

3 ① 正方形の1辺の長さが10倍になると、その面積は10×10倍になります。

14 面積（めんせき）

教科書 下 54～77 ページ　答え 26～27 ページ

知識・技能　　／70点

1 次の図形の面積は、何 cm^2 ですか。　1つ5点(20点)

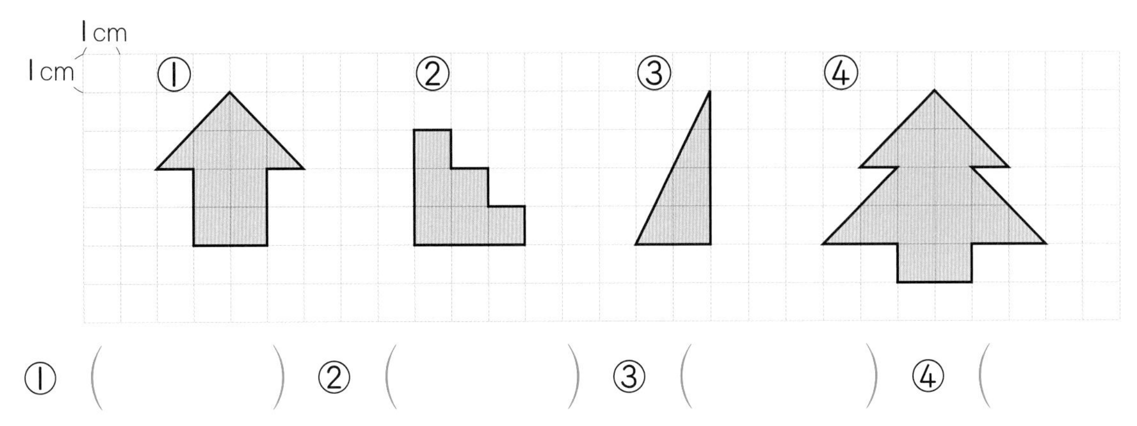

①（　　　）　②（　　　）　③（　　　）　④（　　　）

2 よく出る 次の（　）にあてはまる数を書きましょう。　1つ5点(20点)

① 6 m^2 ＝（　　　）cm^2

② 24000000 m^2 ＝（　　　）km^2

③ 7a＝（　　　）m^2

④ 120000 m^2 ＝（　　　）ha

3 よく出る 次の図形の面積を求（もと）めましょう。　1つ5点(20点)

①

15cm　5cm　20cm　5cm　25cm

②

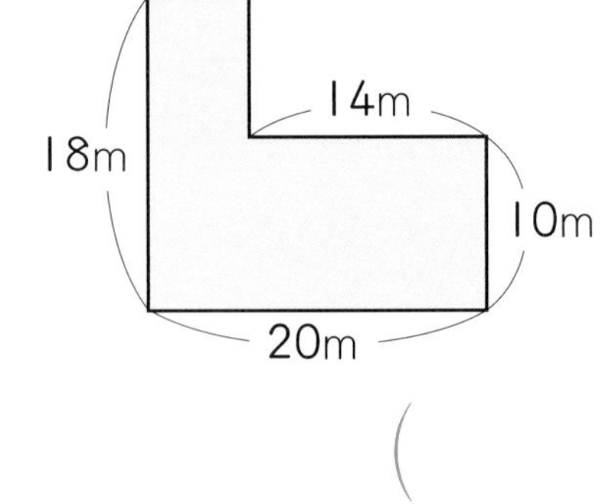

（　　　）　（　　　）

③

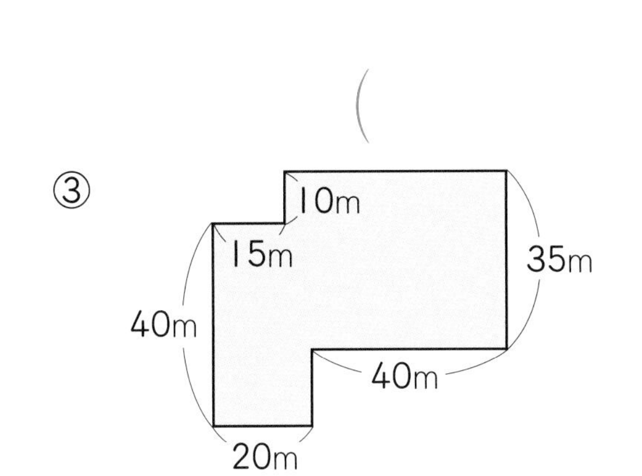

④

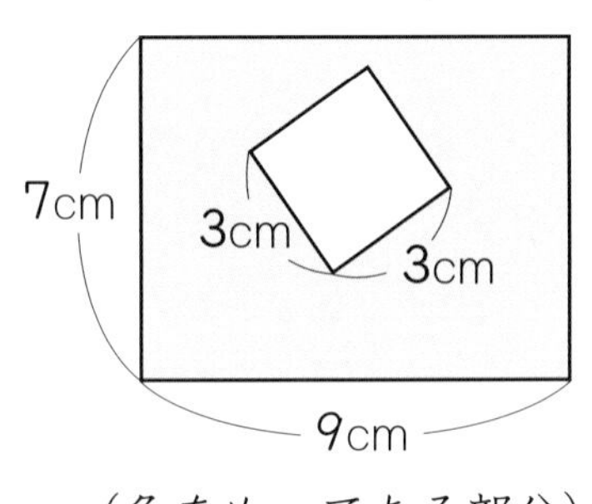

（色をぬってある部分）

（　　　）　（　　　）

4 次の□にあてはまる数を求めましょう。　1つ5点(10点)

①

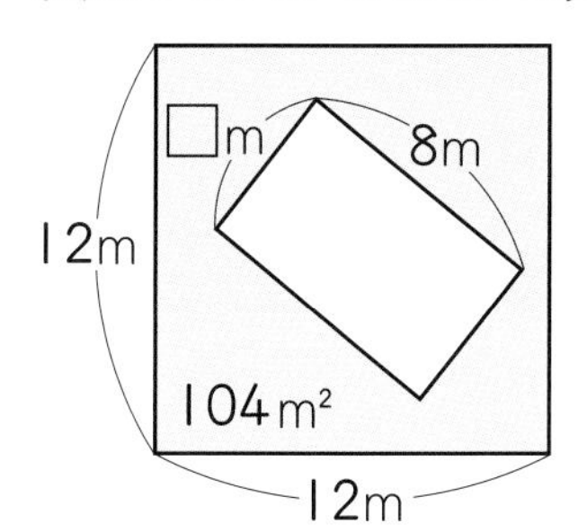

②

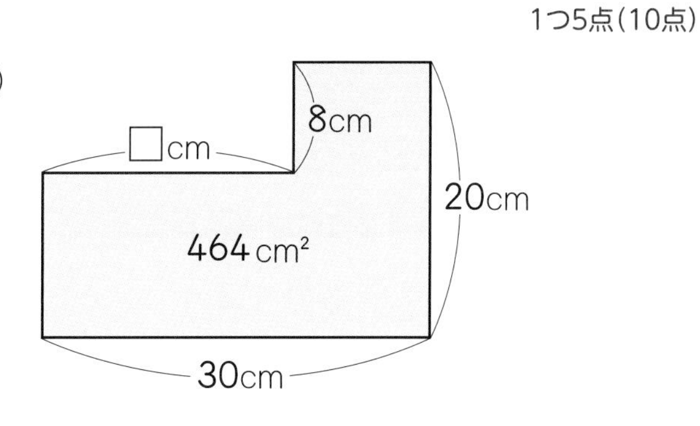

（　　　　）　（　　　　）

この本の終わりにある「冬のチャレンジテスト」をやってみよう！

思考・判断・表現　／30点

5 よく出る　たてが24m、横が52mの長方形の畑があります。右の図のように、はば2mの道を通しました。

道をのぞいた畑の部分の面積は何m²ですか。

式・答え　1つ5点(10点)

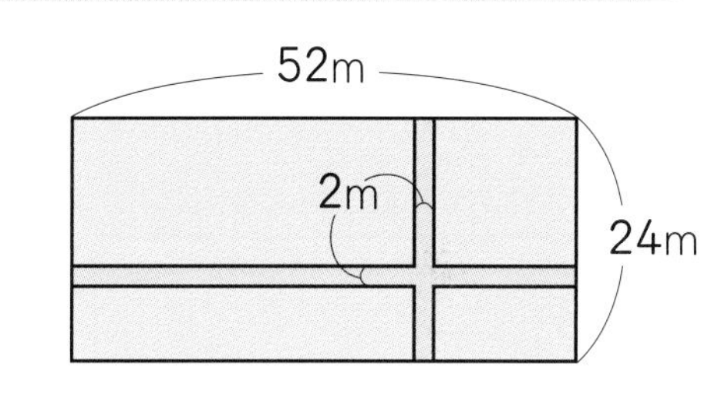

式

答え（　　　　）

できたらスゴイ！

6 まわりの長さが等しい長方形と正方形の土地があります。長方形の土地の横の長さは23m、正方形の土地の1辺(へん)の長さは18mです。　式・答え　1つ5点(20点)

① 長方形の土地のたての長さは、何mですか。

式

答え（　　　　）

② どちらの土地の方が、何m²広いですか。

式

答え（　　　　）

1がわからないときは、82ページの2にもどってかくにんしてみよう。

ぴったり1 じゅんび

3分でまとめ

15 計算のしかたを考えよう

① 小数×整数
② 小数÷整数

学習日　月　日

教科書 下78〜83ページ　答え 27ページ

次の□にあてはまる数を書きましょう。

ねらい 小数×整数の計算のしかたを考えよう。　練習 ❶❷→

小数×整数の計算

小数のかけ算は、小数を整数になおして考えると、整数のかけ算と同じように計算することができます。積は小数になおして答えます。

単位を変えて考えたり、0.1 を 1 つ分として考えたりして、整数になおします。

また、かけられる数と積のきまりを使って考えます。

1 次の計算をしましょう。

(1) 3.6×2　　(2) 1.7×5

とき方 小数のしくみと、かけ算のきまりを使います。

かけ算では、かけられる数を□倍すると、積も□倍になります。

(1) 3.6 × 2 ＝ ②□
↓10倍　↑$\frac{1}{10}$
36 × 2 ＝ ①□

(2) 1.7 × 5 ＝ ②□
↓10倍　↑$\frac{1}{10}$
17 × 5 ＝ ①□

ねらい 小数÷整数の計算のしかたを考えよう。　練習 ❸❹→

小数÷整数の計算

小数のわり算は、小数を整数になおして考えると、整数のわり算と同じように計算することができます。商は小数になおして答えます。

わられる数と商のきまりを使って考えることもできます。

2 次の計算をしましょう。

(1) 4.2÷3　　(2) 9.6÷4

とき方 小数のしくみと、わり算のきまりを使います。

わり算では、わられる数を□倍すると、商も□倍になります。

(1) 4.2 ÷ 3 ＝ ②□
↓10倍　↑$\frac{1}{10}$
42 ÷ 3 ＝ ①□

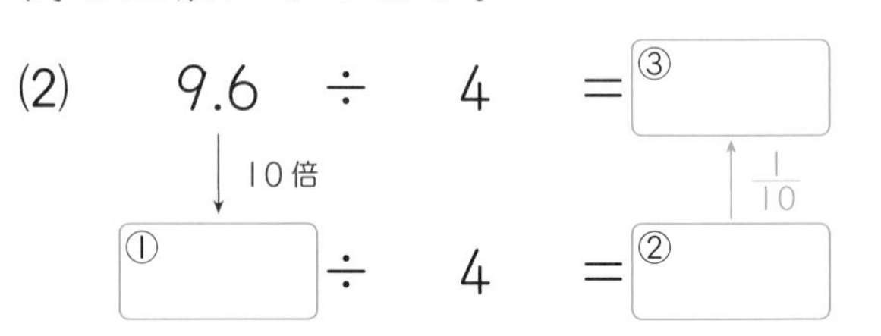

(2) 9.6 ÷ 4 ＝ ③□
↓10倍　↑$\frac{1}{10}$
①□ ÷ 4 ＝ ②□

★できた問題には、「た」をかこう！★

でき ❶ でき ❷ でき ❸ でき ❹

学習日　月　日

教科書 下78～83ページ　答え 27～28ページ

1 1.4Lずつ入っているジュースのびんが6本あります。ジュースは全部で何Lありますか。次の□にあてはまる数を書きましょう。 教科書 79ページ 1

① 式を書きましょう。　□×6

② 単位を変えて考えます。1.4L=㋐□dLだから、

14×6=㋑□で、㋒□dLです。Lになおすと、㋓□Lです。

③ かけ算のきまりを使います。

1.4 × 6 =㋕□

↓10倍　　↑$\frac{1}{10}$

14 × 6 =㋔□

答え ㋖□L

2 2.5kgずつ入っている米のふくろが、3ふくろあります。米は全部で何kgありますか。 教科書 80ページ▶

① 式を書きましょう。　(　　　)

② 2.5は0.1が25こなので、0.1をもとにして計算をし、答えを出しましょう。

(　　　)

3 6.5Lのジュースを、5本のびんに同じように分けると、1本分は何Lになりますか。次の□にあてはまる数を書きましょう。 教科書 81ページ 1

① 式を書きましょう。　㋐□÷㋑□

② 0.1を1つ分として考えます。6.5は0.1が㋒□こだから、

65÷5=㋓□　0.1が㋔□こで、1本分は㋕□Lになります。

③ わり算のきまりを使います。

6.5 ÷ 5 =㋗□

↓10倍　　↑$\frac{1}{10}$

65 ÷ 5 =㋖□

答え ㋘□L

4 4.8Lのお茶を、3つのやかんに同じように分けると、1つのやかんには何Lのお茶が入りますか。 教科書 82ページ▶

① 式を書きましょう。　(　　　)

② 4.8Lを48dLとして計算をし、答えを出しましょう。

(　　　)

ヒント　❹ ② 48÷3=16です。16dLをLにして、答えを求めます。

① 小数×整数の計算

教科書 下84〜87ページ　答え 28ページ

次の□にあてはまる数を書きましょう。

ねらい 小数×整数の計算を理かいしよう。　練習 ①②③④

1.4×6 の計算のしかた

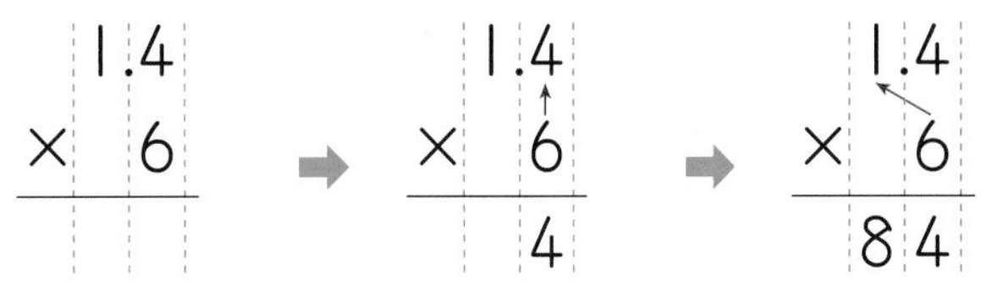

右にそろえて書く。　整数のかけ算と同じように計算する。

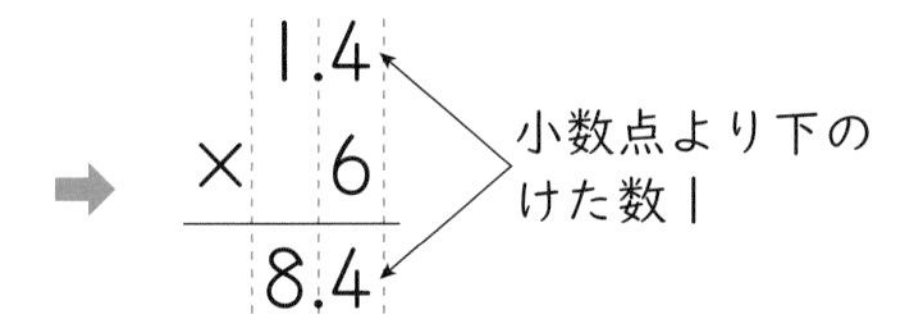

小数点より下のけた数が同じになるように、積の小数点をつける。

1 次の計算を筆算でしましょう。

(1) 3.4×2　(2) 1.2×5

とき方 整数×整数と同じように考えて計算し、小数点より下のけた数が同じになるように、積の小数点をつけます。
また、積の小数第一位が0のときは、0と小数点を消します。

(1) 3.4 × 2 = □　(2) 1.2 × 5 = □

計算した結果が 6.0 のときは、6.0̸ のようにします。

2 1.5 L入りのジュースが9本あります。全部で何Lになりますか。

とき方 1.5×9=□　〔筆算〕 1.5 × 9 = □

答え □ L

3 次の計算を筆算でしましょう。

(1) 4.5×11　(2) 1.62×3

とき方 かける数が2けたになったり、かけられる数が小数第二位までになったりしても、同じように計算し、積の小数点をつけます。

(1) 4.5 ×11 □ 45 □　(2) 1.62 × 3 □

練習

★できた問題には、「た」をかこう！★

できた 1 2 3 4

教科書 下84～87ページ　答え 28ページ

1 次の計算を筆算でしましょう。 教科書 84ページ 1

① 2.4×2　② 1.8×3　③ 2.7×6　④ 0.9×7

2 次の計算をしましょう。 教科書 86ページ 2

① $\begin{array}{r} 1.5 \\ \times\ 4 \\ \hline \end{array}$　② $\begin{array}{r} 0.8 \\ \times\ 5 \\ \hline \end{array}$　③ $\begin{array}{r} 0.4 \\ \times 15 \\ \hline \end{array}$　④ $\begin{array}{r} 2.1 \\ \times 13 \\ \hline \end{array}$

⑤ $\begin{array}{r} 1.7 \\ \times 16 \\ \hline \end{array}$　⑥ $\begin{array}{r} 4.1 \\ \times 18 \\ \hline \end{array}$　⑦ $\begin{array}{r} 3.6 \\ \times 16 \\ \hline \end{array}$　⑧ $\begin{array}{r} 4.7 \\ \times 30 \\ \hline \end{array}$

3 たて 4.5 cm、横 8 cm の長方形の紙の面積（めんせき）は、何 cm^2 ですか。

教科書 86ページ 2

（　　　　）

！まちがい注意

4 次の計算をしましょう。 教科書 87ページ 3

① $\begin{array}{r} 1.53 \\ \times\ \ 4 \\ \hline \end{array}$　② $\begin{array}{r} 0.32 \\ \times\ \ 3 \\ \hline \end{array}$　③ $\begin{array}{r} 0.06 \\ \times\ \ 5 \\ \hline \end{array}$

④ $\begin{array}{r} 0.45 \\ \times\ \ 2 \\ \hline \end{array}$　⑤ $\begin{array}{r} 3.14 \\ \times\ 16 \\ \hline \end{array}$　⑥ $\begin{array}{r} 0.63 \\ \times\ 28 \\ \hline \end{array}$

ヒント　3 長方形の面積は、たて×横の式で求（もと）めます。

学習日　月　日

②　小数÷整数の計算

教科書 下88～90ページ　答え 29ページ

次の□にあてはまる数やことばを書きましょう。

ねらい 小数÷整数の計算を理かいしよう。　練習 1 2 3

6.4÷4 の筆算

小数点の位置（いち）に気をつければ、整数と同じように筆算で計算することができます。

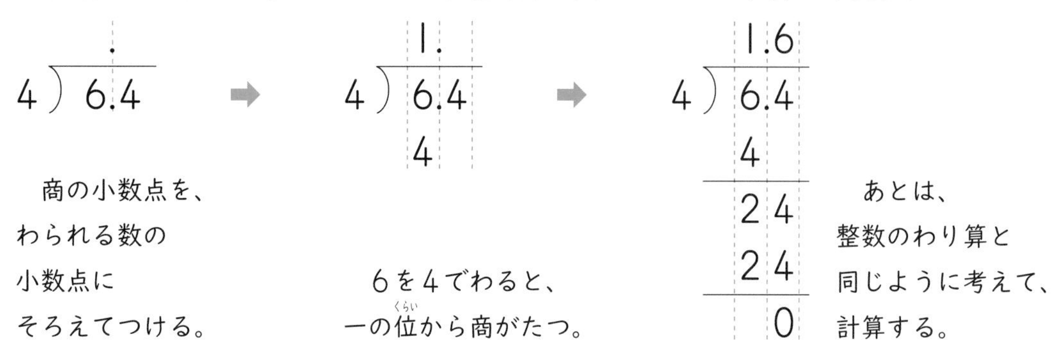

4) 6.4
4) 6.4　1.　4
4) 6.4　1.6　4　24　24　0
商の小数点を、わられる数の小数点にそろえてつける。
6を4でわると、一の位（くらい）から商がたつ。
あとは、整数のわり算と同じように考えて、計算する。

1　53.2÷14 の計算をしましょう。

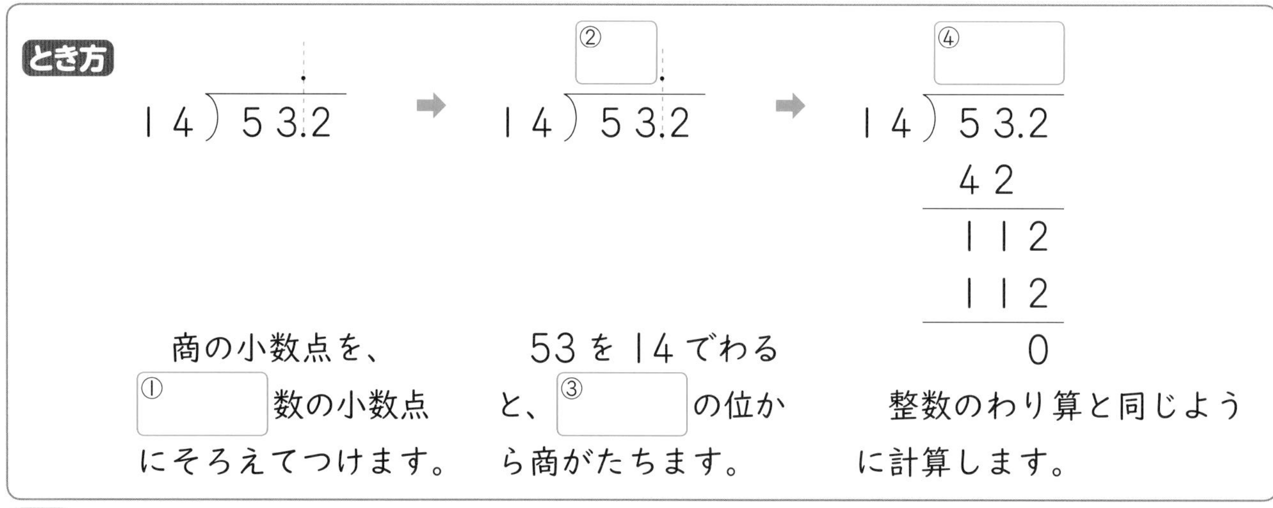

とき方
14) 53.2
②
14) 53.2
④
14) 53.2　42　112　112　0
商の小数点を、①□数の小数点にそろえてつけます。
53 を 14 でわると、③□の位から商がたちます。
整数のわり算と同じように計算します。

2　次の計算をしましょう。

(1)　2.56÷8　　(2)　3.48÷6

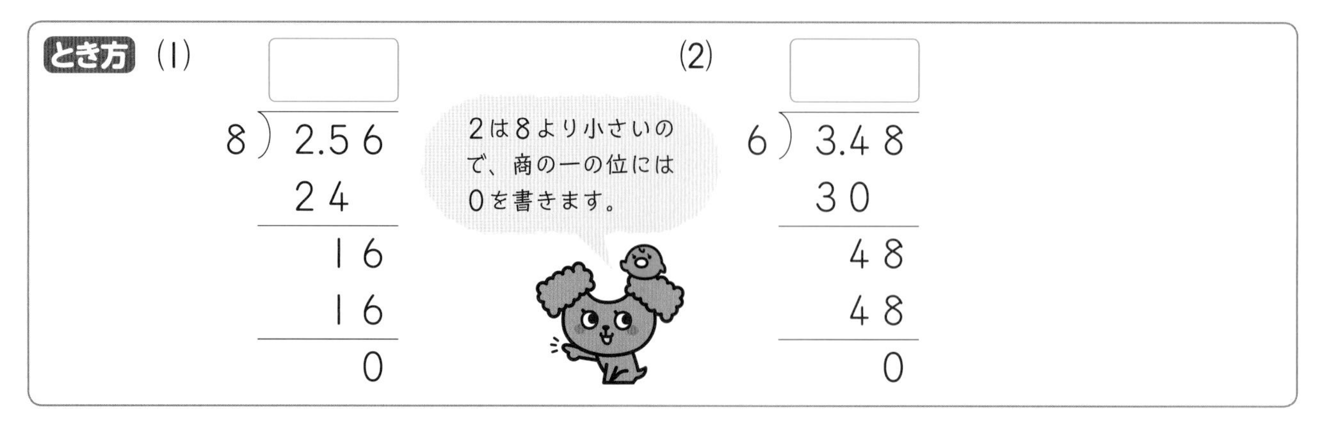

とき方
(1)
8) 2.56　24　16　16　0
2は8より小さいので、商の一の位には0を書きます。
(2)
6) 3.48　30　48　48　0

学習日　月　日

★できた問題には、「た」をかこう！★

でき ① でき ② でき ③

教科書 下88〜90ページ　答え 29ページ

1 次の計算を筆算でしましょう。

教科書 88ページ 1、89ページ 2

① 8.5÷5　② 9.8÷7　③ 4.6÷2

④ 64.8÷27　⑤ 71.4÷42　⑥ 67.2÷28

2 次の計算をしましょう。

教科書 90ページ 2・2

① 8）3.2　② 4）0.8　③ 7）1.12

④ 8）5.84　⑤ 23）5.29　⑥ 6）0.78

3 3.22 m のリボンを、7人で同じ長さずつ分けると、1人分は何 m になりますか。

教科書 90ページ 2・2

式

答え（　　）

ヒント

2 ① 3は8より小さいので、商の一の位に0をたてます。3.2 は 0.1 が 32 こなので、整数のわり算と同じように計算します。

③ いろいろなわり算
④ どんな式になるかな

教科書 下91～94ページ　答え 29ページ

次の□にあてはまる数やことばを書きましょう。

ねらい 小数のわり算で、商をがい数で、また、あまりも求められるようにしよう。 練習 1 2 3 →

わり進めるわり算

✪わり切れるまでわり算することを、**わり進める**といいます。

わり切れないわり算

✪商は、わり切れないときや、けた数が多いとき、がい数で求めることがあります。

あまりのある小数のわり算

✪小数のわり算で、あまりの小数点は、わられる数の小数点にそろえてつけます。

1 5.3÷7の商を、小数第二位を四捨五入して、小数第一位まで求めましょう。

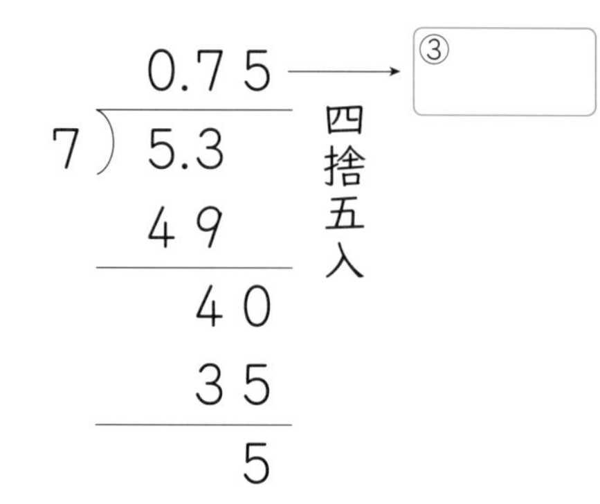

とき方 右のように筆算します。
商は、小数第①□位を四捨五入して、小数第②□位まで求めます。答えは、④□です。

2 11.3÷2を計算しましょう。商は、整数で求め、あまりも出しましょう。

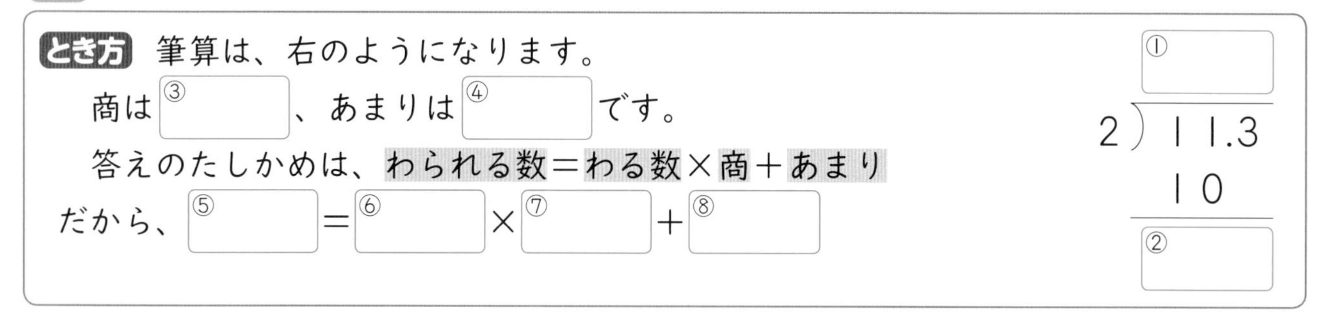

とき方 筆算は、右のようになります。
商は③□、あまりは④□です。
答えのたしかめは、わられる数＝わる数×商＋あまり
だから、⑤□＝⑥□×⑦□＋⑧□

ねらい 図をかいて式を考え、計算できるようにしよう。 練習 4 →

（1つ分の数）×（いくつ分）＝（全部の数）

わかっているものや求めているものを図にかいて、上の式にあてはめて計算します。

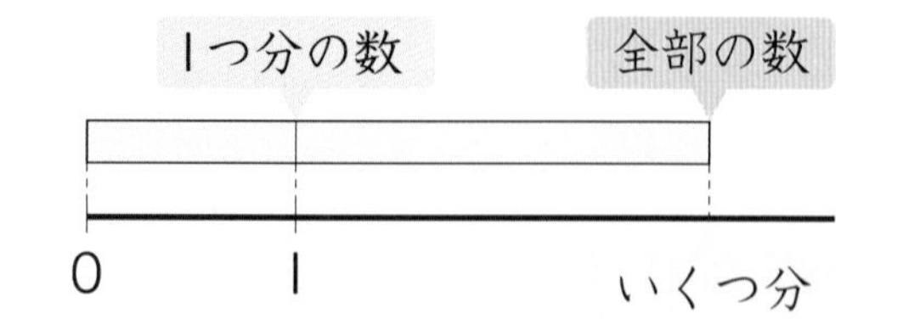

3 1本が1.2L入りの油が3本あります。油は、全部で何Lありますか。

とき方 1つ分の数は①□L、いくつ分は②□本なので、
③□×④□で計算します。答えは⑤□です。　答え ⑥□L

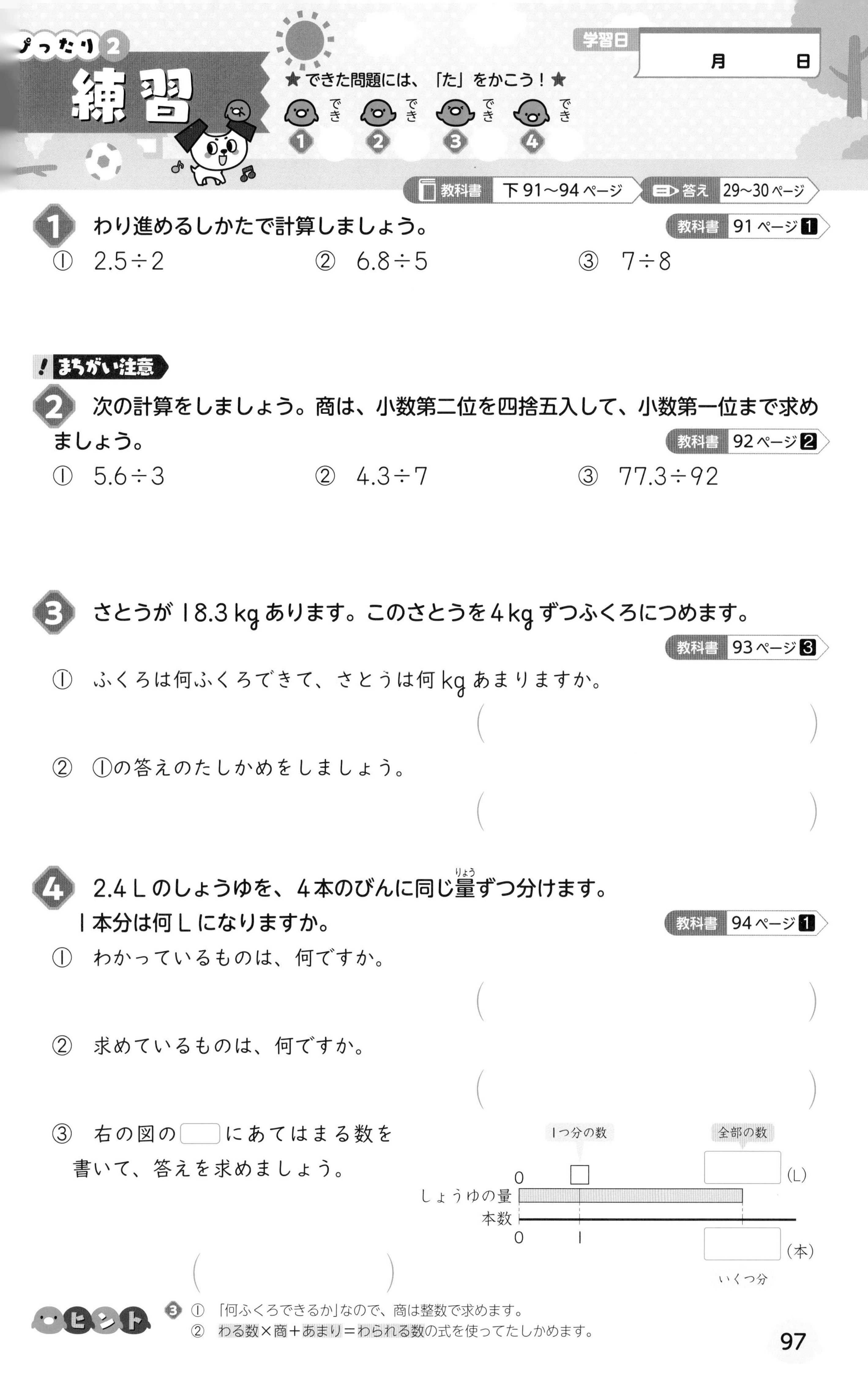

★できた問題には、「た」をかこう！★

できき ❶ できき ❷ できき ❸ できき ❹

学習日　月　日

教科書 下91～94ページ　答え 29～30ページ

1 わり進めるしかたで計算しましょう。 教科書 91ページ 1

① 2.5÷2　② 6.8÷5　③ 7÷8

！まちがい注意

2 次の計算をしましょう。商は、小数第二位を四捨五入して、小数第一位まで求めましょう。 教科書 92ページ 2

① 5.6÷3　② 4.3÷7　③ 77.3÷92

3 さとうが 18.3 kg あります。このさとうを 4 kg ずつふくろにつめます。 教科書 93ページ 3

① ふくろは何ふくろできて、さとうは何 kg あまりますか。

(　　　　)

② ①の答えのたしかめをしましょう。

(　　　　)

4 2.4 L のしょうゆを、4 本のびんに同じ量(りょう)ずつ分けます。1 本分は何 L になりますか。 教科書 94ページ 1

① わかっているものは、何ですか。

(　　　　)

② 求めているものは、何ですか。

(　　　　)

③ 右の図の□にあてはまる数を書いて、答えを求めましょう。

(　　　　)

ヒント
3 ① 「何ふくろできるか」なので、商は整数で求めます。
② わる数×商＋あまり＝わられる数の式を使ってたしかめます。

⑯ 小数のかけ算とわり算

教科書 下84〜97ページ　答え 30〜31ページ

知識・技能　／70点

1 次の□にあてはまる数を書きましょう。　全部できて　1問4点(8点)

① 3.6×4 は、㋐□が何こ分かを考えると、36×4＝㋑□となるので、3.6×4 の答えは㋒□です。

② 1.96÷7 は、㋐□が何こ分かを考えると、196÷7＝㋑□となるので、1.96÷7 の答えは㋒□です。

2 よく出る 次の計算をしましょう。　1つ4点(24点)

① $\begin{array}{r} 5.3 \\ \times\ \ 7 \\ \hline \end{array}$　② $\begin{array}{r} 0.8 \\ \times\ \ 6 \\ \hline \end{array}$　③ $\begin{array}{r} 6.5 \\ \times\ \ 4 \\ \hline \end{array}$

④ $\begin{array}{r} 3.9 \\ \times 15 \\ \hline \end{array}$　⑤ $\begin{array}{r} 1.53 \\ \times\ \ \ 8 \\ \hline \end{array}$　⑥ $\begin{array}{r} 0.48 \\ \times\ \ \ 5 \\ \hline \end{array}$

3 よく出る 次の計算をしましょう。　1つ4点(12点)

① $3\overline{)\ 7.5}$　② $19\overline{)\ 85.5}$　③ $8\overline{)\ 5.92}$

4 よく出る わり進めるしかたで計算しましょう。　1つ5点(10点)

① 7.1÷5　② 3÷8

5 よく出る 次の計算をしましょう。商は、整数で求め、あまりも出しましょう。

1つ4点(8点)

① 25.1÷6　② 60.5÷4

6 次の計算をしましょう。商は、小数第二位を四捨五入して、小数第一位まで求めましょう。

1つ4点(8点)

① 5.2÷7　② 43.6÷51

思考・判断・表現　／30点

7 11 m 20 cm のリボンを7等分すると、1本分の長さは何 m になりますか。

式・答え　1つ5点(10点)

式

答え（　　　）

できたらスゴイ!

8 よく出る 面積が 30.4 m² で、たてが4 m の長方形の土地があります。

この土地の横の長さは何 m ですか。　式・答え　1つ5点(10点)

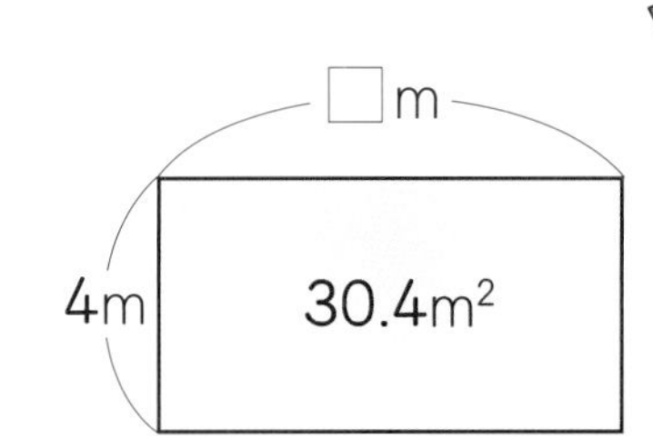

式

答え（　　　）

9 ガソリン1Lで 8.2 km 走る自動車があります。

ガソリン 15 L では、何 km 走れますか。

式・答え　1つ5点(10点)

式

答え（　　　）

ふろくの「計算せんもんドリル」22～34 もやってみよう！

ふりかえり ②がわからないときは、92ページの1、3にもどってかくにんしてみよう。

倍の計算(3)　～小数倍～

ボッチャにトライ

教科書　下 98～99 ページ　答え　31 ページ

ボッチャは、ボールを投げたり転がしたりして、的球(まとだま)に近づけるスポーツです。たかしさんたちは、ボッチャの体験(たいけん)をさせてもらいました。

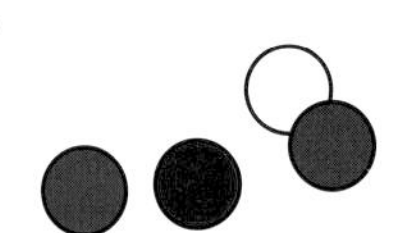

1 右の表は、たかしさん、ゆみさん、あきらさん、りかさんの的球までのきょりをまとめたものです。

的球までのきょり

	きょり（cm）
たかし	12
ゆみ	24
あきら	18
りか	30

① ゆみさんの記録(きろく)は、たかしさんの記録の何倍ですか。

ゆみ　24cm
たかし　12cm
0　1　□（倍）

24÷12＝2

（　2倍　）

ゆみさんの記録が
たかしさんの記録の
いくつ分になっている
か考えるよ。

② あきらさんの記録は、たかしさんの記録の何倍ですか。

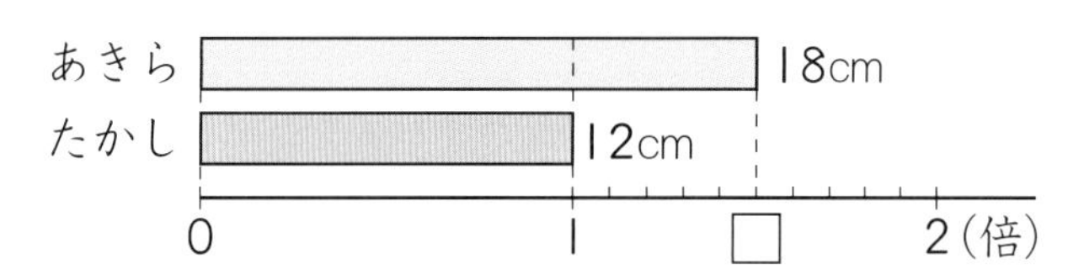

18÷12=1.5

小数を使って、何倍か
を表すこともあるよ。

(　　　　　　)

③ りかさんの記録は、たかしさんの記録の何倍ですか。

(　　　　　　)

④ あきらさんの記録は、りかさんの記録の何倍ですか。

小数の倍では、
1より小さい小数で
表すこともあるよ。

(　　　　　　)

2 **としきさんの記録は 16.8 cm、えみさんの記録は、としきさんの記録の2倍です。**

① としきさんの記録は、たかしさんの記録の何倍ですか。

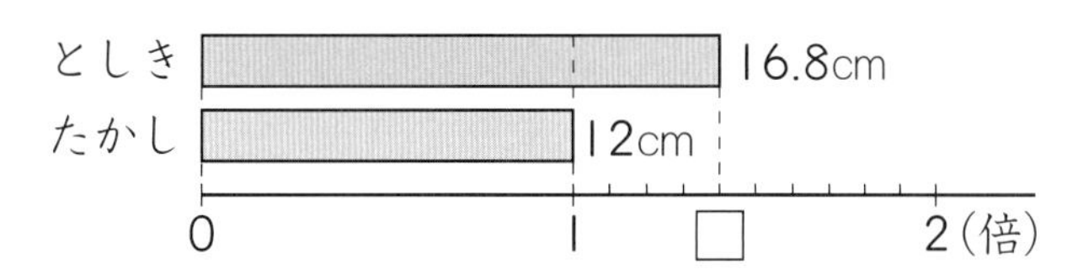

(　　　　　　)

② えみさんの記録は、何 cm ですか。
また、たかしさんの記録の何倍ですか。

記録(　　　　　　)　倍(　　　　　　)

17 分数

① 1より大きい分数

教科書 下100〜104ページ　答え 31ページ

次の□にあてはまる数を書きましょう。

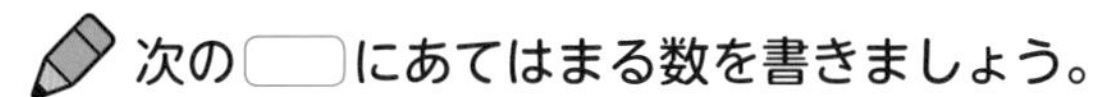

ねらい 分数のいろいろな表し方を覚えよう。 練習 1 2 3 4

1より大きい分数

- 1と$\frac{2}{3}$の和を、$1\frac{2}{3}$と書いて、一と三分の二と読みます。
  $1\frac{2}{3}$は、$\frac{5}{3}$と同じ大きさを表します。

$1\frac{2}{3}=\frac{5}{3}$

真分数・仮分数・帯分数

- $\frac{1}{2}$や$\frac{3}{5}$のように、分子が分母より小さい分数を**真分数**といいます。
- $\frac{5}{5}$や$\frac{7}{5}$のように、分子が分母と等しいか、分子が分母より大きい分数を**仮分数**といいます。
- $1\frac{2}{3}$や$2\frac{1}{4}$のように、整数と真分数の和になっている分数を**帯分数**といいます。

真分数　1より小さい数
（例）$\frac{1}{2}$、$\frac{3}{5}$

仮分数　1と等しいか、1より大きい数
（例）$\frac{5}{5}$、$\frac{7}{5}$

帯分数　1より大きい数
（例）$1\frac{2}{3}$、$2\frac{1}{4}$

1 $\frac{1}{3}$　$\frac{5}{4}$　$1\frac{3}{5}$　$\frac{7}{7}$　$2\frac{1}{8}$　$\frac{5}{9}$　仮分数はどれですか。

とき方 仮分数は、分子が分母と等しいか、分子が分母より大きい分数だから、□、□です。

2 $2\frac{1}{3}$を仮分数になおしましょう。

とき方 $1=\frac{□}{3}$、$2=\frac{□}{3}$だから、$2\frac{1}{3}=□+\frac{1}{3}=□$

3 $\frac{7}{5}$を帯分数になおしましょう。

とき方 $\frac{7}{5}$は、$\frac{5}{5}$と□に分けられます。
$\frac{5}{5}$は□と同じだから、$\frac{7}{5}=□$

★できた問題には、「た」をかこう！★

できた ❶　できた ❷　できた ❸　できた ❹

学習日　月　日

教科書 下100～104ページ　答え 31ページ

よくみて

1 次のかさや長さを、帯分数と仮分数で表しましょう。

教科書 102ページ 2

① 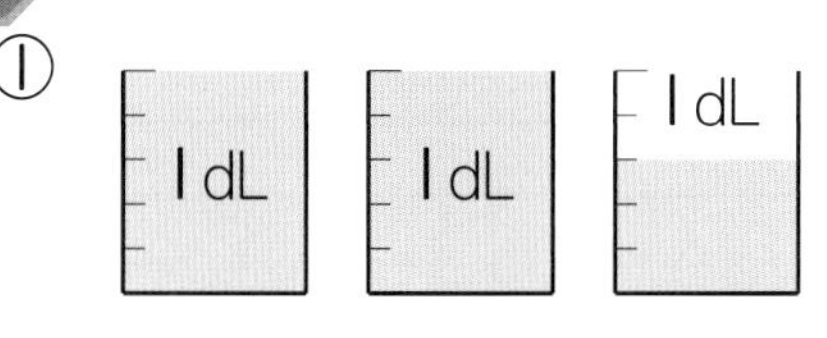

（　　　、　　　）

１より大きい分数は
２通りの表し方があるね。

② 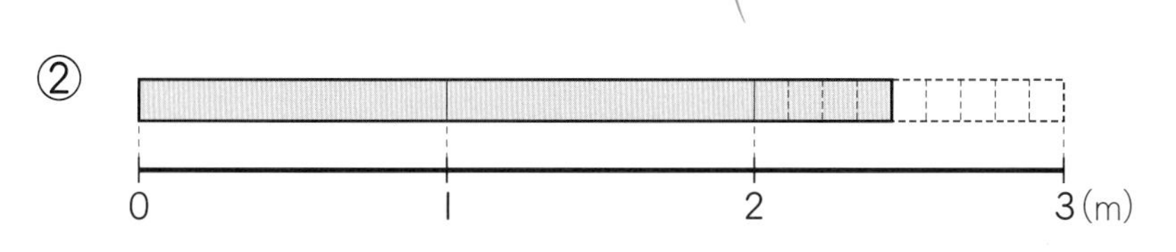

（　　　、　　　）

2 次の数直線の㋐～㋒の目もりが表す分数はいくつですか。１より大きい分数は、帯分数と仮分数の両方で表しましょう。

教科書 103ページ 3

㋐（　　　）　㋑（　　　）　㋒（　　　）

3 次の帯分数を仮分数になおしましょう。

教科書 104ページ 3

① $3\frac{2}{7}$（　　　）　② $2\frac{5}{6}$（　　　）

③ $4\frac{3}{4}$（　　　）　④ $1\frac{7}{9}$（　　　）

4 次の仮分数を帯分数か整数になおしましょう。

教科書 104ページ 1・2

① $\frac{8}{5}$（　　　）　② $\frac{9}{7}$（　　　）

③ $\frac{14}{3}$（　　　）　④ $\frac{12}{4}$（　　　）

①は $\frac{1}{5}$、②は $\frac{1}{7}$ が
何こ分なのかで考えるよ。

ヒント

❸ まず、帯分数の整数の部分を、仮分数にします。
①の３は、$\frac{21}{7}$、②の２は、$\frac{12}{6}$ になります。

② 分数の大きさ

次の□にあてはまる数やことばを書きましょう。

ねらい 分数の大小について理かいしよう。 練習 1 3 →

分数の大小

① 分母が同じ分数では、分子が大きくなるほど、分数の大きさは大きくなります。

② 分子が同じ分数では、分母が大きくなるほど、分数の大きさは小さくなります。

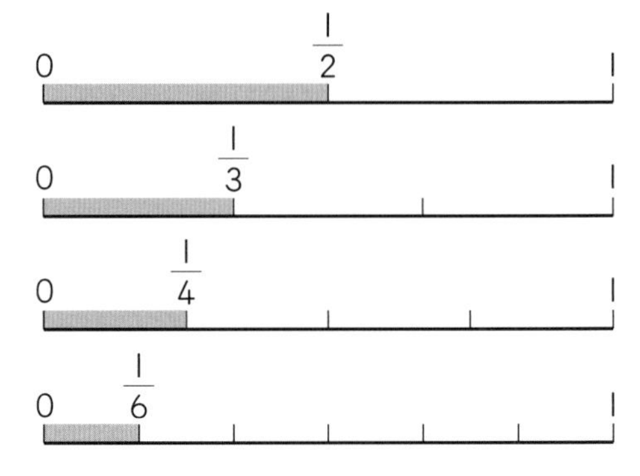

1 $\frac{1}{4}$、$\frac{1}{2}$、$\frac{1}{5}$ を大きさの小さい方から、順(じゅん)にならべましょう。

とき方 分子が同じだから、分母が大きいほど、分数の大きさは ① □ くなります。

小さい方から順にならべると、② □、③ □、④ □ です。

ねらい 大きさの等しい分数について理かいしよう。 練習 2 →

大きさの等しい分数

分数には、分母と分子がちがっていても、大きさの等しい分数があります。

たてにならんだ分数は、同じ大きさだよ。

0			$\frac{1}{2}$			1
0		$\frac{1}{3}$		$\frac{2}{3}$		1
0	$\frac{1}{4}$		$\frac{2}{4}$		$\frac{3}{4}$	1
0	$\frac{1}{6}$	$\frac{2}{6}$	$\frac{3}{6}$	$\frac{4}{6}$	$\frac{5}{6}$	1

2 右上の数直線を見て、$\frac{1}{3}$ と大きさの等しい分数を書きましょう。

とき方 $\frac{1}{3}$ の目もりを通って、数直線に垂直(すいちょく)な線をひいて考えます。

$\frac{1}{3}$ と大きさの等しい分数は、□ です。

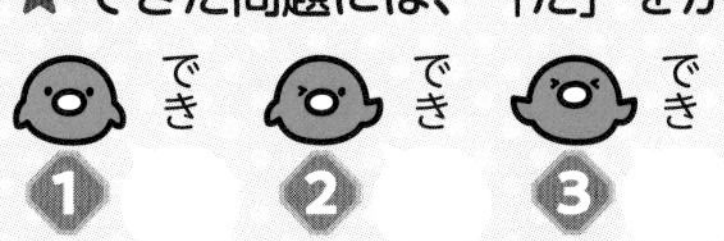

★できた問題には、「た」をかこう！★

できた ❶ できた ❷ できた ❸

教科書 下105〜106ページ　答え 32ページ

1 次の分数を、大きさの小さい方から、順にならべましょう。

教科書 105ページ 1

① $\frac{1}{3}$、$\frac{1}{5}$、$\frac{1}{8}$　（　　　）

② $\frac{3}{10}$、$\frac{3}{4}$、$\frac{3}{7}$　（　　　）

③ $\frac{8}{9}$、$\frac{2}{9}$、$\frac{5}{9}$　（　　　）

2 次の□にあてはまる数を求めましょう。

教科書 105ページ 1

① $\frac{2}{3}=\frac{\square}{6}=\frac{\square}{9}$

② $\frac{3}{4}=\frac{\square}{8}$

③ $\frac{4}{5}=\frac{8}{\square}$

④ $\frac{4}{8}=\frac{2}{\square}=\frac{1}{\square}$

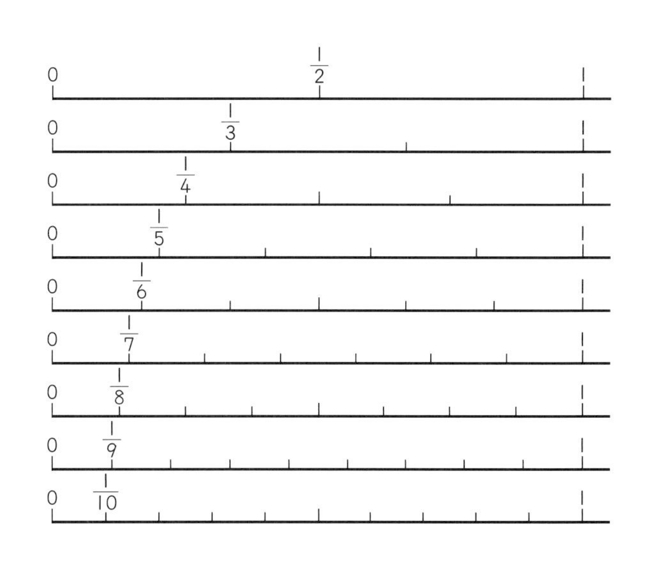

！まちがい注意

3 どちらが大きいですか。□に等号や不等号を書きましょう。

教科書 106ページ ▶

① $\frac{1}{7}\square\frac{1}{9}$　② $\frac{3}{8}\square\frac{5}{8}$　③ $\frac{1}{4}\square\frac{2}{8}$

ヒント　❸ ③ 数直線を見て考えます。

③ 分数のたし算とひき算

学習日　　月　　日

教科書 下107～110ページ　答え 32ページ

次の□にあてはまる数やことばを書きましょう。

ねらい 帯分数（たいぶんすう）のたし算とひき算ができるようにしよう。　練習 1 2 3 4

帯分数のたし算

帯分数のたし算では、整数部分どうしの和と、分数部分どうしの和を合わせます。分数部分どうしの和が仮分数（かぶんすう）になったときは、整数部分にくり上げます。

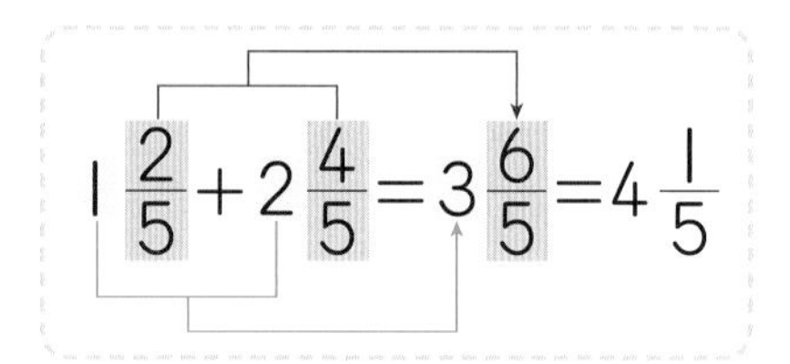

帯分数のひき算

帯分数のひき算では、整数部分どうしの差（さ）と、分数部分どうしの差を合わせます。分数部分どうしのひき算ができないときは、ひかれる数の整数部分から1くり下げます。

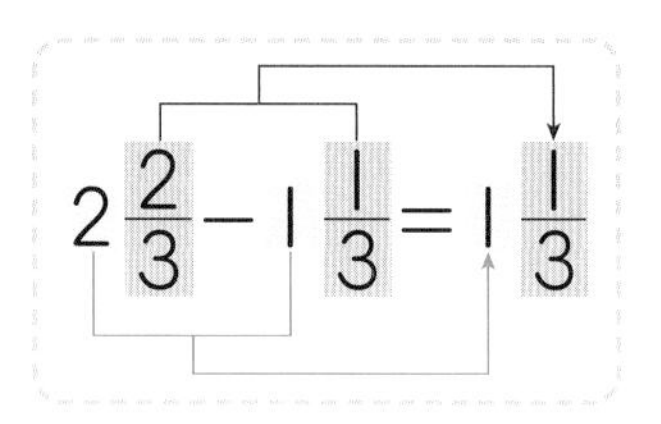

1 次の計算をしましょう。

(1) $\frac{3}{5}+\frac{4}{5}$　　(2) $1\frac{3}{7}+2\frac{5}{7}$

とき方 (1) 分母が同じ分数のたし算では、分母はそのままにして、分子どうしのたし算をします。　$\frac{3}{5}+\frac{4}{5}=\frac{\square}{5}=1\frac{\square}{5}$

(2) 整数部分どうしの和と、分数部分どうしの和を合わせます。

$$1\frac{3}{7}+2\frac{5}{7}=① \square\ \frac{② \square}{7}=③ \square\ \frac{④ \square}{7}$$

2 次の計算をしましょう。

(1) $\frac{8}{7}-\frac{2}{7}$　　(2) $3\frac{2}{3}-1\frac{1}{3}$

とき方 (1) 分母が同じ分数のひき算では、分母はそのままにして、□どうしのひき算をします。　$\frac{8}{7}-\frac{2}{7}=\frac{\square}{7}$

(2) 整数部分どうしの差と、分数部分どうしの差を合わせます。

$$3\frac{2}{3}-1\frac{1}{3}=2\frac{\square}{3}$$

★できた問題には、「た」をかこう！★

できた ① できた ② できた ③ できた ④

教科書 下107～110ページ　答え 32～33ページ

1 次の計算をしましょう。

教科書 107ページ 1、108ページ 2

① $\frac{2}{7}+\frac{4}{7}$

② $\frac{1}{6}+\frac{5}{6}$

③ $\frac{4}{5}+\frac{3}{5}$

④ $2\frac{5}{9}+1\frac{3}{9}$

⑤ $1\frac{3}{8}+3\frac{7}{8}$

！まちがい注意

⑥ $\frac{7}{10}+2\frac{3}{10}$

分子の和が分母と等しいと、1になるね。

2 お茶がやかんに $1\frac{7}{9}$ L、水とうに $\frac{5}{9}$ L入っています。

やかんと水とうに入っているお茶を合わせると、全部で何Lになりますか。

(　　　　)

3 次の計算をしましょう。

教科書 109ページ 3、110ページ 4

① $\frac{4}{5}-\frac{1}{5}$

② $\frac{9}{8}-\frac{3}{8}$

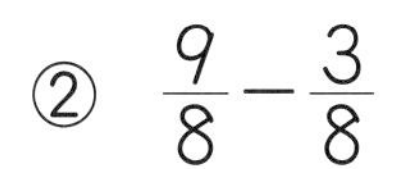

③ $4\frac{5}{7}-2\frac{2}{7}$

④ $1\frac{2}{9}-\frac{4}{9}$

⑤ $5\frac{2}{5}-3\frac{4}{5}$

⑥ $4-1\frac{3}{7}$

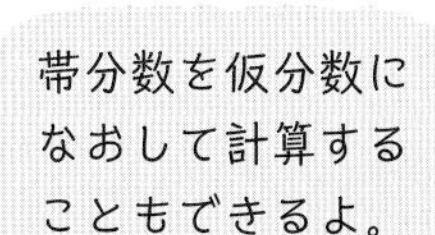

帯分数を仮分数になおして計算することもできるよ。

4 さとうが4kgあります。クッキーを作るため、$1\frac{5}{8}$ kg使いました。

さとうは何kg残(のこ)っていますか。

ヒント　3 ⑤　5を4と $\frac{5}{5}$ に分けて考えます。

⑰ 分数

教科書 下100〜113ページ　答え 33〜34ページ

知識・技能　／72点

1 よく出る 次の□にあてはまる数を書きましょう。　1つ3点(9点)

① $\frac{1}{8}$ m の□こ分は、$\frac{5}{8}$ m です。

② □ m の7こ分は、$\frac{7}{5}$ m です。

③ $2\frac{5}{6}$ m は、2m と□ m の和です。

2 よく出る 次の帯分数(たいぶんすう)は仮分数(かぶんすう)に、仮分数は整数か帯分数になおしましょう。　1つ4点(16点)

① $3\frac{3}{4}$　(　　)

② $5\frac{8}{9}$　(　　)

③ $\frac{21}{5}$　(　　)

④ $\frac{42}{7}$　(　　)

3 よく出る 右の数直線を見て、次の問題に答えましょう。　全部できて　1問3点(6点)

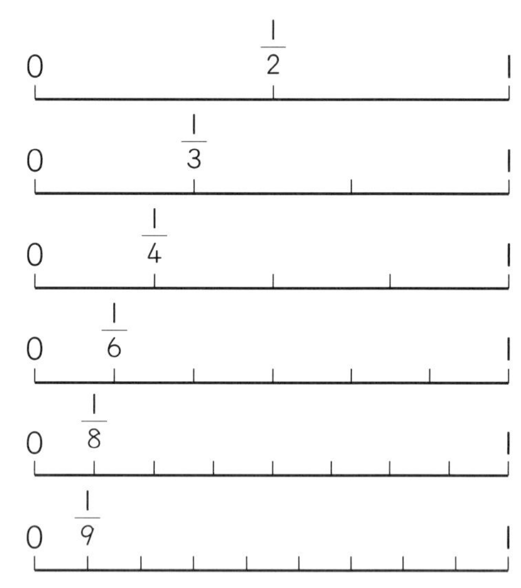

① $\frac{2}{3}$ と同じ大きさの分数を全部答えましょう。

(　　)

② $\frac{1}{2}$、$\frac{3}{4}$、$\frac{3}{8}$、$\frac{5}{9}$ を小さい方から順(じゅん)にならべましょう。

(　　)

4 どちらが大きいですか。□に等号や不等号(ふとうごう)を書きましょう。　1つ3点(9点)

① $\frac{10}{3}$ □ $3\frac{2}{3}$　② $\frac{13}{4}$ □ $3\frac{1}{4}$　③ $2\frac{5}{6}$ □ $2\frac{3}{7}$

5 よく出る 次の計算をしましょう。

1つ4点(32点)

① $\frac{5}{7}+\frac{6}{7}$　　② $2\frac{1}{5}+1\frac{3}{5}$

③ $1\frac{3}{10}+1\frac{7}{10}$　　④ $2\frac{3}{4}+3\frac{3}{4}$

⑤ $1-\frac{4}{9}$　　⑥ $4\frac{5}{6}-2\frac{2}{6}$

⑦ $1\frac{2}{5}-\frac{4}{5}$　　⑧ $3\frac{3}{8}-1\frac{7}{8}$

思考・判断・表現　／28点

6 さとうが $2\frac{3}{5}$ kg、塩が $1\frac{4}{5}$ kg あります。

合わせて何 kg ありますか。

式・答え　1つ4点(8点)

式

答え (　　　)

7 牛にゅうが $1\frac{1}{8}$ L、ジュースが $\frac{11}{8}$ L あります。

どちらが何 L 多いですか。

式・答え　1つ4点(8点)

式

答え (　　　)

8 赤色のテープが $\frac{11}{9}$ m、青色のテープが $\frac{11}{7}$ m、白色のテープが $1\frac{6}{7}$ m あります。

①、式・答え　1つ4点(12点)

① いちばん長いテープは、何色のテープですか。

(　　　)

② 青色のテープと白色のテープの長さのちがいは、何 m ですか。

式

答え (　　　)

ふろくの「計算せんもんドリル」35～40 もやってみよう！

ふりかえり　2がわからないときは、102 ページの2、3にもどってかくにんしてみよう。

① 直方体と立方体
② 展開図

教科書 下114～120ページ　答え 34ページ

次の□にあてはまる数や記号を書きましょう。

ねらい 直方体と立方体について理かいしよう。 練習 1

直方体と立方体

✪長方形だけでかこまれている形や、正方形と長方形でかこまれている形を、**直方体**といいます。正方形だけでかこまれている形を、**立方体**といいます。

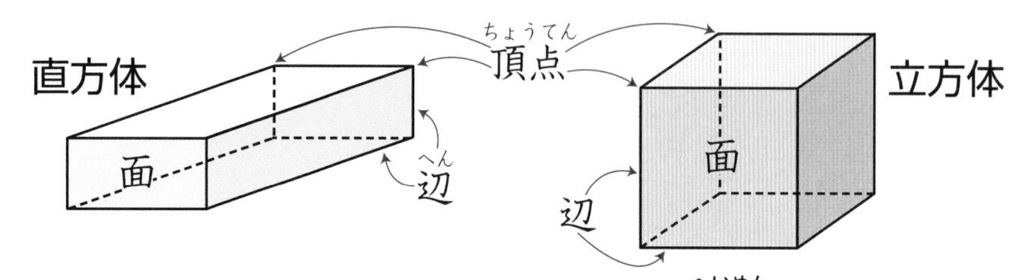

✪直方体や立方体の面のように、平らな面のことを**平面**といいます。

1 直方体や立方体について、右の表のあいているところに、数を書きましょう。

	直方体	立方体
面の数(こ)	①	②
辺の数(本)	③	④
頂点の数(こ)	⑤	⑥

ねらい 展開図がかけるようにしよう。 練習 2 3

展開図

✪箱の辺を切り開いて１まいの紙になるようにかいた図を、**展開図**といいます。

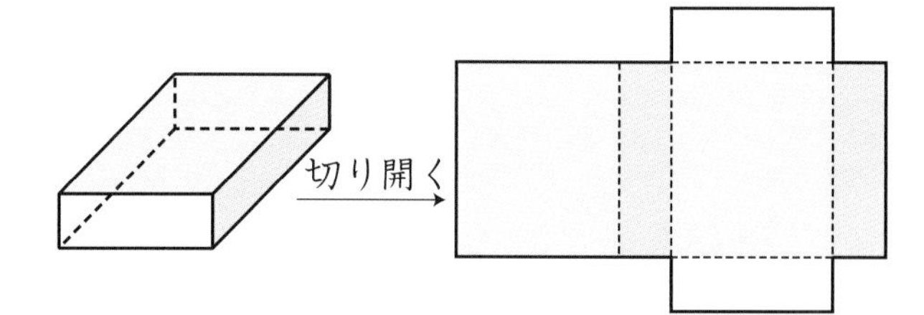

2 右の立方体の展開図を組み立てたとき、点F、辺JHと重なるのは、どれですか。

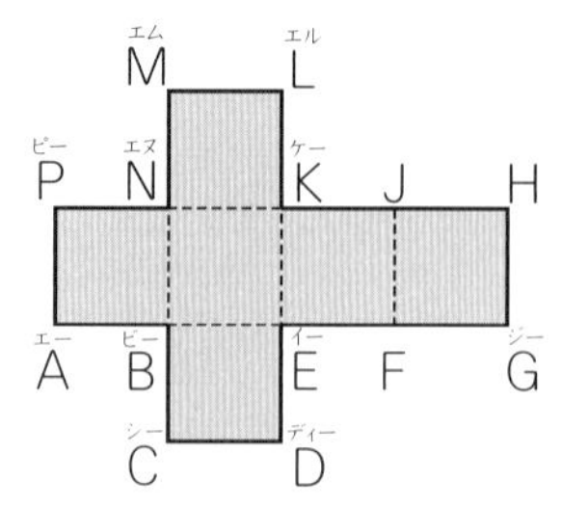

とき方 組み立てると、右のような形ができます。
点Fと重なるのは、点□です。
また、辺JHと重なるのは、辺□です。

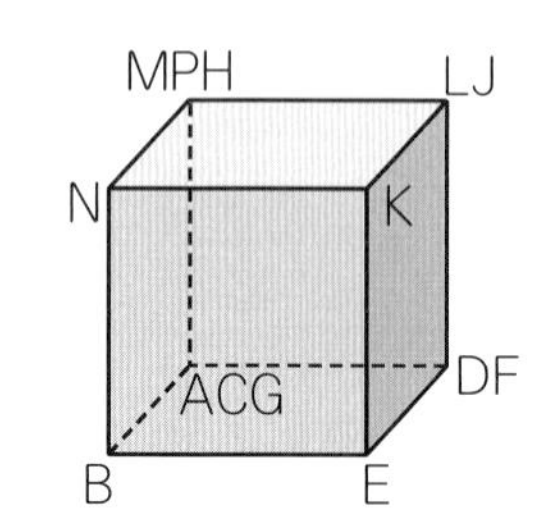

学習日　月　日

★できた問題には、「た」をかこう！★

できた 1　できた 2　できた 3

教科書 下114～120ページ　答え 34～35ページ

1 次の□にあてはまる数やことばを書きましょう。

教科書 115ページ1、116ページ▶

① 立方体には、正方形の面が□こあります。

② 立方体や直方体には、㋐□本の辺と、㋑□この頂点があります。

③ 直方体の面のように、平らな面のことを□といいます。

④ 長方形だけ、または正方形と長方形でかこまれている形を、□といいます。

2 右の展開図を組み立てます。

教科書 117ページ1

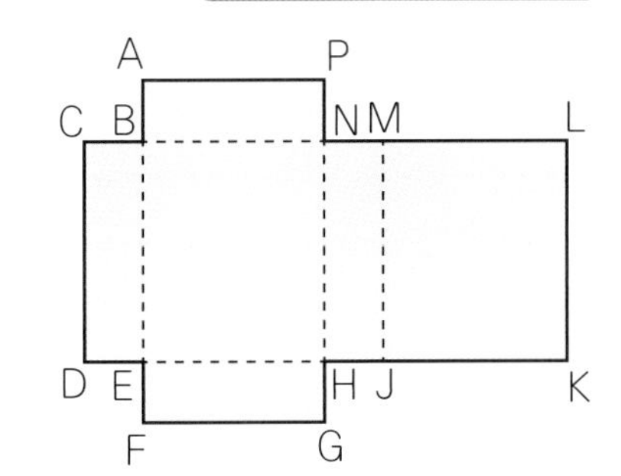

① 点Pと重なる点はどれですか。

（　　　）

② 辺CDと重なるのは、どの辺ですか。

（　　　）

③ 面BEHNと向き合う面は、どの面ですか。

（　　　）

わかりにくければ
うつしとって、組み立て
てみよう。

よくみて

3 次の展開図のうち、立方体が作れないのはどれですか。

教科書 120ページ3

㋐
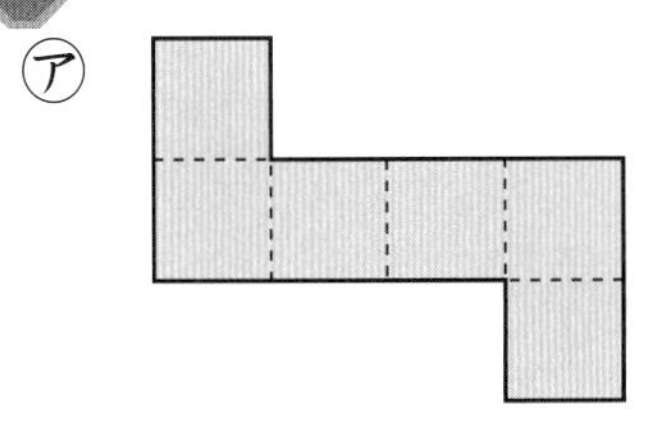

㋑
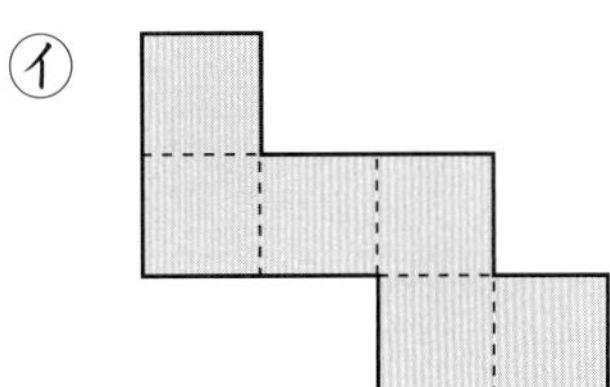

㋒
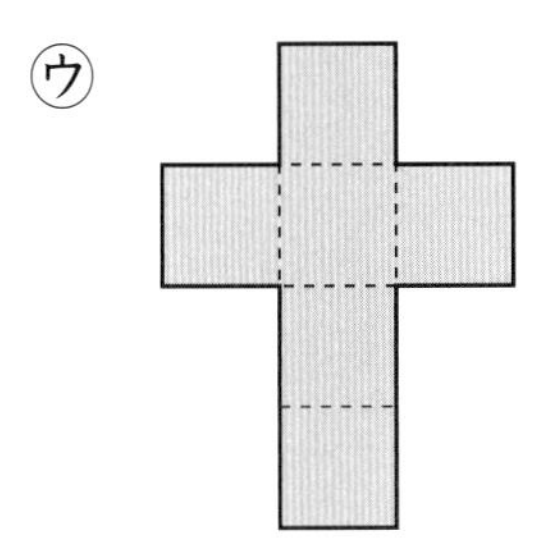

㋓
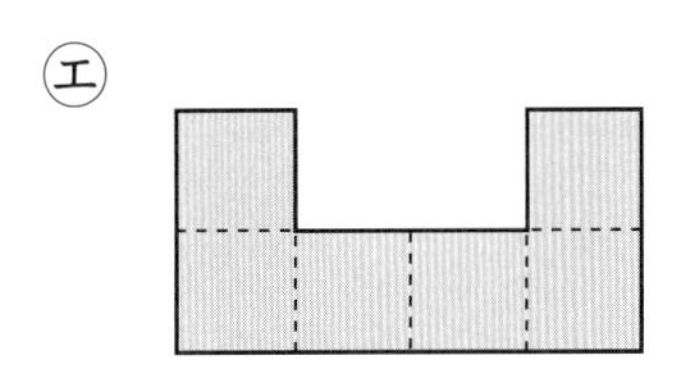

（　　　）

ヒント
2 ① 点Nをかどにして折ると、点Pと重なる点がわかります。
③ 同じ長方形の面が向かい合います。

ぴったり1 じゅんび

18 直方体と立方体

③ 面や辺の垂直と平行

④ 見取図

学習日 月 日

教科書 下121～125ページ　答え 35ページ

次の□にあてはまる記号やことばを書きましょう。

ねらい 面や辺の垂直、平行がわかるようにしよう。 練習 1 2

面と面の垂直、平行

右の図の直方体では、あといのように、となり合っている2つの面は**垂直**です。あとう、いとえ、おとかのように、交わらない2つの面は**平行**です。

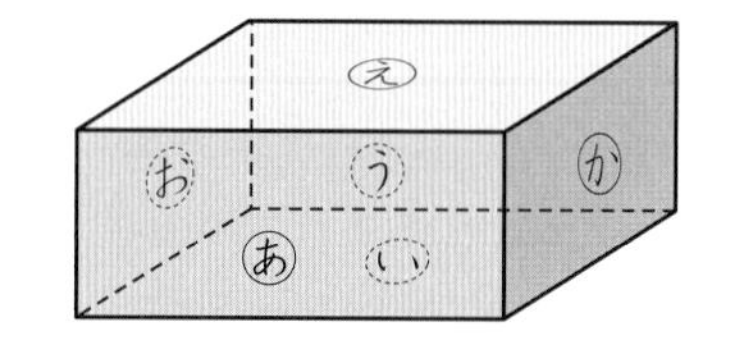

辺と辺、面と辺の関係

同じように、垂直、平行を調べることができます。

1 右のような直方体があります。

(1) 面EFGHに垂直な辺と平行な辺はどれですか。

(2) 辺ABに垂直な面と平行な面はどれですか。

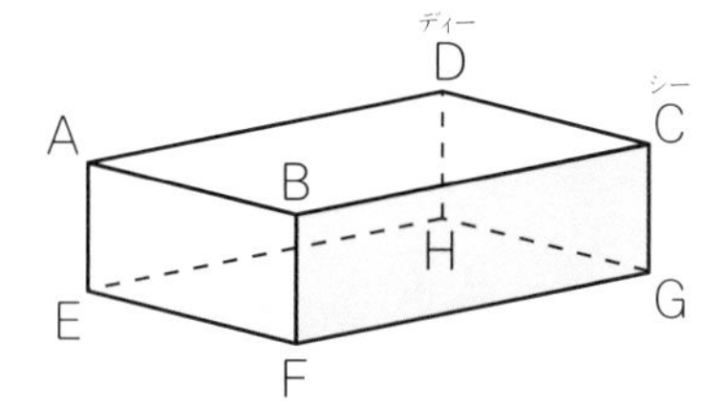

とき方 (1) 面EFGHに垂直な辺は、辺①□、辺②□、辺③□、辺④□の4つです。

平行な辺は、辺⑤□、辺⑥□、辺⑦□、辺⑧□の4つです。

(2) 辺ABに垂直な面は、面AEHDと面①□の2つです。

平行な面は、面②□と面③□の2つです。

ねらい 見取図がかけるようにしよう。 練習 1 3

見取図

✪形全体のようすがひと目でわかるようにかいた図を、**見取図**といいます。

✪見取図では、平行な辺は平行にかきます。

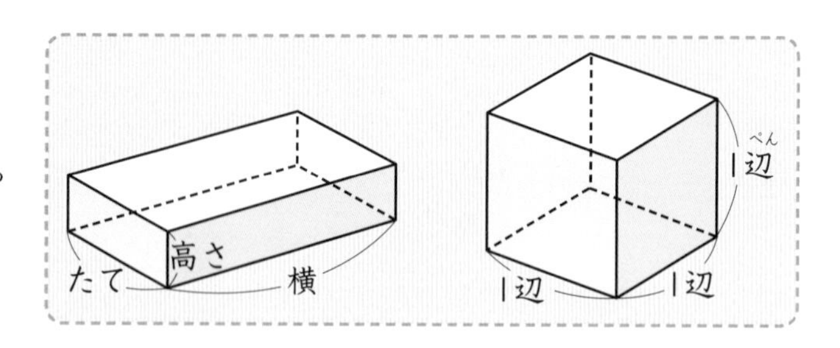

2 直方体の大きさは、1つの頂点に集まった3つの辺の□、□、高さの長さで表します。

立方体の大きさは、□の長さで表します。

見取図をかくとき、大きさはどう表せるかな？

練習

★できた問題には、「た」をかこう！★

でき ❶　でき ❷　でき ❸

学習日　　月　　日

教科書　下121～125ページ　答え　35ページ

❶ 右の図は、直方体です。

教科書　121ページ❶、122ページ❷、124ページ❶

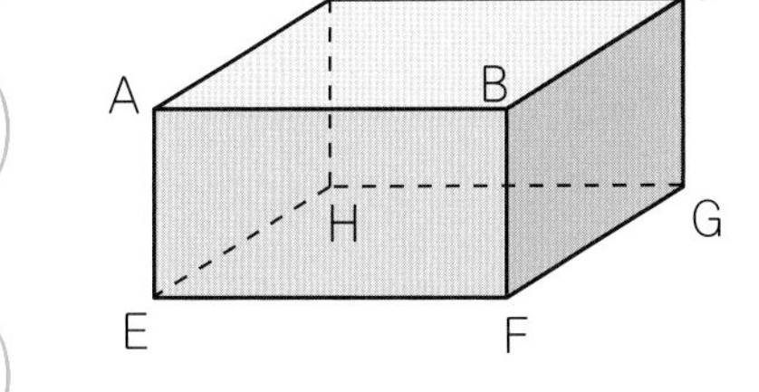

① 右の図のように、全体の形がわかるようにかいた図を何といいますか。

(　　　　　)

② 辺ADに垂直な辺をすべて答えましょう。

(　　　　　)

③ 辺BFに平行な辺をすべて答えましょう。

(　　　　　)

④ 面AEFBに垂直な面をすべて答えましょう。

(　　　　　)

⑤ 面AEFBに平行な面を答えましょう。

(　　　　　)

直方体や立方体では、|つの辺に垂直な辺は4本、平行な辺は3本あるよ。

❷ 右の図は、立方体です。

教科書　123ページ❸

A
D
B
C
E
H
F
G

① 辺BFに垂直な面をすべて答えましょう。

(　　　　　)

② 辺CGに平行な面をすべて答えましょう。

(　　　　　)

③ 面BFGCに垂直な辺をすべて答えましょう。

(　　　　　)

④ 面ABCDに平行な辺をすべて答えましょう。

(　　　　　)

❸ 直方体の|つの頂点から、たて、横、高さを表す3つの辺をかきました。

続(つづ)きをかいて、直方体の見取図をかきましょう。

教科書　124ページ❶

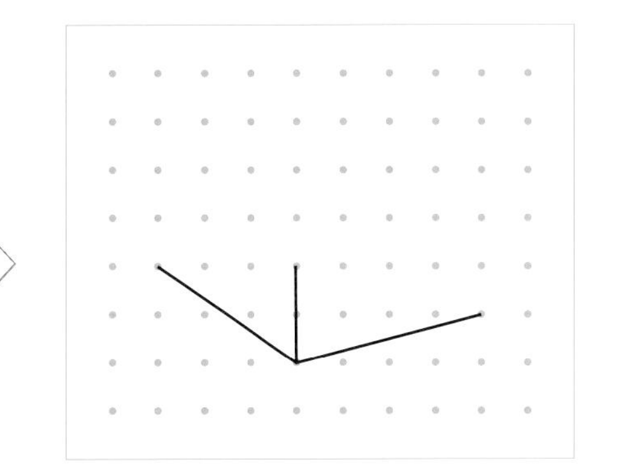

ヒント

❶ ② 辺ADに交わっている辺が垂直です。
❷ ③ 面BFGCに交わっている4本の辺が垂直です。

学習日　　月　　日

⑤ 位置の表し方

教科書 下126～128ページ　答え 35ページ

次の□にあてはまる数を書きましょう。

ねらい 平面上にあるものの位置を表せるようにしよう。　練習 1 2

平面上の位置の表し方

平面のものの位置は、(4の3)のように、2つの数の組で表すことができます。横の数字とたての数字を使います。

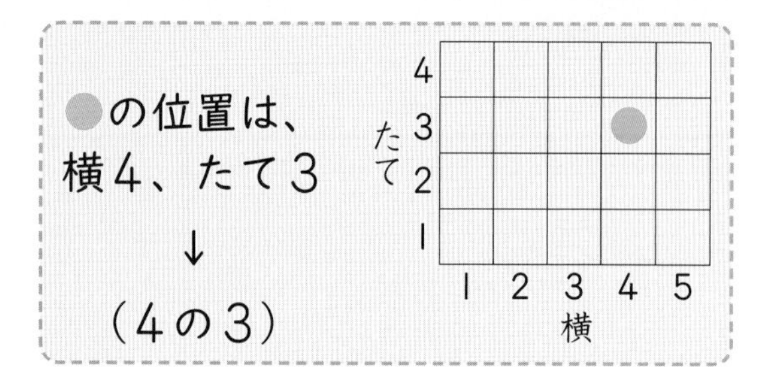

1 右の図の●、▲、■の位置を、横とたての2つの数の組で表しましょう。

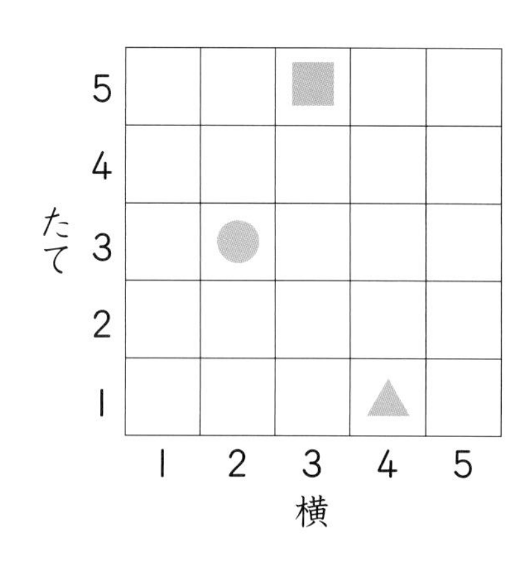

とき方 ●は横2、たて ① の場所にあるので、(2の ②)と表すことができます。

同じように考えると、▲は(③ の1)、■は(④ の ⑤)と表すことができます。

ねらい 空間にあるものの位置を表せるようにしよう。　練習 3

空間の位置の表し方

空間にある点の位置は、3つの数の組で表すことができます。横、たて、高さの数字を使います。

▲の位置は、
横4、たて2、上に3
↓
(4の2の3)

2 右の図の●と■の位置を、横、たて、高さの3つの数の組で表しましょう。

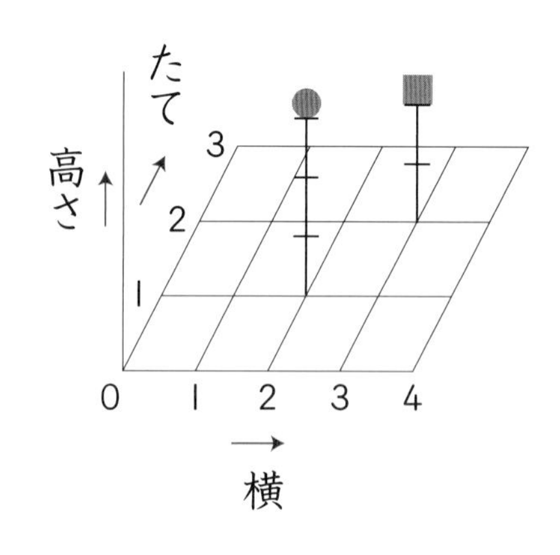

とき方 ●は横2、たて ① 、上に3の場所にあるので、(2の ② の3)と表すことができます。

■は横 ③ 、たて2、上に ④ の場所にあるので、(⑤ の2の ⑥)と表せます。

ぴったり2

練習

★できた問題には、「た」をかこう！★

① でき ② でき ③ でき

学習日　月　日

教科書 下126〜128ページ　答え 35〜36ページ

1 石が右の図のようにならんでいます。

教科書 126ページ 1

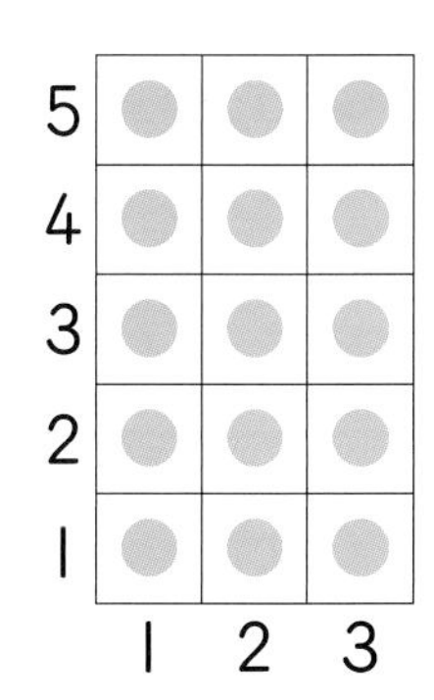

① 石の位置を横とたての2つの数の組で表すとき、(1の2)、(2の2)、(1の4)、(2の4)の石をとると、どんな数字になりますか。

(　　　)

② 石で数字の0を作るためには、どの石をとればよいですか。

(　　　)

2 右の図でアの点を(1の2)と書くことにします。→の順に点をかき、線でつなぎましょう。

教科書 127ページ 1

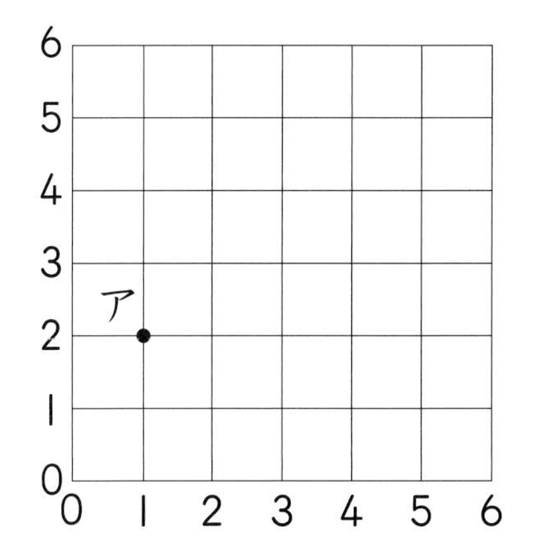

ア→(4の6)→(5の2)→(4の2)→(4の1)→(6の1)→(5の0)→(1の0)→(0の1)→(3の1)→(3の2)→ア

よくみて

3 右の図で、旗が立っている位置をもとにして、㋐〜㋕の位置を横、たて、高さの3つの数の組で表すとき、次の問題に答えましょう。

教科書 128ページ 2

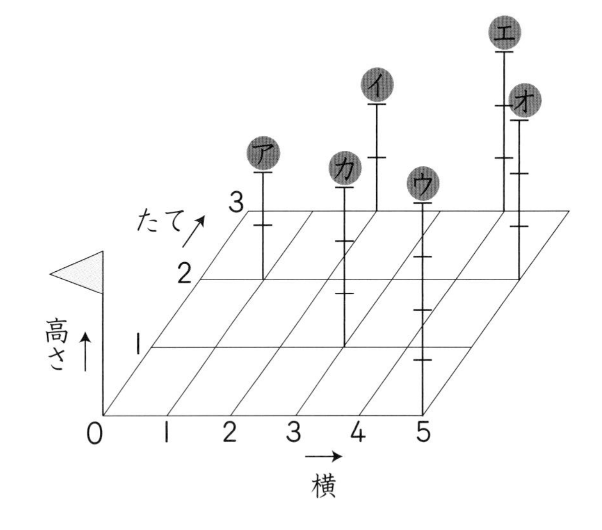

① ㋐の位置を、数の組で表しましょう。

(　　　)

② ㋑の位置を、数の組で表しましょう。

(　　　)

③ (3の1の3)にあるのは、何ですか。

(　　　)

④ (5の2の3)にあるのは、何ですか。

(　　　)

横、たて、高さの順に考えると、㋓は(4の3の3)と表せますね。

ヒント

3 ① 空間にあるものの位置は、横、たて、高さの順に書き表します。
㋐は横に1、たてに2、上に2のところにあります。

⑱ 直方体と立方体

教科書 下114〜131ページ　答え 36ページ

知識・技能　　／65点

1 右の直方体について、答えましょう。　1つ4点(20点)

① 辺AD、辺DH、辺HGの長さをそれぞれ答えましょう。

辺AD (　　)

辺DH (　　)

辺HG (　　)

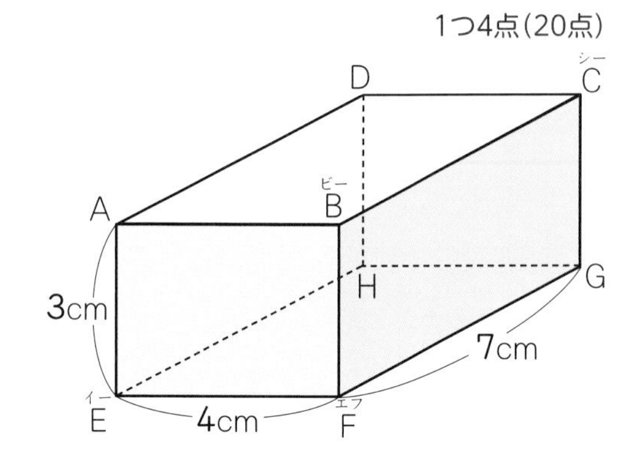

② この直方体には辺は何本ありますか。 (　　)

③ 面AEFBは、どんな形ですか。 (　　)

2 よく出る 右の図は、直方体の箱です。　1つ5点(20点)

① 面BFGCに平行な面はどれですか。

(　　)

② 辺DHに垂直な面はいくつありますか。

(　　)

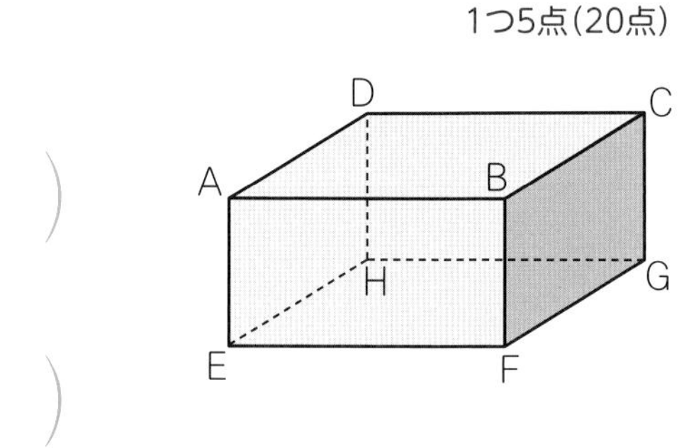

③ 面AEFBに垂直な辺は何本ありますか。 (　　)

④ 辺DCに平行な辺をすべて書きましょう。 (　　)

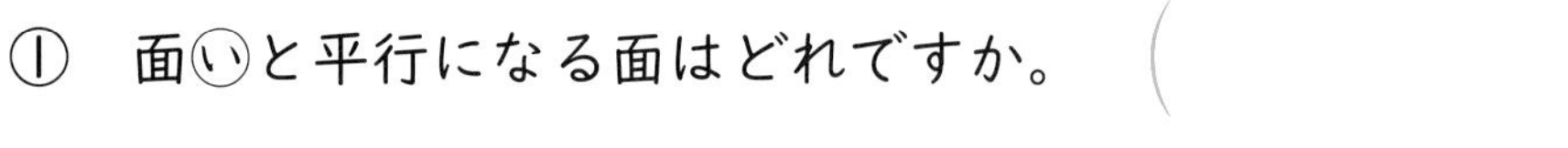

3 よく出る 右の図は立方体の展開図です。組み立てた立方体について、次の問題に答えましょう。　1つ5点(20点)

① 面いと平行になる面はどれですか。 (　　)

② 面おと垂直になる面をすべて書きましょう。

(　　)

③ 点Bと重なる点はどれですか。 (　　)

④ 辺JHと重なる辺はどれですか。 (　　)

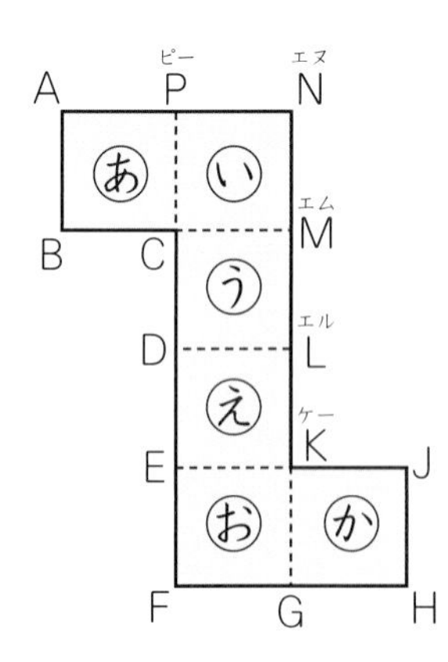

4 次の直方体の展開図の続(つづ)きをかきましょう。 (5点)

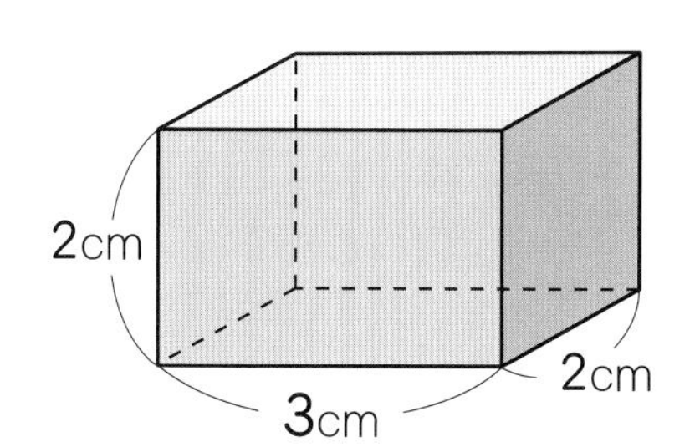

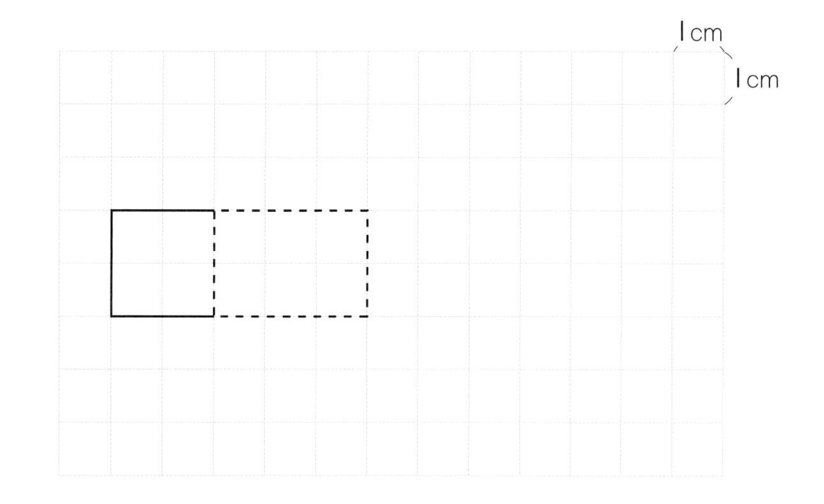

思考・判断・表現　　／35点

できたらスゴイ!

5 次のあ、いは、同じ直方体の見取図と展開図です。あの見取図のアとイの面は、いの展開図のどの面になりますか。いの展開図に書き入れましょう。 全部できて (5点)

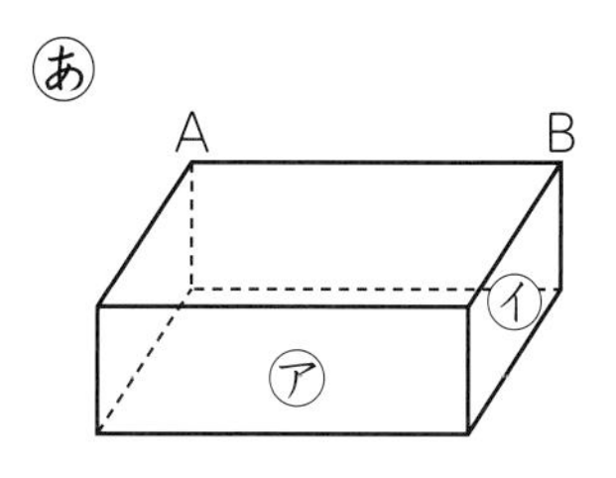

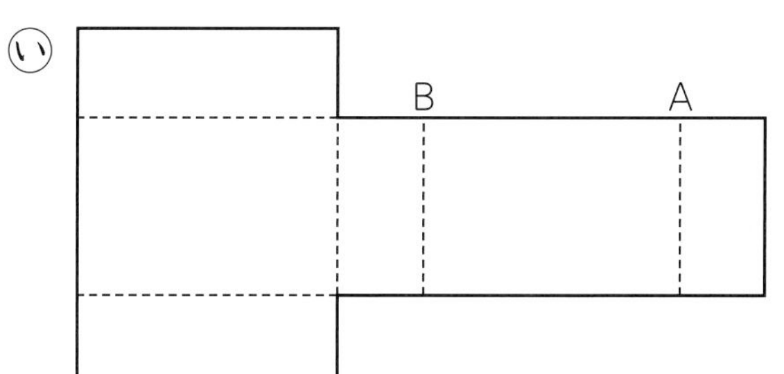

6 右の図のように、直方体が置(お)いてあります。
頂点(ちょうてん)A、E、F、Gの位置(いち)をそれぞれ次のように表します。

A(0の0の3)　　E(0の0の0)
F(5の0の0)　　G(5の4の0)　　1つ5点(30点)

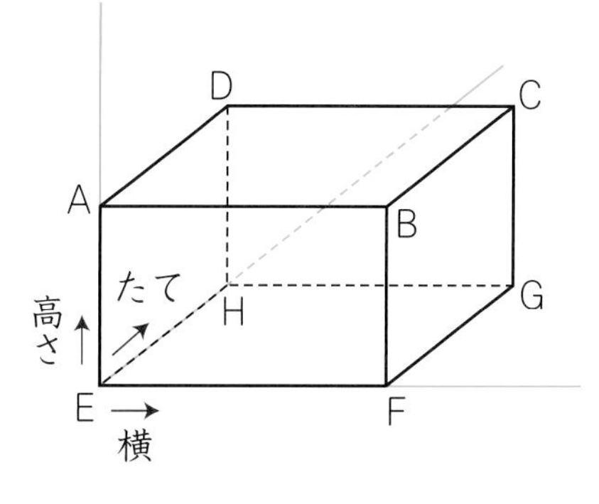

① 頂点B、C、D、Hの位置を、それぞれ表しましょう。

B (　　　　)　C (　　　　)　D (　　　　)

H (　　　　)

② 横、たて、高さを表す1目もりが1cmのとき、辺FGの長さと面BFGCの面積(めんせき)を求(もと)めましょう。

辺FGの長さ (　　　　)

面BFGCの面積 (　　　　)

ふりかえり　2がわからないときは、112ページの1にもどってかくにんしてみよう。

学習日 月 日

ともなって変わる量

教科書 下132～138ページ　答え 37ページ

次の□にあてはまる数を書きましょう。

ねらい　ともなって変わる2つの量の関係を表や式に表せるようにしよう。　練習 1 2

ともなって変わる量

ともなって変わる量の関係は、表で表したり、式に表したりすると、わかりやすくなります。

□と○を使った式

ともなって変わる□と○の関係を、□と○の式に表します。

また、□と○の関係は、表にしたあと、横やたてに見ると、そのきまりがわかりやすくなります。○は□の何倍と見ることができるときもあります。

変わり方とグラフ

ともなって変わる2つの量をグラフにかくと、2つの量の関係がわかりやすくなります。

右のグラフは、水そうに水を入れた時間と、たまった水の深さの変わり方を表したものです。1秒ごとに2cmずつ深くなっていることがわかります。

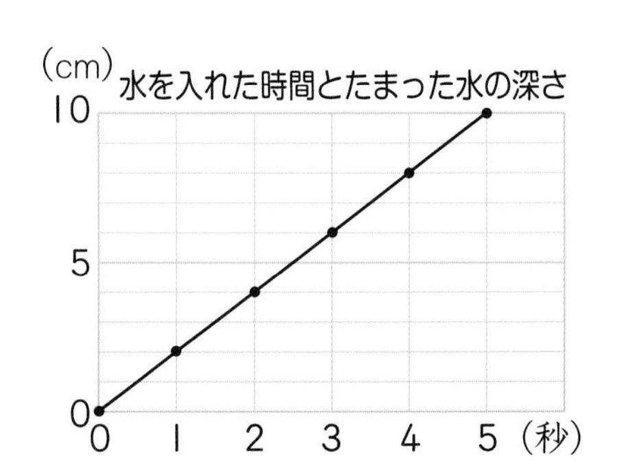

1　正方形の1辺の長さと、まわりの長さには、どんな関係があるか調べます。
1辺の長さが9cmのとき、まわりの長さは何cmになりますか。

とき方　表に表すと、次のようになります。

正方形の1辺の長さとまわりの長さ

1辺の長さ　(cm)	1	2	3	4	5	6	7	8
まわりの長さ(cm)	4	8	12	16	20	24	28	32

この表をたてに見ると、まわりの長さは1辺の長さの□倍であることがわかります。

1辺の長さが9cmのとき、まわりの長さは□cmです。

2　1の1辺の長さを□cm、まわりの長さを○cmとして、□と○の関係を式に表しましょう。

とき方　まわりの長さは1辺の長さの□倍だから、

□×□＝○となります。

★できた問題には、「た」をかこう！★

できた 1　できた 2

学習日　月　日

教科書 下132～138ページ　答え 37ページ

1 次の図のように、マッチぼうをならべて正方形をつくります。

教科書 135ページ 2

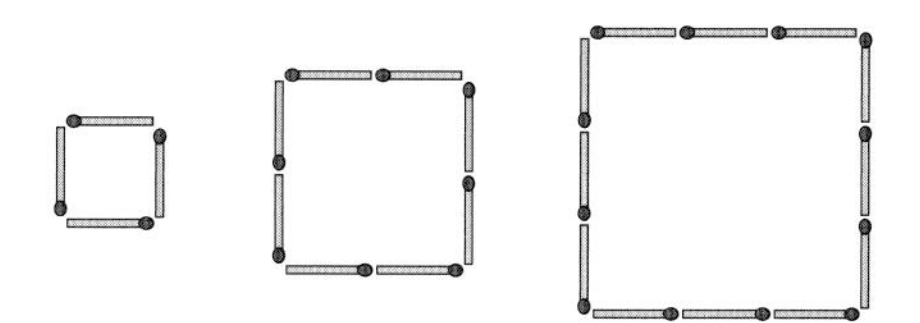

① 次の表のあいているところに、あてはまる数を書きましょう。

1辺のマッチぼうの本数とまわりにならんだマッチぼうの本数

1辺のマッチぼうの本数(本)	1	2	3	4	5	6	
まわりにならんだマッチぼうの本数(本)	4						

② 1辺のマッチぼうの本数を□本、まわりにならんだマッチぼうの本数を○本として、□と○の関係を式に表しましょう。　（　　　　　）

③ 1辺のマッチぼうの本数が8本のとき、まわりにならんだマッチぼうは何本になりますか。　（　　　　　）

④ まわりにならんだマッチぼうの本数が40本になるのは、1辺のマッチぼうが何本のときですか。　（　　　　　）

2 次の表は、浴(よく)そうに水を入れた時間と、たまった水の深さを表したものです。

教科書 138ページ 4

水を入れた時間とたまった水の深さ

時間(分)	0	1	2	3	4	5	6	7	8	9	
深さ(cm)	0	1.5	3	4.5	6	7.5	9	10.5	12	13.5	

① 表を見て、グラフに表しましょう。

(cm) 水を入れた時間とたまった水の深さ

縦じく: 0, 10, 20, 30　横じく: 0, 2, 4, 6, 8, 10, 12, 14, 16, 18, 20 (分)

② 20分後には、水の深さは何cmになっていると予想できますか。

（　　　　　）

③ 水の深さが18cmになるのは、何分後と予想できますか。

（　　　　　）

ヒント

2 ② グラフをそのままのばして、横じくが20分のときの、グラフのたてじくの目もりを読みます。

⑲ ともなって変わる量

教科書 下 132〜141 ページ　答え 37 ページ

知識・技能　／55点

1 次の２つの量の関係で、「１つの量がふえるともう１つの量がふえる」ものには○、「１つの量がふえるともう１つの量がへる」ものには×を書きましょう。　1つ5点(25点)

① 正方形の１辺の長さと、面積。　(　　)

② 1000円を持って買い物に行ったときの、買った品物の代金と、残ったお金。　(　　)

③ １本80円のえん筆を何本か買ったときの、えん筆の本数と、その代金。　(　　)

④ 11まいつづりの回数けんの、使ったまい数と、残りのまい数。　(　　)

⑤ 15このおはじきを姉と妹で分けたときの、姉のおはじきのこ数と、妹のおはじきのこ数。　(　　)

2 よく出る 水そうに水を、１分間に15Ｌずつ入れます。　1つ6点(30点)

① 次の表のあいているところに、あてはまる数を書きましょう。

水を入れた時間とたまった水の量

時　間(分)	0	1	2	3	4	5	
水の量(Ｌ)	0	15					

② ①の表を右の図に、グラフで表しましょう。

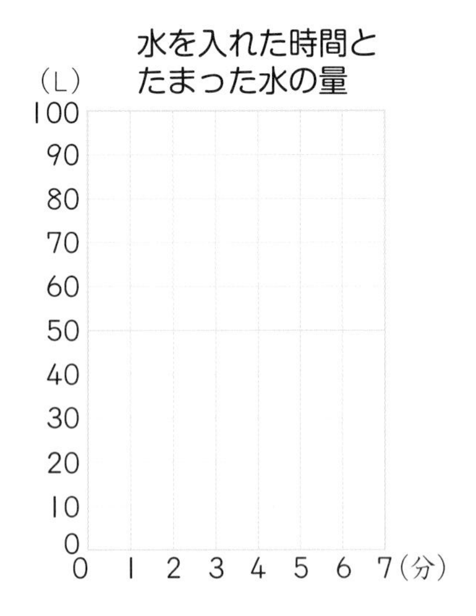

③ 水を入れ始めてから、８分後の水の量は何Ｌですか。　(　　)

④ 水の量が150Ｌになるのは、何分後ですか。　(　　)

⑤ 時間を□分、水の量を○Ｌとして、□と○の関係を式に表しましょう。　(　　)

学習日　　月　　日

思考・判断・表現　／45点

3 ばねにおもりをつるしたときの、おもりの重さとばねの長さを調べると、次の表のようになりました。　1つ7点(21点)

おもりの重さとばねの長さ

おもりの重さ(g)	0	10	20	30	40	50	60	70	
ばねの長さ(cm)	10	12	14	16	18	20	22	24	

① おもりの重さが10gふえると、ばねの長さは何cmふえますか。

（　　　　）

② 90gのおもりをつるしたとき、ばねの長さは何cmになりますか。

（　　　　）

③ ばねの長さが30cmになるのは、何gのおもりをつるしたときですか。

（　　　　）

できたらスゴイ！

4 ご石を使って、次の図のような正方形のわくを作っていきます。　1つ6点(24点)

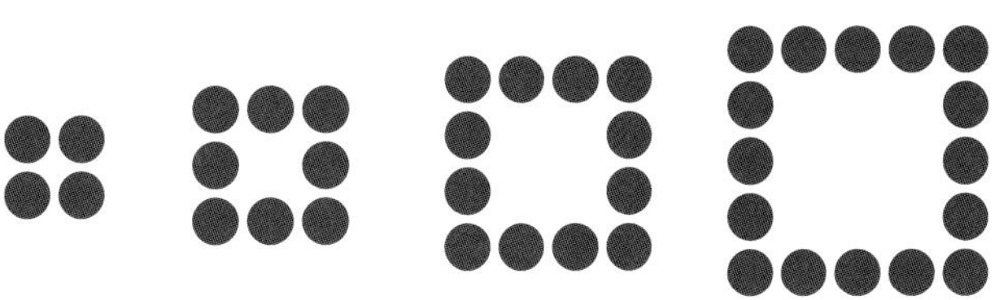

① 次の表のあいているところに、あてはまる数を書きましょう。

1辺のご石の数とまわりにならんだご石の数

1辺のご石の数(こ)	2	3	4	5	6	7	
まわりにならんだご石の数(こ)	4						

② 1辺のご石の数を□こ、まわりにならんだご石の数を○ことして、□と○の関係を式に表しましょう。

（　　　　）

③ 1辺のご石の数が8このとき、まわりにならんだご石の数は何こですか。

（　　　　）

④ まわりにならんだご石の数が32このとき、1辺のご石の数は何こですか。

（　　　　）

ふりかえり　**2**がわからないときは、118ページの**1**、**2**にもどってかくにんしてみよう。

学習日　月　日

しりょうの活用

教科書 下142～147ページ　答え 38ページ

次の□にあてはまる数を書きましょう。

ねらい 2つのグラフを重ね合わせたグラフを読み取れるようにしよう。　練習 1 2

くふうしたグラフ

✪同じ横のじくで2つ以上のグラフを重ね合わせたグラフを**複合グラフ**といいます。

✪下の **1** のグラフのように、ぼうグラフと折れ線グラフの両方を使って表すと、2つの量の変わり方や関係がわかりやすくなることがあります。

1 次の図は、ある市の1年間のこう水量(ふった雨や雪などの水の量)と、最高気温のグラフを重ねてかいたものです。下の問題に答えましょう。

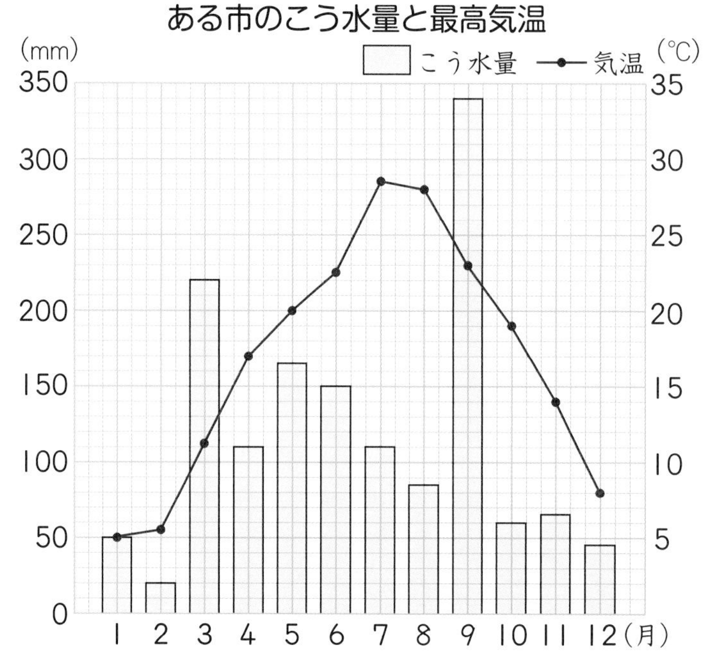

(1) 最高気温がいちばん高かったのは何月ですか。
また、その月のこう水量は何mmでしたか。

(2) こう水量がいちばん多かったのは何月ですか。
また、その月の最高気温は何℃でしたか。

とき方 (1) 左のたてのじくはこう水量、右のたてのじくは気温を表しています。
最高気温がいちばん高かったのは□月で、
その月のこう水量は□mmです。

(2) こう水量がいちばん多かったのは□月で、
その月の最高気温は□℃です。

★できた問題には、「た」をかこう！★

できた 1　できた 2

学習日　　月　　日

教科書 下142〜147ページ　答え 38ページ

この本の終わりにある「春のチャレンジテスト」をやってみよう！

1 右のグラフは、埼玉県である年の8月2日から13日まで、熱中しょうで救急車で病院に運ばれた人数と最高気温のグラフを重ねてかいたものです。

次の問題に答えましょう。

教科書 142ページ 1

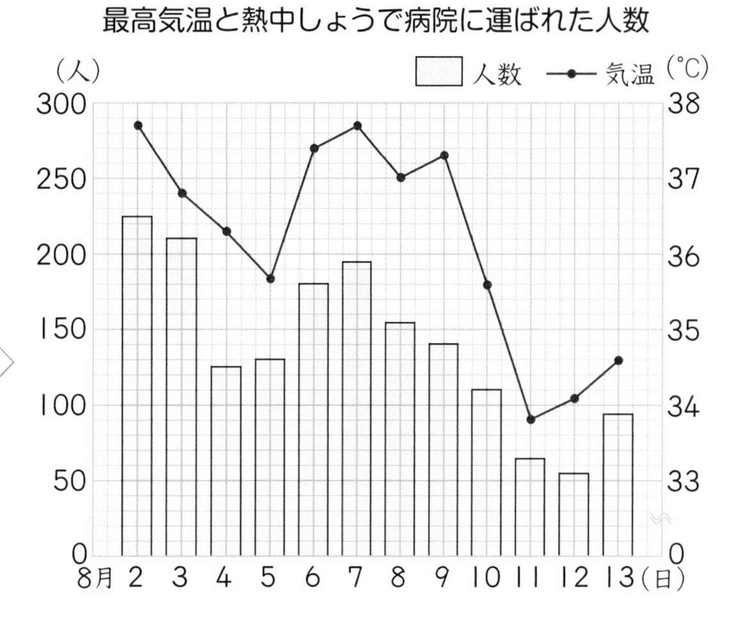

① 運ばれた人数がいちばん多かったのは、何日ですか。

また、その日の最高気温は約何℃ですか。

日（　　　　）　気温（　　　　）

② 熱中しょうで運ばれる人数と最高気温にはどのような関係があるといえますか。次の □ にあてはまることばを書きましょう。

最高気温が高くなると、熱中しょうで運ばれる人数が □ くなる。

2 右のグラフは、日本が外国から買ったアボカドの量とその金がくのグラフを重ねてかいたものです。

次の問題に答えましょう。

教科書 145ページ 2

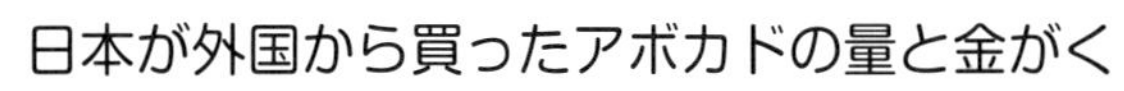

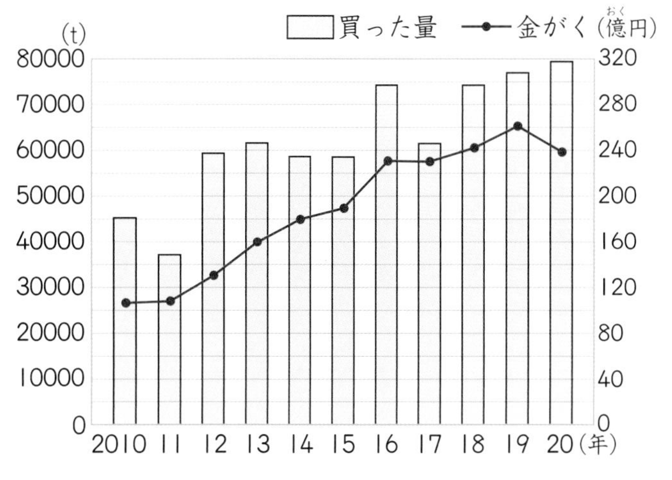

① 2020年に外国から買ったアボカドの量は約何tですか。

また、買った金がくは約何円ですか。

買った量（　　　　）　金がく（　　　　）

② 2019年に買った金がくは、2012年にくらべて約何倍になっていますか。

（　　　　）

ヒント

1 ② 折れ線グラフの変わり方と、ぼうグラフのぼうの長さの変わり方に目をつけます。

数と計算、式(1)

学習日　　月　　日

時間 20分　　/100　ごうかく 80点

教科書 下 148～149 ページ　答え 38～39 ページ

1 次の数を読みましょう。また、四捨五入して、[　]の中の位までのがい数にしましょう。　1つ4点(16点)

① 362076543 [百万の位]

(　　　　)

がい数 (　　　　)

② 82510249367 [十億の位]

(　　　　)

がい数 (　　　　)

2 次の数を数字で書きましょう。　1つ4点(16点)

① 1億を 250 こと、1万を 503 こ合わせた数。

(　　　　)

② 1を3こと、0.01 を6こと、0.001 を4こ合わせた数。

(　　　　)

③ $\frac{1}{8}$ を 13 こ集めた、帯分数と仮分数。

帯分数 (　　　　)

仮分数 (　　　　)

3 次の数を、下の数直線に↓でかき入れましょう。　1つ4点(16点)

㋐ 0.5　㋑ $\frac{8}{10}$　㋒ $1\frac{3}{10}$　㋓ 2.1

0　　1　　2

4 次の数を小さい順に書きましょう。　(4点)

0.6、 6、 0、 0.606、 0.06

(　　　　)

5 次の計算を筆算でしましょう。　1つ5点(20点)

① 9.62+3.45　② 4.72+2.8

③ 7.03−1.86　④ 6.4−0.57

6 次の計算をしましょう。　1つ5点(20点)

① $\frac{7}{9}+\frac{3}{9}$　② $3\frac{5}{7}+2\frac{4}{7}$

③ $1\frac{2}{9}-\frac{5}{9}$　④ $3-\frac{3}{4}$

7 次の計算を筆算でしましょう。　1つ4点(8点)

① 98÷14　② 846÷47

21 4年のまとめ

数と計算、式(2) 図形(1)

教科書 下 149〜150 ページ 答え 39 ページ

1 次の計算を筆算でしましょう。 1つ6点(12点)

① 0.76×4 ② 30.1÷43

2 次の計算をくふうしてしましょう。 1つ6点(12点)

① 197×4 ② 5×64

3 みかんが 288 ことれました。これを8こずつふくろに入れます。
8こ入りのふくろは何ふくろできますか。 式・答え 1つ6点(12点)

式

答え ( )

4 4年生 173 人が、4台のバスに乗って遠足に行きます。できるだけ同じ人数で乗るには、どのように分かれるとよいですか。 式・答え 1つ5点(10点)

式

答え ( )

5 次のように計算をしました。
まちがいを見つけて、等号の右側(がわ)をなおしましょう。 (10点)

90−75÷(6+9)=15÷15
=1

6 次の角度をはかりましょう。 1つ6点(12点)

①

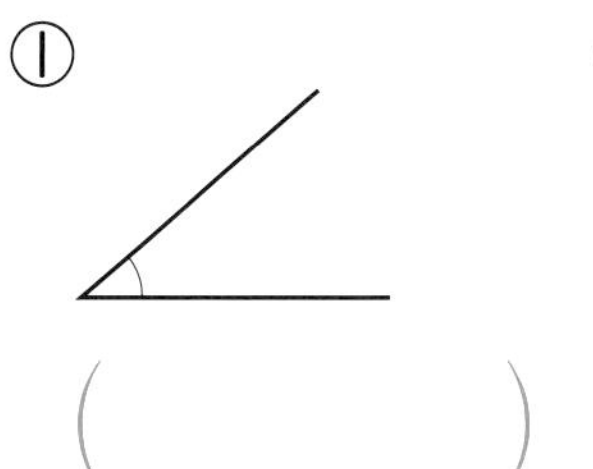

②

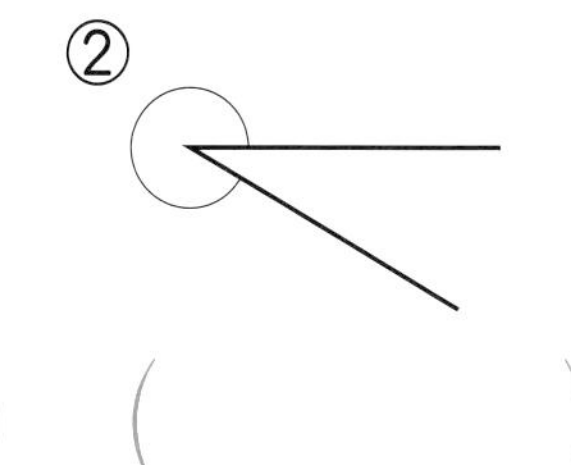

( ) ( )

7 次の大きさの角をかきましょう。 1つ6点(12点)

① 55° ② 220°

8 次の㋐、㋑の角度は何度ですか。 1つ10点(20点)

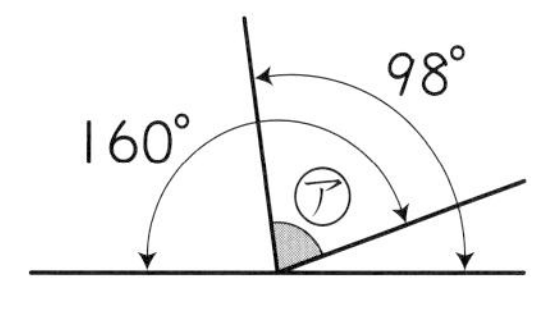

160° 98° ㋐

( )

㋑

( )

21 4年のまとめ

図形(2)

学習日　月　日

時間 20分　/100　ごうかく 80点

教科書 下150～151ページ　答え 40ページ

1 色をぬってある部分の面積を求めましょう。　1つ15点(30点)

①

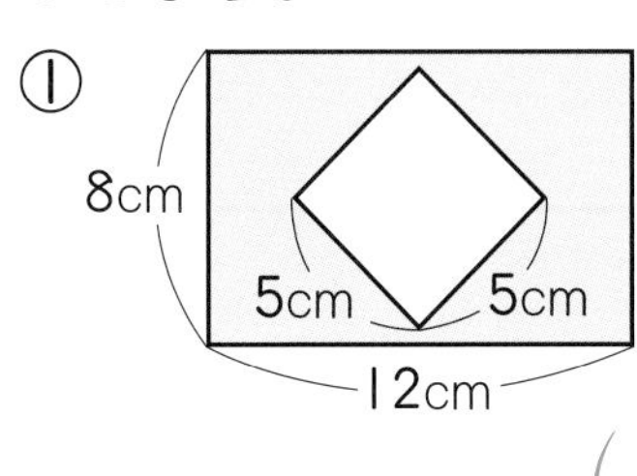

(　　　)

②

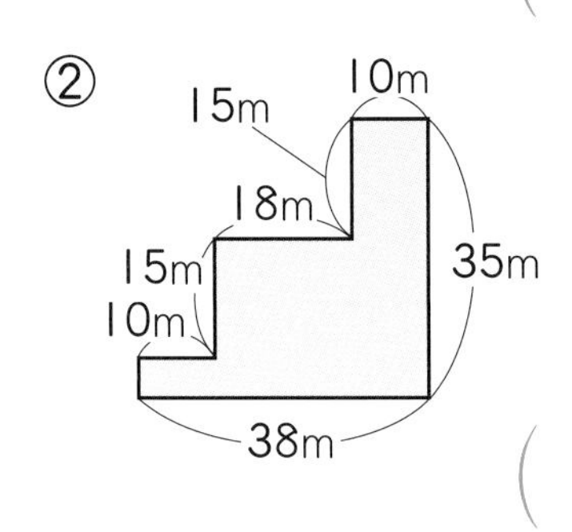

(　　　)

2 次の□にあてはまる数を書きましょう。　1つ10点(20点)

① 28000 m²＝□a

(　　　)

② 0.5 km²＝□ha

(　　　)

3 次の図の㋐～㋓の角度は、何度ですか。　1つ5点(20点)

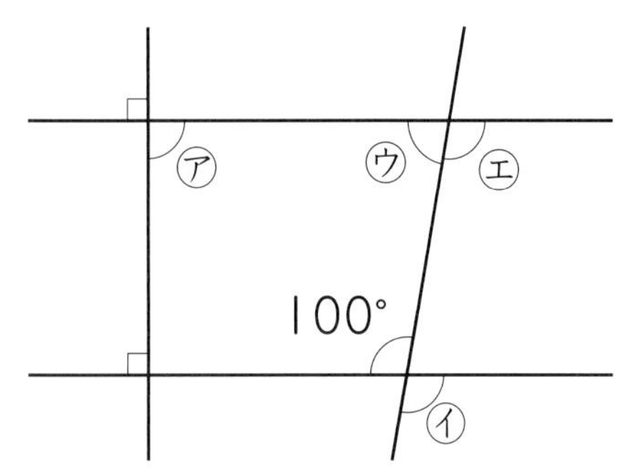

㋐(　　　)　㋑(　　　)

㋒(　　　)　㋓(　　　)

4 次の四角形をかきましょう。　1つ10点(20点)

① 平行四辺形

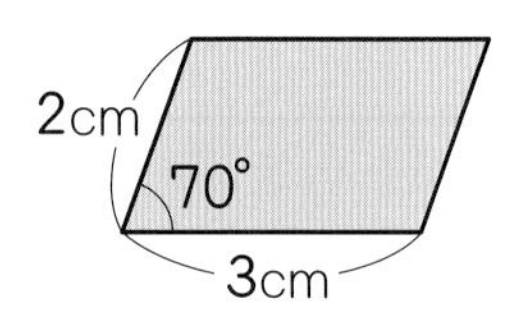

② 対角線の長さが3cmと4cmのひし形。

5 右の直方体の展開図をかきましょう。　(10点)

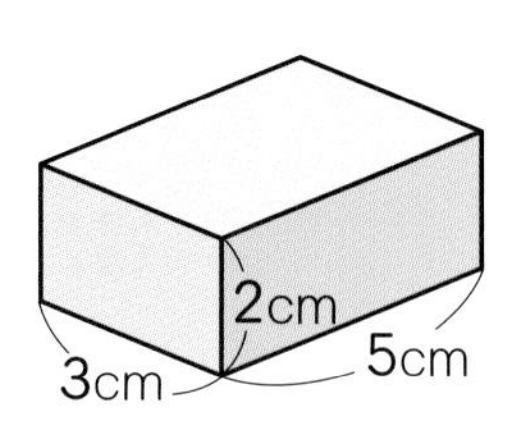

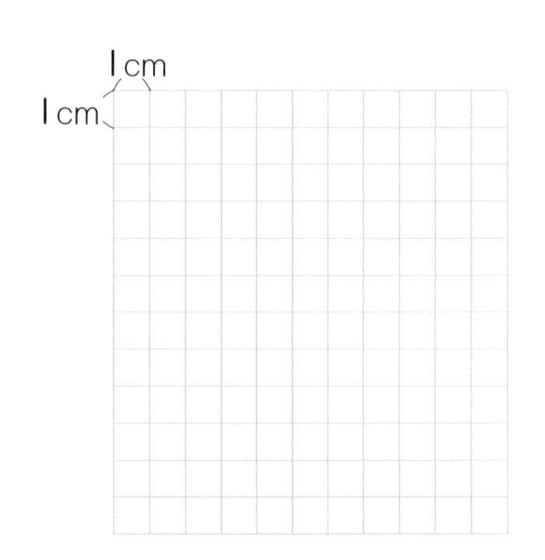

図形(3) 変化と関係・しりょうの活用

教科書 下151〜153ページ　答え 41ページ

1 右の直方体について、次の問題に答えましょう。

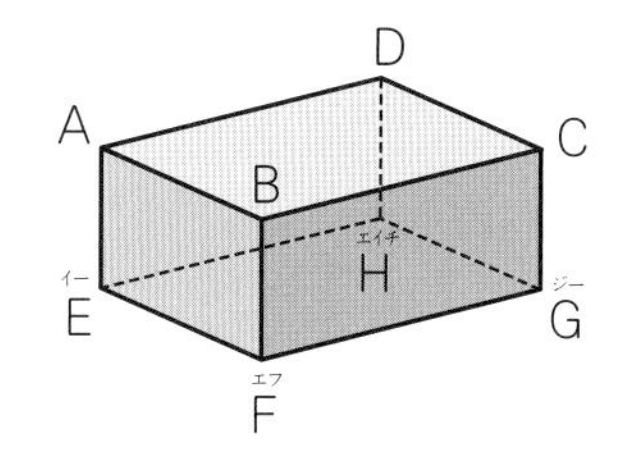

1つ10点(20点)

① 辺ABに垂直な辺はどれですか。すべて答えましょう。

(　　　　)

② 面ABCDに平行な辺はどれですか。すべて答えましょう。

(　　　　)

2 次の表は、ある場所でちょうど8時から、10時から、…というようなちょうどの時こくから、30秒間に通る車の台数を調べたものです。

これを、折れ線グラフに表しましょう。　(20点)

ある時こくに通る車の台数

時こく(時)	午前8	10	12	午後2	4	6	8
台　数(台)	9	13	19	22	30	28	20

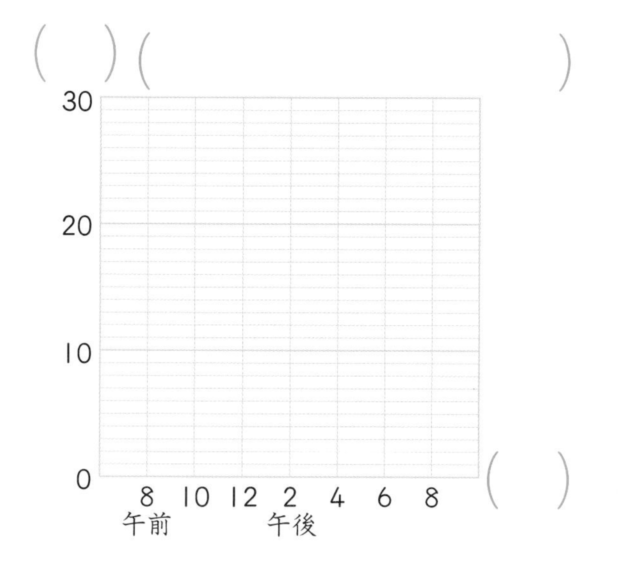

3 次の折れ線グラフは、京都市とキャンベラ市(オーストラリア)の1年間の気温の変わり方を調べたものです。

1つ15点(30点)

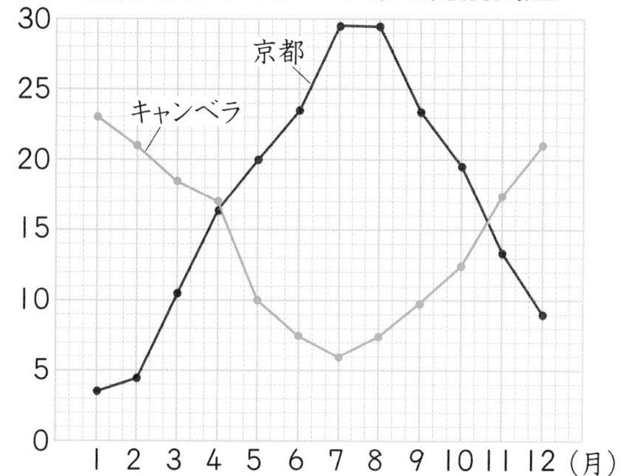

① 京都市の方が気温が高いのは、何月から何月までですか。

(　　　　)

② 変わり方が大きいのは、どちらですか。

(　　　　)

4 次の表は、クリップ□この重さを○gとして、□と○の関係を表したものです。　1つ15点(30点)

クリップのこ数と重さ

□(こ)	2	4	6	8	10	
○(g)	6	12	18	24	30	

① □と○の関係を式に表しましょう。

(　　　　)

② ○が63のとき、□はいくつですか。

(　　　　)

学習日　　月　　日

すじ道を立てて考えよう

プログラミングのプ

プログラミング

教科書　下154～155ページ　答え　41ページ

1 同じ大きさの6この玉㋐㋑㋒㋓㋔㋕があります。この中に重さのちがう玉が１つだけあります。使える道具は、同じ重さのときにつり合う「てんびん」しかありません。

友だちにかくじつに重さのちがう玉を見つけるやり方を教えるために、次の□にあてはまる記号を書きましょう。

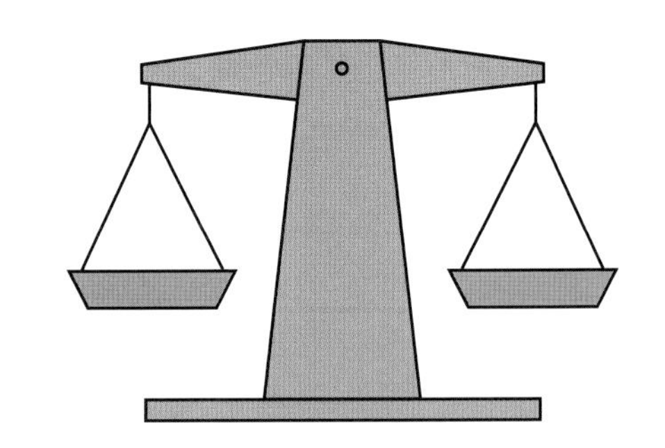

見つけ方

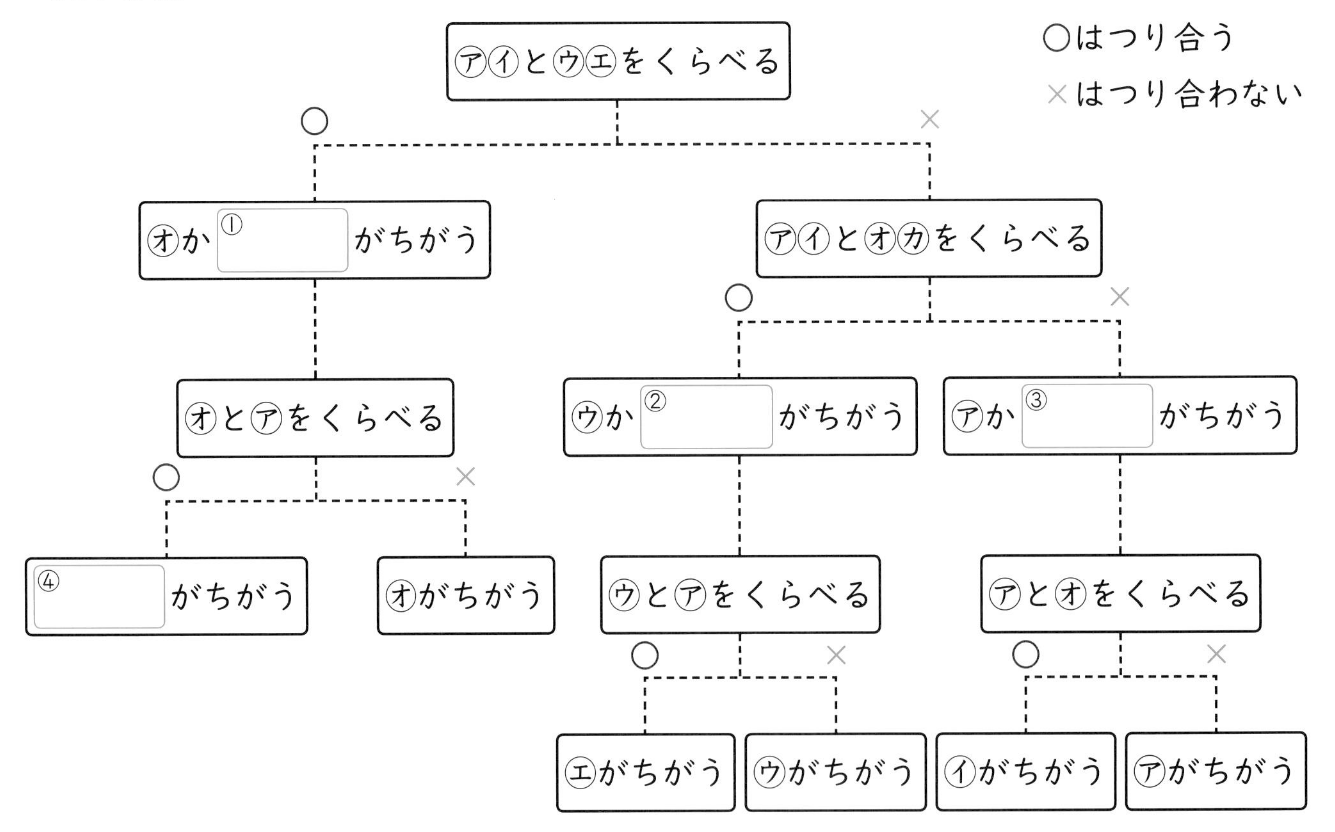

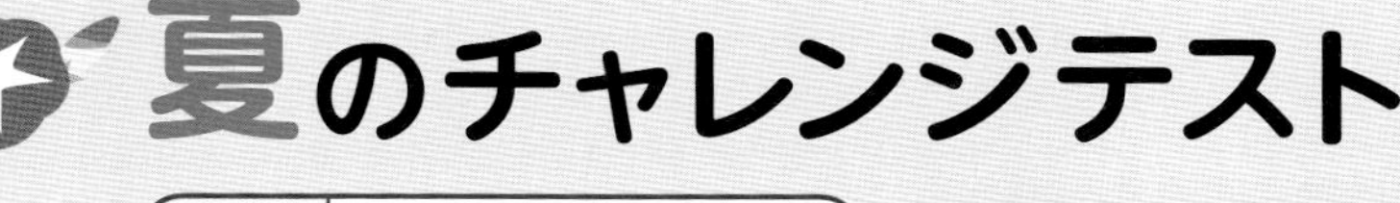

夏のチャレンジテスト

教科書 上12～109ページ　◎用意するもの…ものさし、分度器

月　日

名前

時間 40分

ごうかく80点　／100

答え42～43ページ

知識・技能　／64点

1 次の数を数字で書きましょう。　1つ2点(6点)

① 10億(おく)を4こと、3000万を合わせた数。

(　　　　)

② 230万を10倍した数。

(　　　　)

③ 4800億を$\frac{1}{10}$にした数。

(　　　　)

2 次の計算をしましょう。　1つ3点(6点)

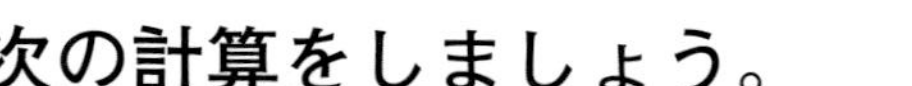

4 次の計算を筆算でしましょう。　1つ3点(18点)

① 33÷5　② 54÷7

③ 72÷3　④ 86÷4

⑤ 140÷6　⑥ 436÷4

7 160°の大きさの角をかきましょう。 (4点)

8 次のグラフは、ある日の気温の変わり方を表したものです。 1つ3点(6点)

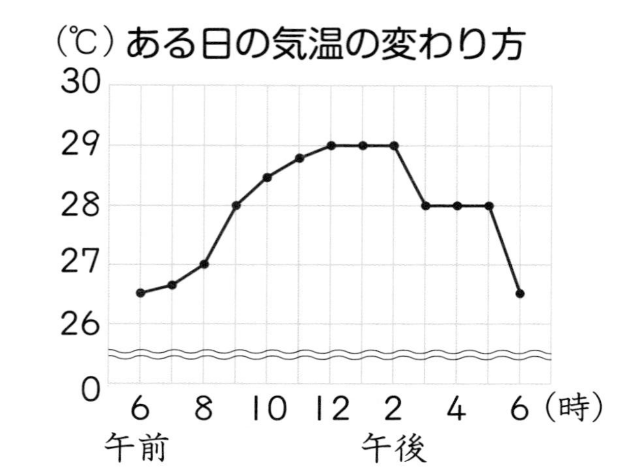

① 気温の変わり方がいちばん大きかったのは、何時から何時の間ですか。

(　　　　　　　　)

② 午前8時から午前12時までに、気温は何℃上がりましたか。

(　　　　　　　　)

11 右の10まいのカードを全部使って、10けたの整数を作ります。いちばん大きい数と、いちばん小さい数を作りましょう。

0	0	0	1	2
3	4	5	6	6

1つ3点(6点)

いちばん大きい数 (　　　　　　　　)

いちばん小さい数 (　　　　　　　　)

12 右の表は、1週間に学校でけがをした4年生について調べたものです。

けがの種類と、けがをした場所の2つについて、次の表に整理し

けがをした人の記録

曜日	けがの種類	場所
月	すりきず	ろうか
	切りきず	教室
	すりきず	教室
火	打ち身	体育館
水	切りきず	校庭
木	すりきず	校庭
	打ち身	教室
	ねんざ	体育館
金	すりきず	ろうか
	打ち身	教室

ましょう。全部できて（6点）

すりきず	校　庭

思考・判断・表現　／36点

9 55人の子どもが4人ずつ、長いすにすわります。全員すわるためには、長いすは何きゃく必要（ひつよう）ですか。

式・答え 1つ4点(8点)

式

答え（　　　　）

10 820まいの画用紙を、16人で同じ数ずつ分けると、1人分は何まいで、何まいあまりますか。

式・答え 1つ4点(8点)

式

答え（　　　　）

けがの種類と場所　（人）

	ろうか	教室	体育館	校庭	合計
すりきず					
切りきず					
打ち身					
ねんざ					
合計					

13 三角じょうぎを組み合わせて作った角㋐、㋑の角度を求（もと）めましょう。

1つ4点(8点)

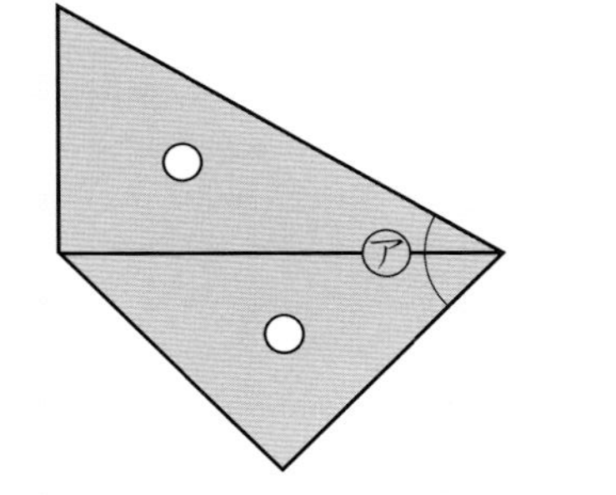

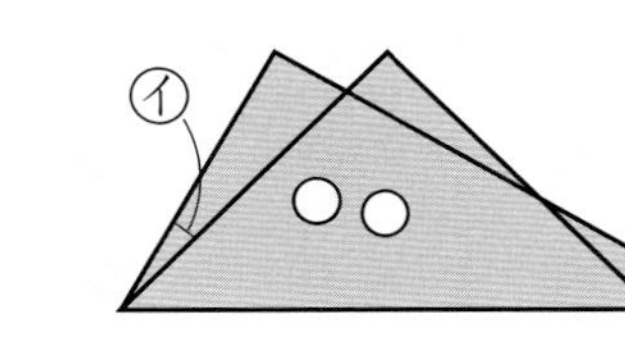

㋐（　　　　）　㋑（　　　　）

① 6025万−594万

（　　）

② 374億×6

（　　）

3 角の大きさについて答えましょう。 1つ3点(6点)

① 1°は、1回転した角を何等分した1つ分の角の大きさですか。

（　　）

② 直線の角の大きさは、何度ですか。

（　　）

5 次の計算をしましょう。 1つ3点(6点)

① 280÷40

② 450÷60

6 次の計算を筆算でしましょう。 1つ3点(12点)

① 85÷17　② 126÷42

③ 992÷32　④ 507÷67

うらにも問題があります。

冬のチャレンジテスト

教科書 上112～下75ページ

◎用意するもの…そろばん、三角じょうぎ、分度器、コンパス

月　日

名前

時間 40分

ごうかく80点　／100

答え44～45ページ

知識・技能　／80点

1 次の数を四捨五入して、[　]の中の位までのがい数にしましょう。　1つ2点(4点)

① 28341 [千の位]　② 597423 [一万の位]

(　　)　(　　)

2 [　]の中の単位で表しましょう。　1つ3点(12点)

① $7\,m^2$ [cm^2]　(　　)

② $26000000\,m^2$ [km^2]　(　　)

③ $3200\,m^2$ [a]　(　　)

5 次の計算をしましょう。　1つ3点(6点)

① $(16-9)\times7+8$

② $13\times6+27\times6$

6 次の計算をくふうしてしましょう。　1つ3点(6点)

① $17\times4\times25$

② 102×65

7 次の図形の面積を求めましょう。　1つ3点(6点)

④ 6 km^2 [ha]　(　　　)

3 不等号を使って、大小を表しましょう。 1つ2点(4点)

① 0.35 □ 0.402

② 5.061 □ 5.04

4 次の数を求めましょう。 1つ2点(4点)

① 0.68 を 100 倍した数。　(　　　)

② 5.34 を $\frac{1}{10}$ にした数。　(　　　)

① 9cm　15cm

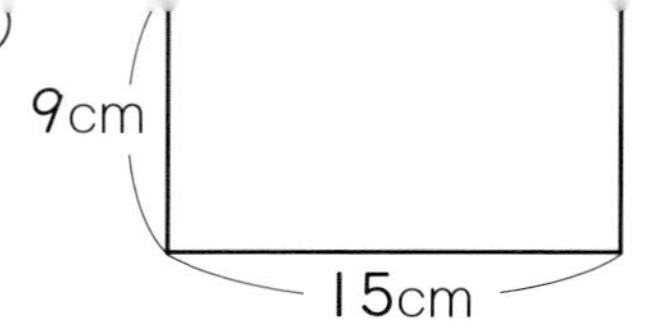

② 11m　3m　13m　7m

(　　　)　(　　　)

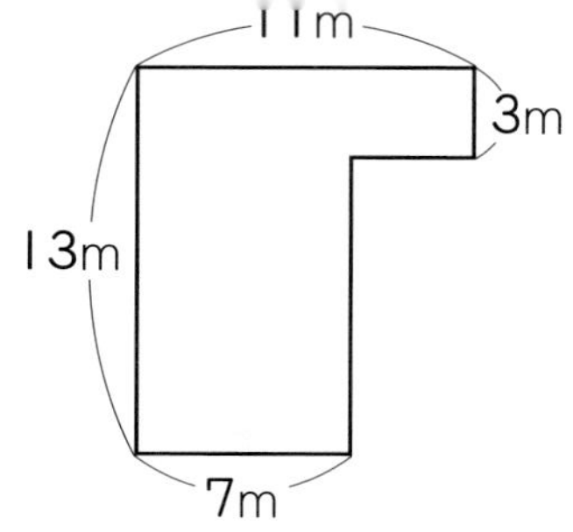

8 次の計算をしましょう。 1つ3点(12点)

① $\begin{array}{r} 5.38 \\ +2.45 \\ \hline \end{array}$

② $\begin{array}{r} 3.61 \\ +6.39 \\ \hline \end{array}$

③ $\begin{array}{r} 9.24 \\ -5.26 \\ \hline \end{array}$

④ $\begin{array}{r} 6 \\ -4.73 \\ \hline \end{array}$

うらにも問題があります。

春のチャレンジテスト

教科書 下78～147ページ　◎用意するもの…ものさし

名前　　月　日

時間 40分　ごうかく80点　／100

答え46～47ページ

知識・技能　／67点

1 次の計算をしましょう。④は、わり進めて答えを求めましょう。　1つ3点(12点)

① 9.2×5

② 0.64×8

③ $76.5 \div 17$

④ $7.4 \div 4$

2 次の計算をしましょう。商は、小数第二位を四捨五入して、小数第一位まで求めましょう。　1つ3点(6点)

①

②

5 次の計算をしましょう。　1つ3点(24点)

① $\frac{2}{6}+\frac{3}{6}$

② $\frac{5}{7}+\frac{4}{7}$

③ $1\frac{4}{5}+\frac{3}{5}$

④ $3\frac{4}{11}+1\frac{9}{11}$

⑤ $\frac{9}{10}-\frac{2}{10}$

⑥ $1\frac{2}{8}-\frac{5}{8}$

⑦ $3\frac{2}{9}-1\frac{4}{9}$

⑧ $3-2\frac{5}{8}$

7) 30.5　　　　38) 16.5

3 43.9÷6 を計算しましょう。商は整数で求め、あまりを出しましょう。

答えのたしかめもしましょう。　1つ3点(6点)

答え (　　　　)

たしかめ (　　　　)

4 **次の帯分数は仮分数に、仮分数は帯分数か整数になおしましょう。**　1つ2点(8点)

① $2\frac{3}{4}$ (　　　)　② $5\frac{7}{9}$ (　　　)

③ $\frac{16}{5}$ (　　　)　④ $\frac{56}{7}$ (　　　)

6 **次の図は、直方体です。**　③、④全部できて 1つ2点(8点)

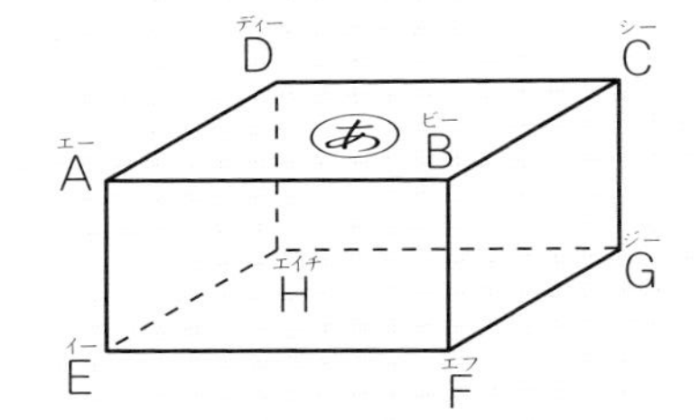

① ㋐の面と垂直な面はいくつありますか。

(　　　)

② 辺ABと平行な辺はいくつありますか。

(　　　)

③ 辺FGと垂直な辺をすべて答えましょう。

(　　　)

④ ㋐の面と平行な辺をすべて答えましょう。

(　　　)

うらにも問題があります。

4年 算数のまとめ 学力しんだんテスト

名前　　　　月　　日

時間 40分

ごうかく80点　／100

答え48ページ

1 次の数を数字で書きましょう。　各2点(4点)

① 10億(おく)を5こ、1000万を2こあわせた数

(　　　　)

② 1億を10000倍した数

(　　　　)

2 次の計算をしましょう。②は商を一の位(くらい)まで求(もと)めて、あまりもだしましょう。⑥はわり切れるまで計算しましょう。　各2点(20点)

① $39\overline{)117}$

② $17\overline{)436}$

③ $2.58 + 1.46$

④ $5.31 - 4.67$

4 次の問題に答えましょう。　式・答え　各2点(8点)

① たて20 m、横30 mの長方形の花だんの面積(めんせき)は何 m² ですか。

式

答え (　　　　)

② 1辺(ぺん)が500 mの正方形の土地の面積は何haですか。

式

答え (　　　　)

5 次のあ、い、うの角はそれぞれ何度ですか。　各2点(6点)

あ (　　　　)

⑤ $\begin{array}{r} 3.7 \\ \times 29 \\ \hline \end{array}$

⑥ $24\overline{)8.4}$

⑦ $\frac{5}{7}+\frac{4}{7}$

⑧ $1\frac{4}{5}+\frac{2}{5}$

⑨ $\frac{11}{8}-\frac{5}{8}$

⑩ $1\frac{1}{4}-\frac{2}{4}$

3 1組と2組で、いちごとみかんのどちらが好(す)きかを調べたら、下の表のようになりました。①〜③にあてはまる数を書きましょう。

各2点(6点)

	いちご	みかん	合計
1組	①	②	14
2組	③	11	19
合計	17	16	33

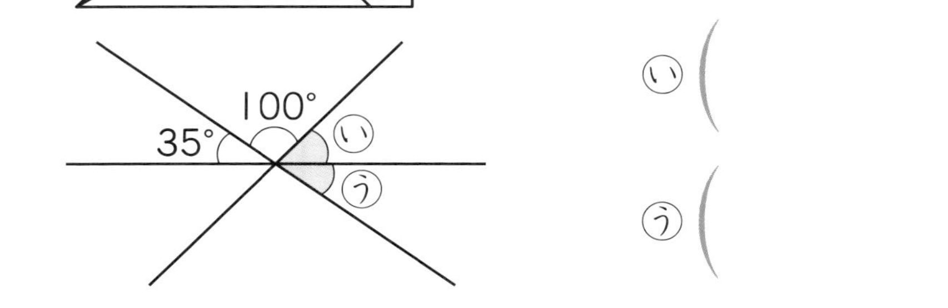

い (　　　)

う (　　　)

6 次のせいしつにあてはまる四角形を、［　］のあ〜おからすべて選(えら)んで、記号で答えましょう。

全部できて　各3点(9点)

① 向かい合った2組の辺(へん)が平行である。

(　　　)

② 向かい合った2組の角の大きさが等しい。

(　　　)

③ 2つの対角線(たいかくせん)の長さが等しい。

(　　　)

あ 長方形	い 正方形	う 台形
え 平行四辺形(へいこうしへんけい)	お ひし形	

うらにも問題があります。

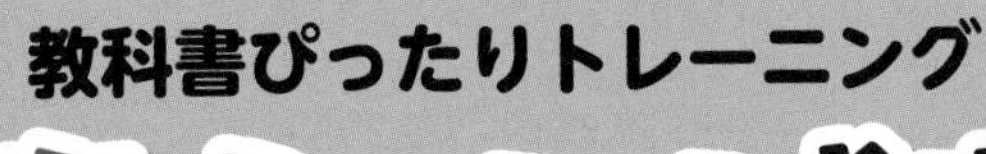

教科書ぴったりトレーニング

答えとてびき

学校図書版　算数４年

問題がとけたら…
①まずは答え合わせをしましょう。
②次にてびきを読んでかくにんしましょう。

おうちのかたへ では、次のようなものを示しています。
・学習のねらいやポイント
・他の学年や他の単元の学習内容とのつながり
・まちがいやすいことやつまずきやすいところ
お子様への説明や、学習内容の把握などにご活用ください。

しあげの5分レッスン では、
学習の最後に取り組む内容を示しています。
学習をふりかえることで学力の定着を図ります。

答え合わせの時間短縮に 丸つけラクラク解答 デジタルもご活用ください！

右の QR コードをスマートフォンなどで読み取ると、
赤字解答の入った本文紙面を見ながら簡単に答え合わせができます。

丸つけラクラク解答デジタルは以下の URL からも確認できます。
https://www.shinko-keirinwebshop.com/shinko/2024pt/rakurakudegi/MGT4da/index.html

※丸つけラクラク解答デジタルは無料でご利用いただけますが、通信料金はお客様のご負担となります。
※QR コードは株式会社デンソーウェーブの登録商標です。

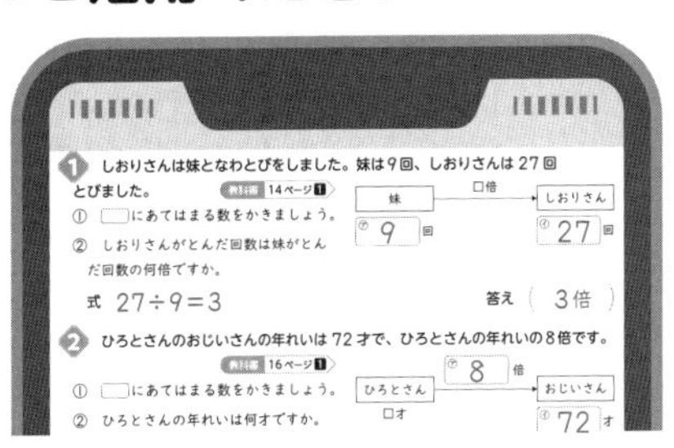

1 大きい数

ぴったり1 じゅんび　2ページ

1 (1)五兆四千七百三十億　(2)百兆、百六十二兆四千億
2 41935000、419350
3 >

ぴったり2 練習　3ページ

1 ①1000000000　②百億　③10
2 ①四百五十億　②九十三兆
3 ①6000000000000000
②3000000000000
③700000000
④800000000000
4 ①㋐2000万　㋑6000万　㋒9000万
②㋓9300億　㋔9700億　㋕1兆100億
5 ①<　②>

てびき

1 10こ集めると、位が１つ左へ進みます。
2 ４けたのかたまりごとに、右から一、十、百、千になります。
また、４けたをひとまとまりとして、万、億、兆になります。
3 10倍すると位が１つ、100倍すると位が２つ、1000倍すると位が３つ上がります。
また、$\frac{1}{10}$にすると位が１つ下がります。
4 ①数直線の１目もりは1000万です。
②数直線の１目もりは100億です。
5 けた数が同じなので、大きい位の数から、数字の大きさをくらべていきます。

ぴったり1 じゅんび　4ページ

1 320、600320

2 (1)23、23、39億　(2)254、254万

3 (1)106、106万　(2)100、100億

ぴったり2 練習　5ページ

1 ①60
②6、1
③601300

2 ①42008350000
②8037000000000

3 ①290万　②602億　③65兆　④5874億

4 ①926億　②3590兆　③32万　④6兆

てびき

1 六十兆千三百億と読みます。
1億を10000こ集めた数が1兆だから、60兆は1億を600000こ集めた数です。

2 ②1兆を8こで8兆、100億を3こと、10億を7こで370億です。

3 整数どうしでたし算やひき算をし、その答えに万、億、兆などの位を表す漢字をつけます。

4 整数どうしでかけ算やわり算をし、その答えに万、億、兆などの位を表す漢字をつけます。

ぴったり3 たしかめのテスト　6～7ページ

1 ①千七百六十五億(一千七百六十五億でもよい)
②八十兆百八十億

2 ①280000000
②10006300000000

3 ①36157300000000
②40860000000000

4 ①4800000000000
②2500000000000

5 ㋐8300億　㋑1兆200億

6 ①1055万　②89億　③1380億
④9兆

7 ①>　②<

8 ①987654321
②102345678

はってん

1 ①52こ
②7250000000000000000

しあげの5分レッスン まちがえた問題をもう1回やってみよう。

てびき

1 右から4けたごとに区切って読みます。

2 兆、億、万の区切りごとに考えます。

3 ②10兆を4こで40兆、1000億を8こと、100億を6こで8600億です。

4 ①位が2つ上がって、4兆8000億になります。
②位が1つ下がって、2兆5000億になります。

5 数直線は、1000億を10等分しているので、1目もりが100億です。

6 整数どうしで計算し、万、億、兆を使った数で表します。

7 けた数が同じなので、大きい位の数から数字の大きさをくらべていきます。

8 ②大きい位の数字が小さい方が数は小さくなります。
ただし、0は左のはしにおくことはできないから、いちばん小さい数の左のはしは1です。

1 ①1万までに0が4こ、万、億、兆、京(けい)、垓(がい)、秭(じょ)、穣(じょう)、溝(こう)、澗(かん)、正(せい)、載(さい)、極(ごく)で、それぞれ0が4こならぶので、0は、4+4×12=52で、52こならびます。
②725の次に、0が16こならびます。

❷ 折れ線グラフ

ぴったり1 じゅんび　8ページ

1 ①20　②30　③8　④9

ぴったり2 練習　9ページ

❶ ①7℃
②13℃
③午後1時から午後2時の間
④午後4時から午後5時の間
⑤8℃

❷ ①②

(℃) ある市の月別気温

③10月から11月の間

てびき

❶ ①たてのじくの1目もりは1℃です。
②折れ線グラフがいちばん上にある点を読みとります。
③折れ線のかたむきがたいらになっているところをさがします。
④折れ線のかたむきが右下がりで、いちばん急なところをさがします。
⑤午前8時は5℃、午後1時は13℃なので、13−5＝8で、8℃です。

❷ ①最高気温が29℃なので、29℃を表せるようにいちばん上を30℃にします。
②1月…9℃、2月…8℃、…と点を打ち、ものさしを使って点と点を直線で結びます。
③かたむきがいちばん急なところです。

しあげの5分レッスン　折れ線グラフの変わり方の見方や表し方を、もう1回かくにんしておこう。

ぴったり1 じゅんび　10ページ

1 ①143　②110　③120　④130　⑤140　⑥150　⑦目もり

ぴったり2 練習　11ページ

❶ ①あ36　い37　う38　え39　お40

②

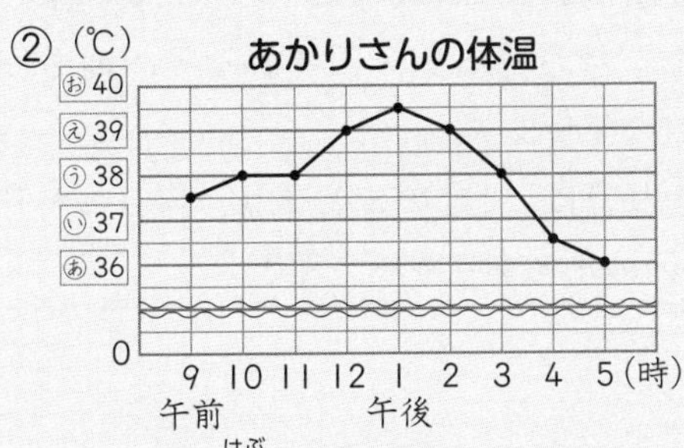

③目もりを省いたこと
④午後3時から午後4時の間

てびき

❶ ①36℃から39.5℃までを表せるようにします。たてのじくのいちばん大きい目もりは、39.5℃より高くなるようにとります。
②たてのじくの1目もりは、0.5℃になります。

しあげの5分レッスン　〰〰を使わないグラフと、〰〰を使ったグラフでは、どのようなちがいがあるかをもう1回かくにんしよう。そして、どのようなときに〰〰を使った方がよいかを理かいしておこう。

ぴったり3 たしかめのテスト 12～13ページ

1 ①○ ②× ③○ ④× ⑤○

2 ①2℃ ②11月 ③5か月
④月…8月、差…12℃

3 ①たて…台数、横…時こく
②30から60
③

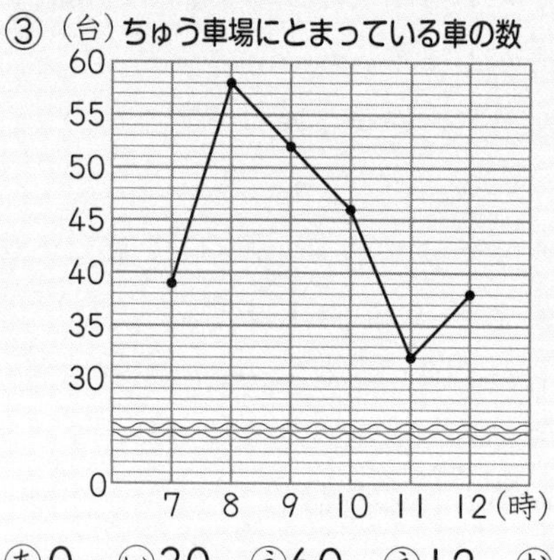

㋐0 ㋑30 ㋒60 ㋓12 ㋔台 ㋕時

てびき

1 折れ線グラフは、ものの変わっていくようすを表すのに便利で、ものの大きさをくらべるのには、ぼうグラフが便利です。

2 ①1目もりは、10÷5=2で、2℃です。
②2つの折れ線グラフが交わっている月です。
③井戸水の温度を表す折れ線が、気温を表す折れ線より上側にある月をさがすと、
4月、12月、1月、2月、3月の5か月です。
④2つの折れ線グラフの間がいちばん開いているところをさがして、差を求めます。
8月で、28−16=12で、12℃です。

3 ②32台から58台が表せるように、目もりを考えます。
③㋔は台数、㋕は時こくの単位です。

おうちのかたへ 棒グラフと折れ線グラフの違いを問い、折れ線グラフのよいところをわからせましょう。グラフの使い分けができるようになるとよいですね。

しあげの5分レッスン 折れ線グラフの読み方、かき方をもう1回かくにんしておこう。

3 わり算

ぴったり1 じゅんび 14ページ

1 (1)①3 ②3 ③2 (2)①2 ②2 ③16

2 ①8 ②2 ③2 ④20

ぴったり2 練習 15ページ

1 ①㋐2 ㋑6 ②㋐4 ㋑3
③30 ④2 ⑤9 ⑥2

2 ①㋐3 ㋑3 ㋒2
②㋐8 ㋑4 ㋒4

3 ①20 ②10 ③40
④200 ⑤200 ⑥500

てびき

1 わられる数とわる数に同じ数をかけたり、同じ数でわったりしても商は変わりません。

2 わる数を□倍すると、商は□でわった数になります。また、わられる数を□でわると、商も□でわった数になります。

3 何十のわり算は、10のまとまり、何百のわり算は、100のまとまりで考えます。

4 角

ぴったり1 じゅんび 16ページ

1 ㋐

2 2、4

3 ア、アイ、120

ぴったり2 練習 17ページ

❶ ㊁→㋑→㋐→㋒

❷ ①90 ②4

❸ ①55° ②115°

❹ ①40° ②140° ③200°

❺ ㋐50° ㋑130° ㋒50°

しあげの5分レッスン 分度器の使い方を、もう1回かくにんしておこう。

てびき

❶ 角の大きさは、辺の長さに関係なく、辺の開きぐあいで決まります。

❷ ②360°は90°(1直角)の4つ分なので、4直角です。

❸ 0°の線と重ねていないもう1つの辺と重なっている目もりを読みます。

❹ ③2直角の角から開いた部分の角の大きさをはかり、180°+20°=200°と求めます。
また、下の角の大きさをはかって、
360°−160°=200°と求めてもよいです。

❺ ㋐の角度と㋒の角度は50°で、㋑の角度は130°です。
2本の直線が交わっているとき、向かい合った角は同じ大きさになります。

ぴったり1 じゅんび 18ページ

1 0、70

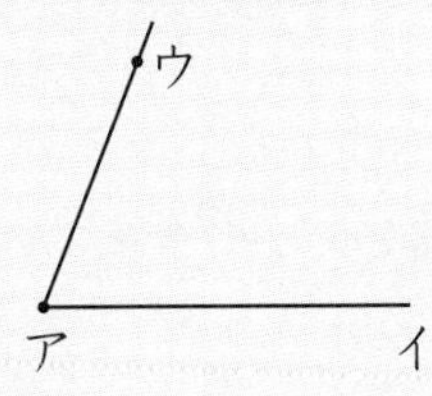

2 ①45 ②30 ③75 ④90 ⑤45 ⑥45(①②は順不同)

ぴったり2 練習 19ページ

❶

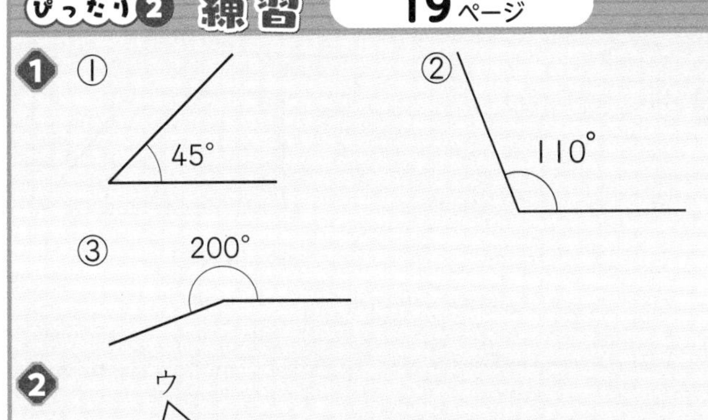

❷

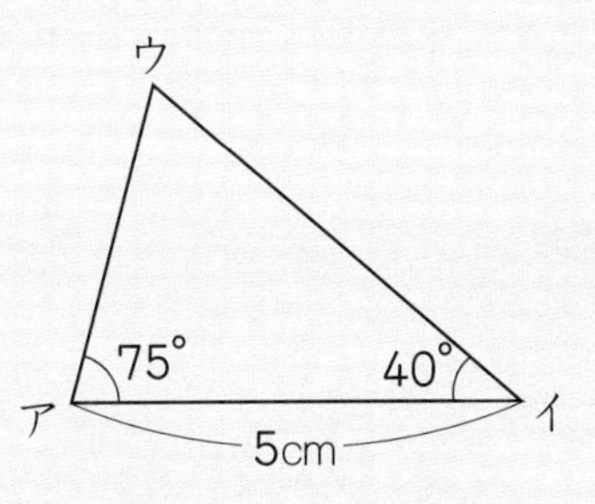

❸ ㋐135° ㋑30°

しあげの5分レッスン 角のかき方や三角形のかき方を、もう1回かくにんしておこう。また、三角じょうぎの角の大きさも、もう1回かくにんしておこう。

てびき

❶ 分度器の中心と角の頂点、0°の線と角の1つの辺を合わせ、角をはかり、点を打って直線をかきます。
③180°より大きい分だけはかってかくか、1回転の角から小さい方の角をはかってかくかのどちらかでかきます。

❷ ❶長さ5cmの辺アイを引きます。
❷分度器の中心を点アに合わせて、75°の角をかきます。
❸分度器の中心を点イに合わせて、40°の角をかきます。交わった点を、点ウとします。

❸

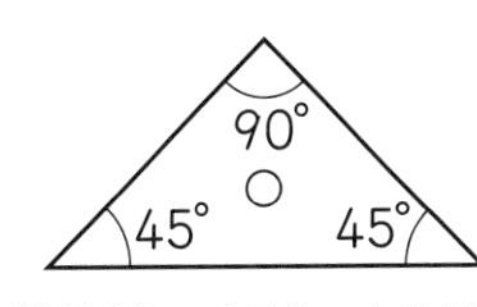

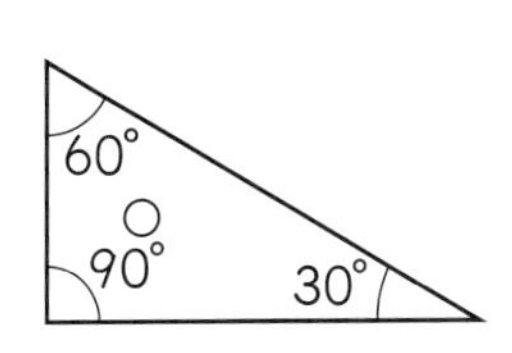

㋐90°+45°=135°
㋑90°−60°=30°

ぴったり3 たしかめのテスト 20～21ページ

1 ①180 ②3

2 ①20° ②130° ③225° ④320°

3

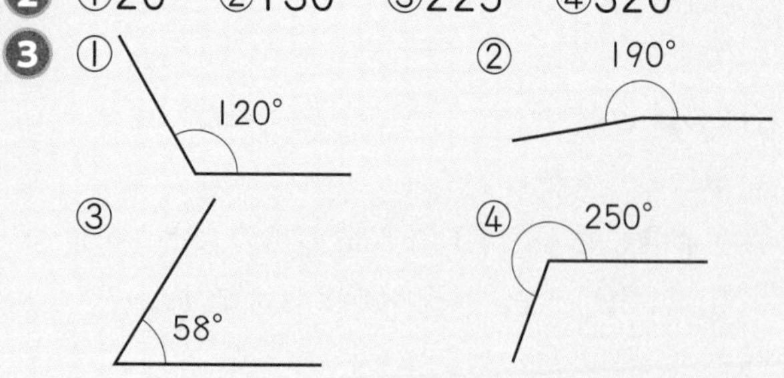

4 ①㋐120° ㋑60°
②㋒85° ㋓65°

5 ㋐105° ㋑135° ㋒15° ㋓75°

6 40°

おうちのかたへ まず、長方形はどんな四角形だったかを思い出させましょう。次に、紙を折ると、折った部分と、折る前の部分は同じ形の三角形であることに気づかせましょう。このような問題ができると、算数をおもしろいと感じてくれるかもしれませんね。

てびき

1 1直角＝90°をもとに考えます。
①半回転の角は、2直角です。

2 ③④180°をこえた分をはかって、
180°＋45°、180°＋140°として求めます。
また、180°より大きい角なので、小さい方の角をはかって、360°－135°、360°－40°と求めてもよいです。

3 ②④180°より大きい角なので、180°より大きい分だけはかってかくか、1回転の角から小さい方の角をはかってかくかのどちらかでかきます。

4 ①2本の直線が交わっているとき、向かい合った角は同じ大きさになります。
㋐は、180°－60°＝120°と求めます。
㋑は60°と向かい合っているので、60°です。
②3本の直線が交わっているときも、向かい合った角は同じ大きさになります。
㋒は、180°－30°－65°＝85°と求めます。
㋓は、65°の角と向かい合っているので、65°です。

5 ㋐60°＋45°＝105°
㋑180°－45°＝135°
㋒45°－30°＝15°
㋓45°＋30°＝75°

6 折り目を広げると、右の図のようになるので、㋑と㋒はどちらも25°です。

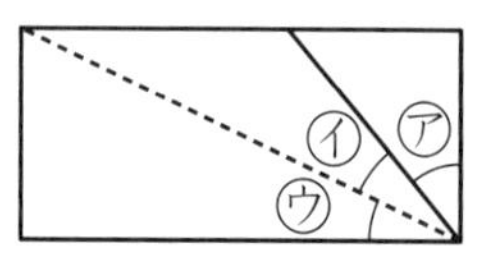

㋐＋㋑＋㋒＝90°だから、㋐の角度は、
90°－25°－25°＝40°です。

5 (2けた)÷(1けた)の計算

ぴったり1 じゅんび 22ページ

1 14

2 12、12

ぴったり2 練習 22ページ

1 ①18 ②18

てびき

1 答えがわられる数と同じ数になる九九を見つけましょう。

ぴったり3 たしかめのテスト　23ページ

1 ①㋐8　㋑8　㋒16
②㋐7　㋑7　㋒16
③㋐10　㋑6　㋒10　㋓6　㋔16
④㋐16　㋑2

2 ①㋐3　㋑24　②㋐24　㋑3

3 ①27　②18

てびき

1 わられる数を、わる数のだんの九九の答えになるように、2つに分けて計算します。
わり算のきまりを使うこともできます。

2 ②わる数を□でわると、商は□倍になります。

3 ①ブロックを9×9にならべて、3つに分けます。
②ブロックを9×4にならべて、2つに分けます。

6 1けたでわるわり算

ぴったり1 じゅんび　24ページ

1 ①9　②1　③9　④1

2 ①10　②12　③3　④13　⑤13

ぴったり2 練習　25ページ

1
```
①    6        ②    7        ③    8
  5)34          6)45          7)56
    30            42            56
     4             3             0
```

2
```
①    6                ②    9
  3)19                  6)54
    18                    54
     1                     0
  3×6+1=19              6×9=54

③    5                ④    9
  8)43                  9)86
    40                    81
     3                     5
  8×5+3=43              9×9+5=86
```

3 ①8、4、24
②60、5、25

てびき

1 答えのたしかめをすると、次のようになります。
①5×6+4=34
②6×7+3=45
③7×8=56

2 たしかめは、
わる数×商+あまり=わられる数
にあてはめます。

3 ①48は40+8です。
40÷2と8÷2に分けて計算します。
②75は60+15です。

しあげの5分レッスン　まちがえた計算は、もう1回やってみよう。

ぴったり1 じゅんび　26ページ

1 16、1

2 ①2　②1　③4　④24

3 1

ぴったり2 練習　27ページ

1
```
①   16        ②   26        ③   47
  4)64          3)78          2)94
    4             6             8
    24            18            14
    24            18            14
     0             0             0
```

てびき

1 十の位がわり切れないときでも、わり算の筆算では、大きい位から順に計算できます。
商にたてる数は、あまりがわる数より小さくなるようにします。

2

① 13
3)41
3
11
9
2

3×13+2=41

② 15
4)63
4
23
20
3

4×15+3=63

③ 12
6)73
6
13
12
1

6×12+1=73

④ 11
7)82
7
12
7
5

7×11+5=82

2 たてる→かける→ひく→おろす
をくり返します。

> 🏠おうちのかたへ 計算が終わったら、答えのたしかめをするようにさせましょう。答えのたしかめで、計算のまちがいがなくせるとよいですね。

3

① 23
2)47
4
7
6
1

② 10
6)62
6
2
0
2

③ 30
3)91
9
1
0
1

3 十の位がわり切れるときの筆算です。
ひくをしたあとの0は書かなくてもよいです。
②③商の一の位を0をわすれないようにします。
最後(さいご)の計算は省(はぶ)いてもよいです。

ぴったり1 じゅんび 28ページ

1 ①1 ②17 ③3 ④2
2 ①1 ②0 ③4 ④104
3 ①7 ②78 ③2

ぴったり2 練習 29ページ

1

① 432
2)864
8
6
6
4
4
0

② 145
3)435
3
13
12
15
15
0

③ 128
6)772
6
17
12
52
48
4

④ 167
5)837
5
33
30
37
35
2

⑤ 280
2)560
4
16
16
0

⑥ 230
4)923
8
12
12
3

⑦ 305
3)915
9
15
15
0

⑧ 105
5)528
5
28
25
3

てびき

1 わられる数が3けたでも、これまでと同じように筆算できます。
たてる→かける→ひく→おろす
をくり返します。
⑤と中でわり切れます。一の位には0を書きます。
⑥一の位は、3÷4となるので、0をたてます。
⑦⑧商の十の位が0なので、計算を省いています。

❷ ①
```
   76
3)228
  21
   18
   18
    0
```
②
```
   83
4)332
  32
   12
   12
    0
```
③
```
   54
9)486
  45
   36
   36
    0
```
④
```
   67
5)337
  30
   37
   35
    2
```
⑤
```
   58
8)468
  40
   68
   64
    4
```
⑥
```
   92
7)647
  63
   17
   14
    3
```

❷ 百の位に商がたたないときは、十の位からたてて、計算を始めます。

ぴったり3 たしかめのテスト 30～31ページ

てびき

❶ ①51 ②12
③㋐4 ㋑3

❷ ①
```
   7
6)47
  42
   5
```
②
```
  24
4)96
  8
  16
  16
   0
```
③
```
  27
3)81
  6
  21
  21
   0
```
④
```
  13
5)67
  5
  17
  15
   2
```
⑤
```
  10
7)74
  7
   4
```
⑥
```
  214
2)428
  4
   2
   2
    8
    8
    0
```
⑦
```
  199
2)398
  2
  19
  18
   18
   18
    0
```
⑧
```
  109
6)657
  6
   57
   54
    3
```
⑨
```
  180
4)721
  4
  32
  32
   1
```

❷ たてる→かける→ひく→おろす
をくり返します。
⑤⑧⑨0のあつかいには気をつけましょう。

❸ ①
```
   64
9)576
  54
   36
   36
    0
```
②
```
   37
8)301
  24
   61
   56
    5
```
③
```
   40
7)283
  28
    3
```

❸ (3けた)÷(1けた)の商が2けたになる計算の筆算です。
商を十の位からたてて計算します。
③商の一の位に注意しましょう。

4 ①

```
    12
 8)97
   8
   17
   16
    1
```

たしかめ

8×12+1=97

②

```
   106
 5)534
   5
    34
    30
     4
```

たしかめ

5×106+4=534

5 式　114÷3=38　　　答え　38まい

6 式　158÷6=26あまり2

答え　26ふくろできて、2こあまる

4 ①あまりの9がわる数の8より大きいから、一の位にたてた商がちがいます。

②十の位に0をたてるのをわすれています。5×0=0、3−0=3の計算は省きます。

6 求(もと)めているものは、いくつ分とあまりです。

7 しりょうの整理

ぴったり1 じゅんび　32ページ

1 すりきず

2 3、好(す)き

ぴったり2 練習　33ページ

1 ①㋐T　㋑2　㋒6　㋓T　㋔2

㋕6　㋖6　㋗5　㋘24

②黒色のタクシー

2 ①24人　②4人　③35人

しあげの5分レッスン　しりょうを表にまとめるときには、落ちや重なりがないようにしなければなりません。落ちや重なりがないか、たしかめるようにしよう。

てびき

1 数を数えるときは、正の字を書いて数えます。㋘のらんは、たての合計と横の合計を計算して、同じ数にならなければいけません。

2 ①一輪車(いちりんしゃ)に乗れて、竹馬ができる人、できない人の両方を合わせた数です。

②竹馬ができて、一輪車に乗れない人です。

③全部の人数をたします。

ぴったり3 たしかめのテスト　34〜35ページ

1 ①㋐5　㋑12　㋒5　㋓8　㋔57

②3人

③運動場で切りきずをした人

④階だんでけがをした人

⑤すりきず

⑥運動場

⑦57人

2 ①8　②9　③1　④9　⑤10

3 ①5人　②3人　③8人

おうちのかたへ　資料をわかりやすく整理して、その資料の特徴を調べることは、とても大切なことです。特徴を自ら見つけ出すことで、統計の学習に興味をもつとよいですね。

しあげの5分レッスン　表のまとめ方、表の見方をもう1回たしかめておこう。

てびき

1 ①㋔は、たての合計と横の合計を計算して、同じ数にならなければいけません。

2 数がわかっているらんが2つあるところから計算していきます。

①=25−17　②=26−17

④=35−26　③=④−①

⑤=35−25 または⑤=②+③

3 ③次の表の▒▒のところに、平泳ぎができない人が入っています。

合計8人です。

平泳ぎとクロール調べ　(人)

		クロール		合計
		できる	できない	
平泳ぎ	できる	16	8	24
	できない	5	3	8
合計		21	11	32

8 2けたでわるわり算

ぴったり1 じゅんび 36ページ

1 ①3　②3　③10

2 ①224　②196　③168　④168　⑤7

ぴったり2 練習 37ページ

1 ①2　②5　③3　④1あまり40
⑤8あまり30　⑥6あまり10

2

```
①     3     ②     3     ③     3
  23)69       24)78       16)48
     69          72          48
      0           6           0

④     6     ⑤     3     ⑥     5
  14)84       28)92       17)86
     84          84          85
      0           8           1
```

3

```
①      7    ②      8    ③      9
  34)238      17)147      25)235
     238         136         225
       0          11          10
```

てびき

1 10のまとまりで考えます。
①8÷4と考えます。
④9÷5と考えます。9÷5＝1あまり4ですが、あまりは10をもとにした数で40になります。

2 ①60÷20と考えて6÷2でかりの商をたてます。
③40÷10と考えて、4÷1でかりの商をたてます。
かりの商が大きすぎたら、商を1ずつ小さくして計算します。

3 ②140÷10と考えると、かりの商が9より大きくなるので、かりの商を9にして計算します。
かりの商が大きすぎたら、商を1ずつ小さくして計算します。

ぴったり1 じゅんび 38ページ

1 ①2　②27　③27　④11

2 ①3　②654　③3

ぴったり2 練習 39ページ

1

```
①     24    ②     25    ③     20
  19)456      38)950      24)502
     38          76          48
      76         190          22
      76         190
       0           0

④     23    ⑤     18    ⑥     10
  34)782      36)675      16)173
     68          36          16
     102         315          13
     102         288
       0          27
```

2

```
①     20         ②     15
  23)468            49)735
     46                49
      8                245
                       245
                         0
```

てびき

1 商が何の位(くらい)からたつかを考えて、かりの商をたてます。
③22の中に24はないので、商の一の位に0がたちます。

2 ①商の一の位に0を書きわすれています。
②73−49＝24なので、商の一の位に5をたてて計算できます。

❸ ①
```
       3
312)936
    936
      0
```
②
```
       4
173)692
    692
      0
```
③
```
       3
264)835
    792
     43
```

❸ 3けたでわるわり算も、2けたでわるわり算と同じように計算できます。
②600÷100 と考えて、6÷1 でかりの商をたてます。
かりの商が大きすぎたら、商を1ずつ小さくしていきます。

ぴったり1 じゅんび 40ページ

1 ①200　②600　③200

2 ①全部の数　②1つ分の数　③16　④16

ぴったり2 練習 41ページ

❶ ①
```
        70
50)3500
   35
    0
```
②
```
          90
300)27000
    27
     0
```
③
```
          6
700)4600
    42
    400
```
④
```
          8
800)6600
    64
    200
```
⑤
```
        72
40)2900
   28
    10
     8
    20
```
⑥
```
        64
90)5800
   54
    40
    36
    40
```

❷ ①全部の数、1つ分の数
②いくつ分(人数)
③135÷15=9　　答え　9人

❸ 138÷6=23　　答え 23本

てびき

❶ わられる数とわる数のおわりに0があるわり算なので、それぞれの0を同じ数だけ消して計算できます。
0を消して計算したわり算で、あまりを求(もと)めるときには、あまりに0を消した分だけ0をつけたします。

❷ いくつ分=全部の数÷1つ分の数で、全部の数は135、1つ分の数は15です。

❸ わかっているものは、全部の数といくつ分です。求めるものは1つ分の数です。

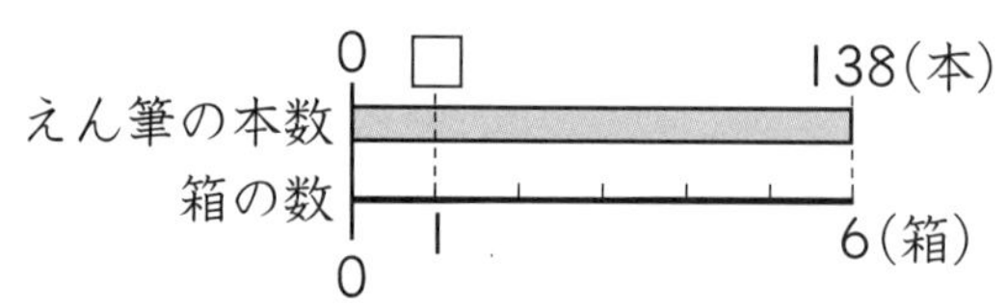

しあげの5分レッスン　答えのたしかめをすると、まちがいが少なくなります。まちがった計算だけでなく、すべての計算の答えのたしかめをしてみよう。

ぴったり3 たしかめのテスト 42～43ページ

❶ ①十の位　②88、26　③104

❷ ①
```
     2
17)34
   34
    0
```
②
```
     3
28)86
   84
    2
```
③
```
      4
56)239
   224
    15
```
④
```
      9
68)612
   612
     0
```
⑤
```
     24
39)936
   78
   156
   156
     0
```
⑥
```
     11
73)805
   73
    75
    73
     2
```

てびき

❶ 筆算は右のようになります。
```
     34
26)884
   78
   104
   104
     0
```

❷ かりの商が大きすぎたら、商を1ずつ小さくして計算します。
⑨3けたでわるわり算も、2けたでわるわり算と同じようにして計算できます。

⑦
```
     24
34)846
    68
   166
   136
    30
```
⑧
```
     10
28)299
    28
    19
```
⑨
```
       3
232)715
    696
     19
```
⑩
```
        6
400)2700
     24
     300
```
⑪
```
       92
 70)6500
    63
     20
     14
     60
```
⑫
```
         95
600)57000
     54
      30
      30
       0
```

3 式　197÷55＝3 あまり 32
3＋1＝4　　答え　4台

4 式　244÷23＝10 あまり 14
答え　10 本になって、14 本あまる。

5 式　54×15＋4＝814
814÷45＝18 あまり 4
答え　18 あまり 4

はってん

1　あ9　い2　う52

しあげの5分レッスン　まちがえた計算をもう1回やってみよう。

3 55 人ずつ3台のバスに乗ると、あまった 32 人が乗れませんから、32 人を乗せるバスがもう1台いることになります。

4 えん筆の本数を人数でわって求めます。

5 まず、わり算のたしかめの式
わられる数＝わる数×商＋あまり
にあてはめて、ある数を求めます。
次に、正しく計算して答えを出します。

おうちのかたへ　「式は1つではないね」などとアドバイスしましょう。式は「ある数を求める式」と「正しい計算」の2つになります。少し難しい問題ですが、このような問題ができるとよいですね。

1　まず、十の位に5をたて、18×5 の 90 を書きます。
ひく→おろすをして、
次に一の位に2をたて、18×2 の 36 を書きます。
ひいた7があまりになります。

```
          943)18
18×5→  90    52
          43
18×2→  36
           7
```

倍の計算(1)

どれだけとんだか考えよう　44～45ページ　　**てびき**

1 ①284÷142＝2　　答え　2倍
②2

2 130×2＝260　　答え　260 cm

3 5 m 10 cm＝510 cm
510÷170＝3　　答え　3倍

1 とんだ長さは、身長のいくつ分になっているかを求め(もと)ます。

2 身長×2 で求められます。

3 単位(たんい)を cm にそろえます。
とんだ長さ÷身長で求められます。

4 12 m＝1200 cm
1200÷80＝15　　答え　15 cm

5 ①6×30＝180
180 cm＝1 m 80 cm　答え　1 m 80 cm
②1 m 80 cm

4 とんだ長さは体長の 80 倍なので、体長は とんだ長さ÷80 で求められます。

5 体長×30 で求められます。
答えは何 m 何 cm にします。

おうちのかたへ　2つの数量の関係がよくわからないときは、図や表を用いて考えさせるようにしましょう。何倍になっているかを考える問題は、5年生で詳しく学習する割合につながっていきます。つまずかずにわかるようにしたいですね。

9 垂直・平行と四角形

ぴったり1 じゅんび　46ページ

1 直角、あ

2 あ

ぴったり2 練習　47ページ

1 あ、う、お

2 ①　②

3 ア80°　イ100°　ウ80°

4 ①　②

てびき

1 三角じょうぎの直角の角をあてて、調べます。2本の直線が交わっていないときは、直線をのばして、垂直に交わるかを調べます。

2 分度器や三角じょうぎを使って、点アを通る垂直な直線をかきます。

3 平行な2本の直線は、ほかの直線と同じ角度で交わります。また、2本の直線が交わってできた角で、向かい合った角は同じ大きさになります。

4 三角じょうぎの1つの辺を直線あに重ね、もう1まいの三角じょうぎを合わせ、直線あに重ねた三角じょうぎを動かして、点アを通る平行な直線を引きます。

ぴったり1 じゅんび　48ページ

1 ①9　②11　③130　④50

2 (1)等しく　(2)70

ぴったり2 練習　49ページ

1 台形…う、え、お
平行四辺形…か、く

2 ①角C…105°　角D…75°
②辺AD…8 cm　辺CD…5 cm

3

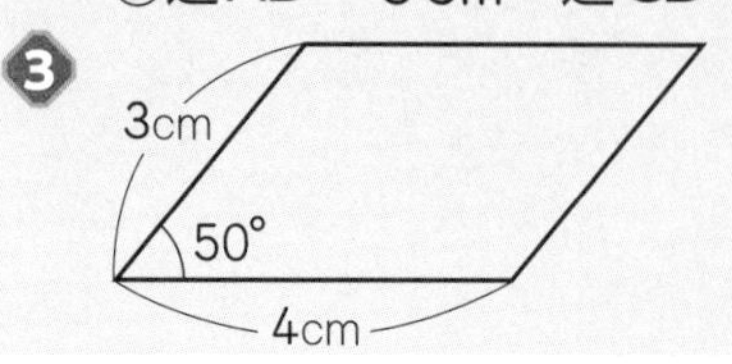

てびき

1 向かい合った1組の辺が平行な四角形が台形、向かい合った2組の辺がそれぞれ平行な四角形が平行四辺形です。

2 平行四辺形は、向かい合った辺の長さや、向かい合った角の大きさが、それぞれ等しくなります。

3 平行四辺形のせいしつを利用して、三角じょうぎやコンパス、分度器を使ってかきます。

❹ ①7cm　②60°　③120°

❹ ひし形は、4つの辺の長さがみな等しい四角形で、向かい合った角の大きさも等しいです。

ぴったり1 じゅんび　50ページ

❶ ①○　②×　③○　④×　⑤○

❷ 長方形

ぴったり2 練習　51ページ

てびき

❶ ①(例)　②(例)

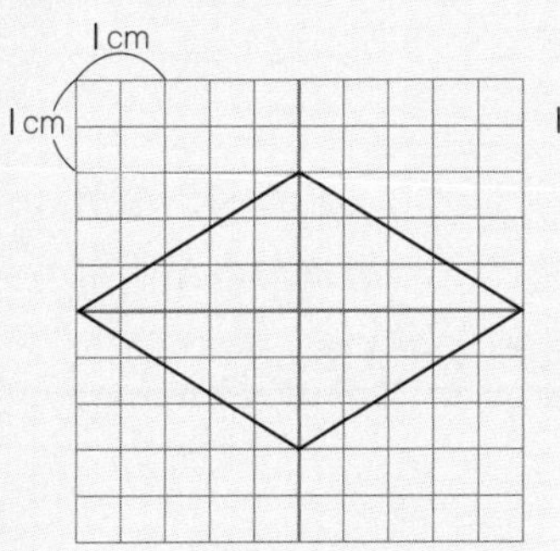

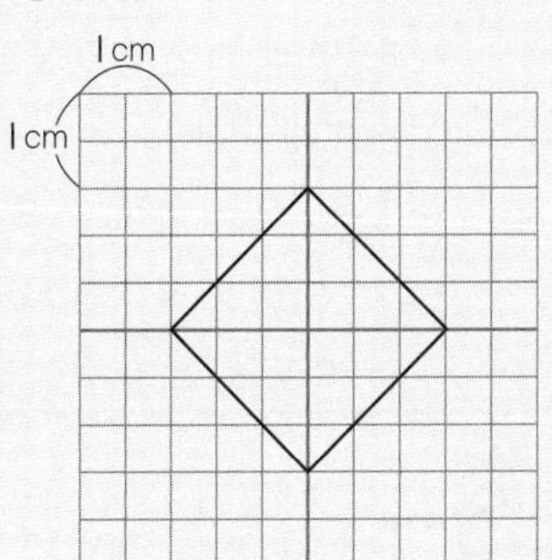

❷

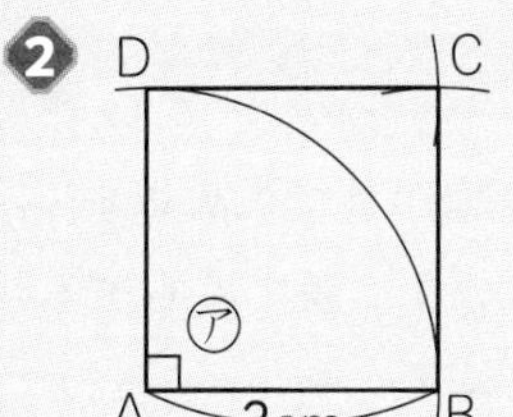

正方形

❸ (例)

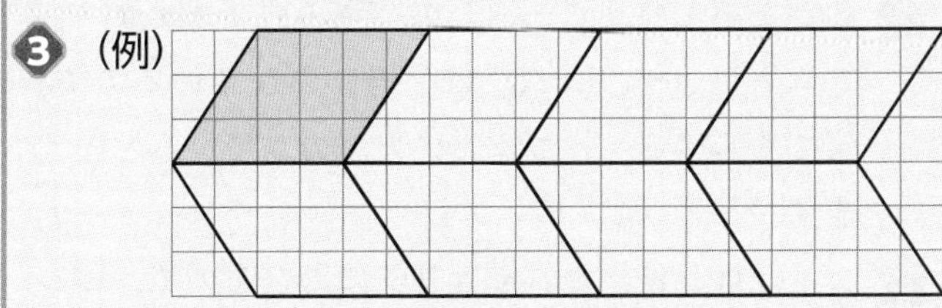

❶ ①ひし形は、2本の対角線がそれぞれの真ん中の点で、垂直に交わります。
②正方形は、2本の対角線の長さが等しく、それぞれの真ん中の点で、垂直に交わります。

❷ ㋐の角を90°にすると、4つの角はすべて90°になります。
4つの辺の長さがみな等しく、4つの角がみな直角なので、正方形がかけます。

❸ すきまができないように、方がんのます目を数えながらかきます。
いろいろなしきつめ方を考えてみましょう。

しあげの5分レッスン　四角形の対角線のせいしつをもう1回かくにんしておこう。そして、対角線のせいしつを利用して、四角形がかけるようにしよう。

ぴったり3 たしかめのテスト　52～53ページ

てびき

❶ ①平行…直線エカ、垂直…直線オウ
②平行…直線オカ、
垂直…直線オエ、直線イウ(カウ、イカでもよい)(順不同)

❷ ①ア、イ、ウ、エ
②オ
③ア、エ
④ア、イ
⑤ア、イ
⑥ア、エ

❸

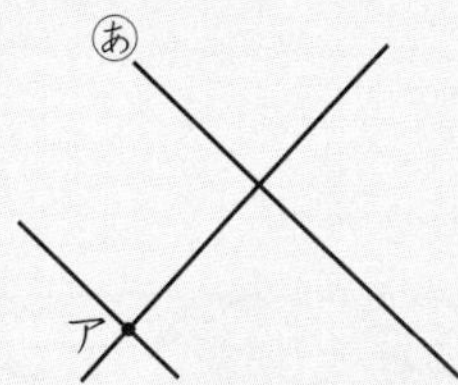

❹ 辺あ…4cm、角㋐…60°
辺い…5cm、角㋑…130°

❶ 三角じょうぎを使って調べます。
直線の記号は、順番がぎゃくになっていてもかまいません。(たとえば、エカをカエとしてもかまいません。)

❷ ④正方形と長方形は、4つの角がみな直角である四角形です。
⑤正方形と長方形は、2本の対角線の長さが等しい四角形です。
⑥正方形とひし形は、2本の対角線が垂直に交わる四角形です。

❸ 2まいの三角じょうぎを使ってかきましょう。

❹ 平行四辺形では、向かい合った辺の長さや、向かい合った角の大きさはそれぞれ等しくなっています。
また、ひし形では、4つの辺の長さや、向かい合った角の大きさはそれぞれ等しくなっています。

5 ①ひし形
②辺ABの長さを4cm、角Bの大きさを90°にする。

5 ①4つの辺の長さはすべて3cmになります。
②1辺が4cmの正方形にします。
このように考えると、正方形やひし形は、平行四辺形の特別(とくべつ)な形であるといえます。

はってん

1 ㋐平行四辺形　㋑長方形　㋒正方形

1 台形は1組の辺が平行な四角形、平行四辺形は2組の辺がそれぞれ平行な四角形です。
長方形は平行四辺形の特別な形(4つの角がみな直角の平行四辺形)、ひし形も平行四辺形の特別な形(4つの辺がみな等しい平行四辺形)とみることができます。
そして、正方形は、長方形とひし形の特別な形(4つの辺がみな等しく、4つの角がみな直角の平行四辺形)とみることができます。

おうちのかたへ　四角形のそれぞれの形や性質を覚えることはとても大切なことですが、それらを比べて、関係を考えることは、図形を学習していくうえで、もっと大切になっていきます。理解できたらよいですね。

倍の計算(2)　～かんたんな割合(わりあい)～

くらべ方を考えよう　54～55ページ

てびき

1 ゴムあ　120－40＝80　答え　80cm
ゴムい　160－80＝80　答え　80cm

1 のびたあとの長さ－もとの長さの式で求(もと)めます。
どちらも80cmのびているので、差(さ)でくらべると、同じだけのびたといえます。

2 ゴムあ　120÷40＝3　答え　3倍
ゴムい　160÷80＝2　答え　2倍

2 のびたあとの長さ÷もとの長さの式で求めます。
ゴムあは3倍、ゴムいは2倍にのびているので、倍でくらべると、ゴムあの方がのびているといえます。

3 ゴムう　150÷30＝5
ゴムえ　150÷50＝3
答え　ゴムう

3 ゴムうは5倍、ゴムえは3倍にのびるので、ゴムうの方がのびるといえます。

4 ばね㋐　45÷15＝3
ばね㋑　40÷10＝4
答え　ばね㋑

4 同じ重さのおもりをつるしたとき、ばね㋐は3倍、ばね㋑は4倍にのびるので、ばね㋑の方がよくのびるといえます。

おうちのかたへ　くらべ方を学習する問題です。1では「倍」でくらべましたが「差」でくらべると、同じ長さだけのびています。何をくらべるかで結論が変わることがあります。どのようにしてくらべるのが最もよいかがわかるようになるとよいですね。

10 がい数

ぴったり1 じゅんび　56ページ

1 ①4　②14000　③5　④15000
2 ①3　②8900
3 ①450　②549　③450　④550

ぴったり2 練習　57ページ

てびき

1 ①6000　②84000　③60000
④500000

1 がい数にする位(くらい)の1つ下の位を四捨五入(ししゃごにゅう)します。

2 ①上から1けた　3000
上から2けた　3200
②上から1けた　60000
上から2けた　56000
③上から1けた　700000
上から2けた　750000

2 ①上から1けたのがい数にするには、2けた目の2を、上から2けたのがい数にするには、3けた目の4を、それぞれ四捨五入します。

3 2500以上3500未満

3 千の位までのがい数なので、百の位を四捨五入します。
百の位が5だと千の位の数は1大きくなるので、3000より小さい数は25□□と表されます。
この中で、いちばん小さい数は2500です。
3500だと四捨五入すると4000になるので、いちばん大きい数は3499で、3500未満と表されます。

しあげの5分レッスン　四捨五入する位をまちがえないようにしよう。がい数にするすぐ下の位を四捨五入するよ。

ぴったり1 じゅんび　58ページ

1 (1)4900
(2)23、80500
2 570000
3 47、6、3600
4 30000

ぴったり2 練習　59ページ

1 599

てびき
1 100にたりない数を0にして500になる数のうち、いちばん大きい数は、100にたりない数が99の数です。

2 ①3100　②18000　③80000
④450000

2 上から3けた目から下の数を0にするので、①56を0に、②390を0に、③943を0に、④8072を0にします。

3 ①3000　②16000　③70000
④725000

3 ①649を1000と考えるので、千の位の数2を3にします。
③105を1000と考えるので、千の位の数9を1大きくします。
0になって一万の位に、1くり上がります。

4 8箱

4 7箱だと700このたまごしか入りません。
残った58こも箱に入れなければならないので、100こにたりない58を100とみて切り上げて、800このたまごを入れる箱を考えます。
800このたまごを入れるには、8箱必要です。

しあげの5分レッスン　四捨五入と、切り捨て・切り上げのちがいを、もう1回かくにんしておこう。

ぴったり1 じゅんび　60ページ

1 (1)①3000　②5000　③8000　④8000
(2)①3500　②4800　③1300　④1300
2 4000、240000

ぴったり2 練習 61ページ

てびき

❶ ①約5000円　②約800円

❶ ①千の位までのがい数にするので、百の位を四捨五入して計算します。
2000＋2000＋1000＝5000
②百の位までのがい数にします。
つよしさんは2100円、ゆかりさんは1250円→1300円で、差を求めます。
2100－1300＝800

❷ ①30000　②60000

❷ ①281→300、125→100とがい数にして、積を見積もります。
300×100＝30000
②3481→3000、18→20とがい数にして、積を見積もります。
3000×20＝60000

❸ ①100　②30

❸ ①4268→4000、35→40とがい数にして、商を見積もります。
4000÷40＝100
②9107→9000、328→300とがい数にして、商を見積もります。
9000÷300＝30

❹ 約5000円

おうちのかたへ　身近な場面で、買い物代金の見積もりなどをしてみましょう。がい数の計算が好きになるとよいですね。

❹ 百の位を切り上げて、千の位までのがい数にしてからたし算します。
680→1000、2570→3000、840→1000
1000＋3000＋1000＝5000

ぴったり3 たしかめのテスト 62～63ページ

てびき

❶ いちばん小さい数…20500
いちばん大きい数…21499

❶ 千の位までのがい数で表すので、百の位を四捨五入します。
百の位が5のときは、切り上げて千の位の数が1大きくなるので、21000より小さい数は205□□の形で表されます。
また、百の位が4のときは、百の位から下を切り捨てるので、21000より大きい数は214□□の形で表されます。
これらの中でいちばん小さい数、いちばん大きい数がどうなるかを考えます。

❷ ①7700　②39000　③90000
④79900000

❷ [　]の中の位の1つ下の位を四捨五入します。
①十の位は5なので、切り上げて百の位を7にします。
②百の位は1なので、百の位から下を切り捨てます。
④千の位は5なので、切り上げて一万の位を1大きくします。
上から4けたの7989を7990にします。

❸ ①6300000　②20000000

❹ ①切り捨て…730000
切り上げ…800000
②切り捨て…1800000
切り上げ…2000000

❺ ①4200000　②18

❻ 式　100＋300＋300＋200＝900
答え　約900円

❼ 式　200000÷200＝1000
答え　約1000倍

❽ ①(上から) 76000、52000、71000、84000、90000、72000、96000
②

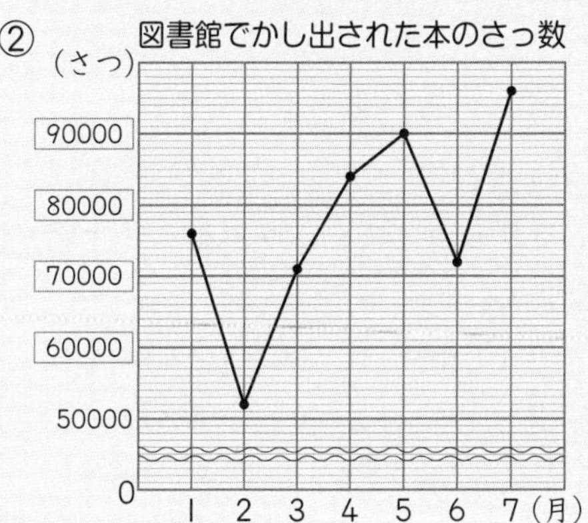

❸ 上から3けた目を四捨五入します。

❹ 切り捨ては、上から3けた目から下を切り捨てます。
切り上げは、上から2けた目を切り上げます。

❺ 上から1けたのがい数にして、計算します。
①600×7000
②9000÷500のわられる数とわる数をそれぞれ100でわって、90÷5を計算します。

❻ それぞれを切り上げて百の位までのがい数にすると、95→100、278→300、298→300、148→200となります。

❽ ①百の位を四捨五入します。
②いちばん大きい数96000を表せるように、いちばん上の□の目もりを90000にします。
1目もりは1000さつになります。
がい数にしたさっ数を点で打ち、直線で結(むす)びます。

おうちのかたへ 数の大きい資料をグラフにするときは、1目盛を大きい数にして、概数を使ってかくとよいことをわからせましょう。住んでいるところの小学生や人の数の年ごとの変化などを調べて、概数を使ってグラフにしてみるのもよいかもしれませんね。

11 式と計算

ぴったり1 じゅんび　64ページ

1 ①出したお金　②200　③40　④200　⑤40　⑥160　⑦840　⑧840

2 3、21、21

ぴったり2 練習　65ページ

てびき

❶ 式　1000−(580＋180)＝240
答え　240円

❷ 式　80×6＋90×6＝1020
または、(80＋90)×6＝1020
答え　1020円

❸ ①80　②52　③39　④20　⑤8　⑥3
⑦43　⑧44

❶ 買った本とノートの代金の合計を、(　)を使って先に計算します。式は、
1000−580−180＝240としてもよいです。

❷ えん筆と消しゴムの金がくをそれぞれ求(もと)めてたし算します。
えん筆1本と消しゴム1こを1組にして計算してもよいです。

❸ 式は、左から順(じゅん)に計算しますが、(　)のある式では、(　)の中を先に計算します。
＋、−、×、÷のまじった式では、かけ算やわり算を先に計算します。

ぴったり1 じゅんび 66ページ

1 (1)①82 ②100 ③113 (2)①25 ②1600

2 (1)①7 ②13 ③20 ④60 (2)①200 ②200 ③600 ④591

ぴったり2 練習 67ページ

❶ ①49 ②9 ③32 ④25 ⑤18 ⑥5

❷ ①115 ②72 ③320 ④894

❸ ①あ4 い3 う40 え70
②あ3 い7 う70

てびき

❶ ①たされる数とたす数を入れかえても、和は変(か)わりません。
□＋△＝△＋□
②かけられる数とかける数を入れかえても、積(せき)は変わりません。
□×△＝△×□
③3つの数をたすとき、たす順じょをかえても、和は変わりません。
(□＋△)＋○＝□＋(△＋○)
④3つの数をかけるとき、かける順じょをかえても、積は変わりません。
(□×△)×○＝□×(△×○)
⑤(□＋△)×○＝□×○＋△×○
⑥(□－△)×○＝□×○－△×○

❷ 計算のきまりを使ってくふうすると、計算がしやすくなります。
①15+46+54＝15+(46+54)＝115
②19×12－13×12＝(19－13)×12＝72
③64×5＝(32×2)×5＝32×(2×5)
＝32×10＝320
④298×3＝(300－2)×3＝300×3－2×3
＝900－6＝894

❸ ①上はたて4まい、横10まい、下はたて3まい、横10まいでならんでいます。
②2まいの切手シートをつなげると、たて7まい、横10まいになります。

ぴったり1 じゅんび 68ページ

1 (1)2、2 (2)3、3

2 (1)3598、102800、137238
(2)①5 ②52 ③425 ④170 ⑤80

ぴったり2 練習 69ページ

❶ □倍、□でわった数

❷ ①3 ②3 ③4 ④4 ⑤わる ⑥積

てびき

❶ かけ算では、かけられる数と積の間にも、かける数と積の間にあるきまりと同じきまりがあります。

❷ かけ算では、かけられる数、かける数の2つと、その積との間にも、きまりがあることがわかります。

3

①
```
  4629
 +5175
  9804
```
②
```
  7014
 -5846
  1168
```
③
```
   5196
 +86734
  91930
```
④
```
  45032
 - 6978
  38054
```
⑤
```
    254
   ×637
   1778
   762
  1524
 161798
```
⑥
```
       67
 93)6231
     558
      651
      651
        0
```

3 けたが多くなっても、これまでと同じように位(くらい)ごとに計算します。

③④右にそろえてたてにならべます。一の位どうしを上下にそろえます。

⑤$254×7$、$254×30$、$254×600$ と、順に計算して合わせます。

⑥商は、十の位からたちます。

たてる→かける→ひく→おろすをくり返します。

しあげの5分レッスン かけ算やわり算のきまりは、計算をかん単(たん)にできるなど、知っているととても便利(べんり)です。理かいしておこう。

ぴったり3 たしかめのテスト 70～71ページ

1 ①120、30 ②37、185 ③28、7 ④5、37

2 ①123 ②3 ③5 ④70

3 ①400 ②700 ③582 ④230

4 ①51460 ②56183 ③178602 ④76

5 式 $2000-(980+180)=840$

答え 840円

6 式 $180-3×36=72$ 答え 72まい

てびき

1 ①②③( )の中を先に計算します。

④わり算を先に計算します。

2 ①$15×(6+3)-12=15×9-12$

$=135-12=123$

②$15-30÷5×2=15-6×2$

$=15-12=3$

④$80-40÷(12-8)=80-40÷4$

$=80-10=70$

3 ①$68×4+32×4=(68+32)×4$

$=100×4=400$

②$7×4×25=7×(4×25)$

$=7×100=700$

③$97×6=(100-3)×6=100×6-3×6$

$=600-18=582$

④$46×5=23×2×5=23×(2×5)$

$=23×10=230$

4

①
```
   7851
 +43609
  51460
```
②
```
  62009
 - 5826
  56183
```
③
```
    578
   ×309
   5202
  1734
 178602
```
④
```
        76
 53)4028
     371
      318
      318
        0
```

5 本とボールペンの代金の合計を、( )を使って先に計算します。

式は、$2000-980-180=840$

としてもよいです。

6 36人に配る画用紙のまい数を先に計算します。

⑦ 式　365×174=63510
答え　63510円

⑦ 365×4、365×70、365×100 の順に計算して合わせます。

⑫ 小数

ぴったり1 じゅんび　72ページ

1 0.001、0.004、1.324
2 (1)①0.4　②0.05　③0.45
(2)①0.9　②0.08　③0.003　④2.983

ぴったり2 練習　73ページ

❶ ①1.52 L　②1.326 L
❷ 4.65 m
❸ ①5.76 m　②5.93 m　③6.09 m
❹ ①2.508 m　②10.734 km　③0.614 kg
④1.5 L

てびき

❶ ①1Lますが1こ、0.1Lますが5こと、0.01Lが2こ分です。
②1Lますが1こ、0.1Lますが3こ、0.01Lますが2こと、0.001Lが6こ分で、合わせて1.326Lです。
❷ 100 cm=1 m だから、10 cm=0.1 m、1 cm=0.01 m です。
60 cm=0.6 m、5 cm=0.05 m だから、4 m と 0.6 m と 0.05 m を合わせて、4.65 m です。
❸ 数直線の小さい1目もりは 0.1 m を 10 等分しているので、0.01 m です。
③9目もりは 0.09 m です。6 m と 0.09 m で 6.09 m です。
❹ ①1 mm=0.001 m、②1 m=0.001 km、③1 g=0.001 kg、④1 mL=0.001 L からそれぞれ考えます。

しあげの5分レッスン　かさの単位(たんい) L、dL、mL の関係(かんけい)、長さの単位 km、m、cm、mm の関係、重さの単位 kg、g の関係をもう1回かくにんしておこう。

ぴったり1 じゅんび　74ページ

1 ①8　②1　③6　④3　⑤4.759
2 10.74、107.4
3 3.72

ぴったり2 練習　75ページ

❶ ①㋐1　㋑6　㋒9　㋓5
②0.1、0.001
③5827
④0.309
❷ 0→0.007→0.07→0.7→7

てびき

❶ ①1.695 は、1 と 0.6 と 0.09 と 0.005 を合わせた数です。
②0.1 が4こで 0.4、0.001 が7こで 0.007 です。
❷ 右のように、小数点をたてにそろえてくらべます。
7の数字が何の位(くらい)にあるのかを考えます。

0
0.007
0.07
0.7
7

❸ 10倍…38.12
100倍…381.2
1000倍…3812

❹ 28.13

❸ ある数を10倍、100倍、…すると、その数の小数点を、それぞれ右へ1けた、2けた、…うつした数になります。

❹ ある数の$\frac{1}{10}$の数は、その数の小数点を左へ1けたうつした数になります。

ぴったり1 じゅんび 76ページ

❶ ①6 ②8 ③3 ④3.86 ⑤3.86 ⑥3.86

❷ ①1.52 ②2 ③2 ④1 ⑤1.22 ⑥1.22 ⑦1.22

ぴったり2 練習 77ページ

❶
① $\begin{array}{r} 3.14 \\ +5.23 \\ \hline 8.37 \end{array}$
② $\begin{array}{r} 7.52 \\ +0.46 \\ \hline 7.98 \end{array}$
③ $\begin{array}{r} 4.07 \\ +1.38 \\ \hline 5.45 \end{array}$

④ $\begin{array}{r} 2.83 \\ +1.49 \\ \hline 4.32 \end{array}$
⑤ $\begin{array}{r} 5.92 \\ +0.78 \\ \hline 6.70 \end{array}$
⑥ $\begin{array}{r} 6.31 \\ +2.6 \\ \hline 8.91 \end{array}$

❷
① $\begin{array}{r} 4.87 \\ -2.53 \\ \hline 2.34 \end{array}$
② $\begin{array}{r} 0.69 \\ -0.39 \\ \hline 0.30 \end{array}$
③ $\begin{array}{r} 6.15 \\ -4.60 \\ \hline 1.55 \end{array}$

④ $\begin{array}{r} 5.00 \\ -1.72 \\ \hline 3.28 \end{array}$
⑤ $\begin{array}{r} 5.03 \\ -0.36 \\ \hline 4.67 \end{array}$
⑥ $\begin{array}{r} 3.04 \\ -2.77 \\ \hline 0.27 \end{array}$

❸ ①7.69 ②13.7

❹ 3−0.65＝2.35 答え 2.35 m

てびき

❶ ⑤2＋8＝10で1くり上がります。
小数の最後(さいご)の0は0と消します。

❷ ③4.6は4.60として考えます。
④5は5.00として考えます。
⑤⑥$\frac{1}{10}$の位が0なので、一の位から順(じゅん)にくり下げて計算します。

❸ ①4.69＋2.75＋0.25
＝4.69＋(2.75＋0.25)
＝4.69＋3＝7.69
②3.46＋3.7＋6.54
＝3.7＋(3.46＋6.54)
＝3.7＋10＝13.7

❹ 65 cmは0.65 mです。
3を3.00と考えて計算します。
$\begin{array}{r} 3.00 \\ -0.65 \\ \hline 2.35 \end{array}$

しあげの5分レッスン まちがえた問題は、位がそろっているか、くり上がり、くり下がりが正しくできているかをたしかめてみよう。

ぴったり3 たしかめのテスト 78〜79ページ

❶ ①0.56 L ②0.18 m

❷ ①1.2 ②1.62 ③2.08

てびき

❶ ①0.1 Lますが5こで0.5 L、0.1 Lを10等分した小さい目もり0.01 Lが6こ分で0.06 L、合わせて0.56 Lです。
②0.1 mを10等分しているので、1目もりは0.01 mです。

❷ 数直線の大きい目もり1つ分は0.1、小さい目もり1つ分は0.01です。
③2の次の大きい目もりは2.1なので、2.0□という数になります。

3 ①4.816 L ②136 cm ③59.254 km
④0.168 kg

4 ①㋐1 ㋑0.1 ㋒0.001 ㋓8402
②9.8 ③0.501

5 ①> ②<

6
①
```
  3.45
+2.73
  6.18
```
②
```
  5.13
+3.47
  8.60
```
③
```
  6.27
-4.82
  1.45
```
④
```
  7.03
-5.66
  1.37
```
⑤
```
  6.20
-1.45
  4.75
```
⑥
```
  3.48
-2.78
  0.70
```
⑦
```
  1.35
+4.65
  6.00
```
```
  6
+2.87
  8.87
```

7 式 3.05+4.28=7.33 答え 7.33 kg

8 式 1.5−0.86=0.64 答え 0.64 L

3 ①1000 mL=1 L
②0.1 m=10 cm 0.01 m=1 cm
③1000 m=1 km ④1000 g=1 kg

4 ①0.01 は0こなので、気をつけましょう。
また、0.001 を 1000 こ集めたら1になるので、8.402 は 0.001 を 8402 こ集めた数です。
②100 倍すると、小数点を右へ2けたうつした数になります。
③ $\frac{1}{10}$ にすると、小数点を左へ1けたうつした数になります。

5 小数点をそろえて書いてくらべることができます。上の位からくらべます。
①0.572 ②1.89
0.56 1.92

6 ②答えの最後（さいご）の0は消します。

7 合わせるので、たし算です。
```
  3.05
+4.28
  7.33
```

8 1.5 は 1.50 として、筆算で計算します。
```
  1.50
-0.86
  0.64
```

13 そろばん

ぴったり1 じゅんび 80ページ

1 千、百万、一億（おく）

2 (1)1、1、122 (2)3.2、2、2.4

ぴったり2 練習 81ページ

1 ①234053800 ②2.51

てびき

1 定位点（ていいてん）のあるけたを一の位（くらい）として、左へ順（じゅん）に、十の位、百の位、千の位、…、右へ順に、$\frac{1}{10}$ の位、$\frac{1}{100}$ の位、…です。

❷ ①112 ②120 ③136 ④145
⑤121 ⑥174 ⑦7.7 ⑧6.1
⑨4 ⑩120億 ⑪900億 ⑫120兆
❸ ①57 ②94 ③48 ④46
⑤85 ⑥98 ⑦2.7 ⑧2.4
⑨7.5 ⑩40億 ⑪60億 ⑫300兆

❷ 上の位から順に、計算します。

❸ ①～⑥百の位から1の玉を1つはらって、十の位に入れていきます。

14 面積

ぴったり1 じゅんび 82ページ

1 (1)12、12 (2)17、17
2 (1)①7 ②1 ③8
(2)①5 ②4 ③2 ④7
(3)①8 ②2 ③10

ぴったり2 練習 83ページ てびき

❶ ①14 cm^2 ②18 cm^2
❷ ①1 cm^2 ②1 cm^2 ③2 cm^2 ④1 cm^2
❸ ①16 cm^2 ②8 cm^2 ③15 cm^2 ④14 cm^2
⑤16 cm^2

❶ 1 cm^2 の正方形の数を数えます。
❷ ②上の三角形を動かすと、1 cm^2 の正方形になります。

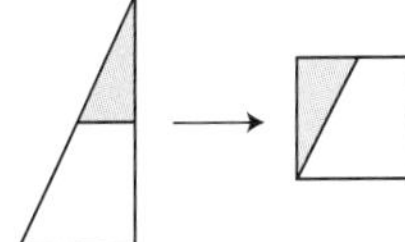

③右の三角形を動かすと、1 cm^2 の正方形2こ分になります。

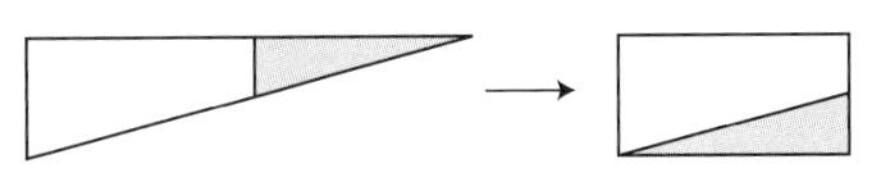

④下の図形を動かすと、1 cm^2 の正方形になります。

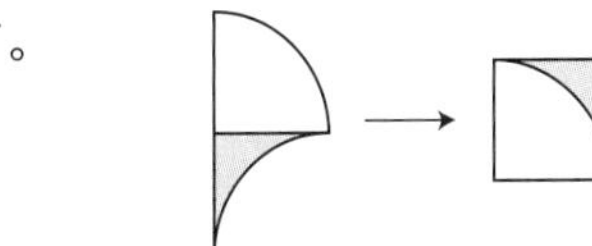

❸ 正方形1この面積は1 cm^2 です。

ぴったり1 じゅんび 84ページ

1 3、5、15、15
2 42、6
3 4、4、16、16

ぴったり2 練習 85ページ てびき

❶ ①112 cm^2 ②100 cm^2
❷ 9 cm^2
❸ 16

❶ ①長方形の面積＝たて×横だから、14×8です。
②正方形の面積＝1辺×1辺
だから、10×10です。
❷ 1辺の長さが3cmなので、3×3で計算します。
❸ 7×□＝112で、□＝112÷7＝16

❹ ①式　$4×7=28$　$7×2=14$
$28+14=42$　答え　42 cm^2
②式　$4×9=36$　$3×2=6$
$36+6=42$　答え　42 cm^2
③式　$7×9=63$　$3×7=21$
$63-21=42$　答え　42 cm^2

❹ 2つに分けた長方形の面積から求めます。

しあげの5分レッスン　長方形と正方形の面積の公式を、もう1回かくにんしておこう。

ぴったり1　じゅんび　86ページ

1 ①100　②10000　③10000　④1000　⑤1000000　⑥1000000
2 ①1800　②100　③1800　④18

ぴったり2　練習　87ページ

❶ ①24 m^2　②15 a　③9 ha　④30 km^2

❷ ①30000　②18　③50000　④400
⑤200

❸ ①100倍　②10000倍

しあげの5分レッスン　大きい面積の表し方を理かいするだけでなく、面積どうしの関係ももう1回かくにんしておこう。

てびき

❶ ②1 a＝100 m^2 だから、50×30 の答えを 100 でわります。
1辺が 10 m の正方形がたてに5こ、横に3こならぶので、5×3 と考えてもよいです。
③1 ha＝10000 m^2 だから、300×300 の答えを 10000 でわります。
1辺が 100 m の正方形が1辺に3こずつならぶので、3×3 と考えてもよいです。

❷ ①1 m^2＝10000 cm^2 を使います。
②1 a＝100 m^2 を使います。
③1 ha＝10000 m^2 を使います。
④1 km^2＝1000000 m^2 を使います。
⑤1 km^2＝100 ha を使います。

❸ ①1 m＝100 cm だから、1辺が1 m の正方形には、1辺が 10 cm の正方形が、たてに 10 こ、横に 10 こならびます。
全部で(10×10＝)100 こならぶので、100 倍の面積になります。
②たて 300 m、横 400 m の長方形には、たて3 m、横4 m の長方形が、たてに 100 こ、横に 100 こならぶので、全部で(100×100＝)10000 こならびます。

ぴったり3　たしかめのテスト　88～89ページ

❶ ①8 cm^2　②6 cm^2　③4 cm^2　④14 cm^2

❷ ①60000　②24　③700　④12

てびき

❶ 正方形1この面積は1 cm^2 です。
①④三角形2こで正方形1こ分と考えます。
③下の三角形の部分を上に動かすと、正方形4こ分になります。

❷ ①1 m^2＝10000 cm^2 を使って求めます。
②1 km^2＝1000000 m^2 を使って求めます。
③1 a＝100 m^2 を使って求めます。
④1 ha＝10000 m^2 を使って求めます。

❸ ①275 cm² ②248 m² ③2250 m²
④54 cm²

❸ 2つの長方形に分けたり、大きい長方形から小さい長方形の面積をひいたりして求めます。
①15×25＝375　(15－5－5)×20＝100
375－100＝275
②18×20＝360　(18－10)×14＝112
360－112＝248
③(10＋40)×(20＋40)＝3000
10×15＝150
(10＋40－35)×40＝600
3000－150－600＝2250
④7×9＝63　3×3＝9　63－9＝54

❹ ①5 ②17

❹ ①正方形の中の白い長方形の面積は、
12×12－104＝40 で、40 m²
□×8＝40　□＝40÷8＝5
②大きい長方形から小さい長方形をひいた図形と考えると、小さい長方形の面積は、
20×30－464＝136 で、136 cm²
8×□＝136　□＝136÷8＝17

❺ 式 (24－2)×(52－2)＝1100
答え 1100 m²

❺ 道をはしによせても畑の部分の面積は変わりません。

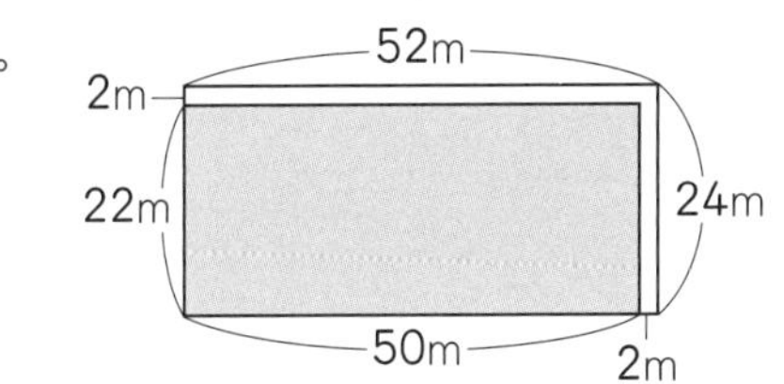

❻ ①式 18×4＝72　72÷2＝36
36－23＝13　答え 13 m
②式 13×23＝299　18×18＝324
324－299＝25
答え 正方形の土地の方が 25 m² 広い。

❻ ①長方形と正方形の土地のまわりの長さは、
18×4＝72 で、72 m です。
長方形のまわりの長さは、(たて＋横)×2 だから、(たて＋横) は、72÷2＝36 で、36 m です。

15 計算のしかたを考えよう

ぴったり1 じゅんび 90ページ

1 (1)①72 ②7.2 (2)①85 ②8.5
2 (1)①14 ②1.4 (2)①96 ②24 ③2.4

ぴったり2 練習 91ページ　てびき

❶ ①1.4 ②㋐14 ㋑84 ㋒84 ㋓8.4
③㋔84 ㋕8.4 ㋖8.4

❶ ①整数のときと同じように、かけ算の式で表せます。
②L を dL になおすと、整数のかけ算になります。積を L の単位で表して答えます。
③かけられる数を 10 倍すると、積も 10 倍になります。その積の $\frac{1}{10}$ が答えです。

❷ ①2.5×3　②7.5 kg

❸ ①㋐6.5　㋑5
②㋒65　㋓13　㋔13　㋕1.3
③㋖13　㋗1.3　㋘1.3

❹ ①4.8÷3　②1.6 L

❷ ①2.5 kg が3ふくろなのでかけ算です。
②0.1 をもとにすると、25×3=75 です。
0.1 が 75 こだから、7.5 になります。

❸ ①1つ分の数=全部の数÷いくつ分
整数のときと同じように、わり算で表せます。
③わられる数を 10 倍すると、商も 10 倍になります。その商の $\frac{1}{10}$ が答えです。

❹ ②48÷3=16 です。16 dL=1.6 L になります。

しあげの5分レッスン 小数のかけ算やわり算は、小数を整数になおせば、整数と同じように計算できます。かけ算やわり算のきまりをもう1回かくにんしておこう。

16 小数のかけ算とわり算

ぴったり1 じゅんび　92ページ

1 (1)6.8　(2)6.0

2 13.5、13.5、13.5

3 (1)45、49.5　(2)4.86

ぴったり2 練習　93ページ

❶ ① 2.4×2=4.8　② 1.8×3=5.4　③ 2.7×6=16.2　④ 0.9×7=6.3

❷ ① 1.5×4=6.0　② 0.8×5=4.0　③ 0.4×15：20、4、6.0　④ 2.1×13：63、21、27.3
⑤ 1.7×16：102、17、27.2　⑥ 4.1×18：328、41、73.8　⑦ 3.6×16：216、36、57.6　⑧ 4.7×30：141.0

❸ 4.5×8=36.0　答え　36 cm²

❹ ① 1.53×4=6.12　② 0.32×3=0.96　③ 0.06×5=0.30
④ 0.45×2=0.90　⑤ 3.14×16：1884、314、50.24　⑥ 0.63×28：504、126、17.64

てびき

❶ 整数×整数と同じように考えて計算し、かけられる数と、小数点より下のけた数が同じになるように、積（せき）の小数点をつけます。

❷ ①②③⑧小数点よりも右にある右はしの0は消します。
小数点より右に数字がないときには、小数点も消します。
③～⑧かける数が2けたになっても、整数×整数と同じように計算します。
⑧0×7=0、0×4=0 を省（はぶ）いています。

❸ 長方形の面積（めんせき）=たて×横
の公式（こうしき）にあてはめて計算します。

❹ 小数第二位（だいにい）があっても、同じように計算します。
②積の小数点をつけて、その左に数字がないときは、0を書きます。
③小数点より右にある右はしの0は消します。

しあげの5分レッスン 筆算をするときは、積に小数点をつけるのをわすれないようにしよう。また、小数点をつける位置（いち）に注意しよう。

ぴったり1 じゅんび 94ページ

1 ①わられる ②3 ③一 ④3.8

2 (1)0.32 (2)0.58

ぴったり2 練習 95ページ

1
① 8.5÷5=1.7（5, 35, 35, 0）
② 9.8÷7=1.4（7, 28, 28, 0）
③ 4.6÷2=2.3（4, 6, 6, 0）
④ 64.8÷27=2.4（54, 108, 108, 0）
⑤ 71.4÷42=1.7（42, 294, 294, 0）
⑥ 67.2÷28=2.4（56, 112, 112, 0）

2
① 3.2÷8=0.4（32, 0）
② 0.8÷4=0.2（8, 0）
③ 1.12÷7=0.16（7, 42, 42, 0）
④ 5.84÷8=0.73（56, 24, 24, 0）
⑤ 5.29÷23=0.23（46, 69, 69, 0）
⑥ 0.78÷6=0.13（6, 18, 18, 0）

3 式 3.22÷7=0.46　答え 0.46 m

てびき

1 整数÷整数と同じように考えて計算し、商の小数点を、わられる数の小数点にそろえてつけます。

2 わる数よりわられる数の方が小さいときには、一の位に0をたてます。

3 3.22÷7=0.46（28, 42, 42, 0）

ぴったり1 じゅんび 96ページ

1 ①二 ②一 ③0.8 ④0.8

2 ①5 ②1.3 ③5 ④1.3 ⑤11.3 ⑥2 ⑦5 ⑧1.3

3 ①1.2 ②3 ③1.2 ④3 ⑤3.6 ⑥3.6

ぴったり2 練習 97ページ

1 ①1.25 ②1.36 ③0.875

てびき

1 ① 2.5÷2=1.2（2, 5, 4, 1）→ 2.50÷2=1.25（2, 5, 4, 10, 10, 0）

0があると考えてわり進めます。

❷ ①1.9　②0.6　③0.8

❸ ①18.3÷4=4 あまり 2.3

答え　4ふくろできて、2.3 kg あまる

②4×4+2.3=18.3

❹ ①全部の数、いくつ分

②１つ分の数

③全部の数…2.4、いくつ分…4

2.4÷4=0.6　　答え　0.6 L

❷ ①

1.8̸6̸（9）

3) 5.6

3

26

24

20

18

2

③

0.84̸

92) 77.3

736

370

368

2

❸ ①

4

4) 18.3

16

2.3

②わる数×商＋あまり＝わられる数にあてはめます。

❹ ③１つ分の数＝全部の数÷いくつ分で求めます。

ぴったり3　たしかめのテスト　98～99ページ

❶ ①㋐0.1　㋑144　㋒14.4

②㋐0.01　㋑28　㋒0.28

❷ ①

5.3

× 7

37.1

②

0.8

× 6

4.8

③

6.5

× 4

26.0̸

④

3.9

×15

195

39

58.5

⑤

1.53

× 8

12.24

⑥

0.48

× 5

2.40̸

❸ ①

2.5

3) 7.5

6

15

15

0

②

4.5

19) 85.5

76

95

95

0

③

0.74

8) 5.92

56

32

32

0

❹ ①1.42　②0.375

❺ ①4 あまり 1.1

②15 あまり 0.5

❻ ①0.7　②0.9

てびき

❷ ③⑥小数点より右の終わりの0は消します。

❹ ①

1.42

5) 7.10

5

21

20

10

10

0

②

0.375

8) 3.000

24

60

56

40

40

0

❺ ①

4

6) 25.1

24

1.1

②

15

4) 60.5

4

20

20

0.5

❻ 小数第二位を四捨五入（ししゃごにゅう）します。

①

0.74̸

7) 5.2

49

30

28

2

②

0.8̸5̸（9）

51) 43.60

408

280

255

25

❼ 式　11 m 20 cm＝11.2 m
11.2÷7＝1.6　　答え　1.6 m

❽ 式　30.4÷4＝7.6　　答え　7.6 m

❾ 式　8.2×15＝123　　答え　123 km

おうちのかたへ 身近にある、家の花だんや自動車のガソリン1Lで走る距離などで、小数×整数、小数÷整数の問題を作って考えさせるのも、小数の計算を理解するのによいかもしれませんね。

❼ 11 m 20 cm を m になおして計算します。7等分するので、わり算です。

$$\begin{array}{r} 1.6 \\ 7\overline{)\,11.2} \\ 7 \\ \hline 42 \\ 42 \\ \hline 0 \end{array}$$

❽ 長方形の面積＝たて×横の公式から求めます。

❾ わかっているのは1つ分の数8.2(km)、いくつ分15(L)、求めているものは全部の数です。
全部の数＝1つ分の数×いくつ分
の式にあてはめて計算します。

倍の計算(3)～小数倍～

ボッチャにトライ　100～101ページ

❶ ①24÷12＝2　　答え　2倍
②18÷12＝1.5　　答え　1.5倍
③30÷12＝2.5　　答え　2.5倍
④18÷30＝0.6　　答え　0.6倍

❷ ①16.8÷12＝1.4　　答え　1.4倍
②16.8×2＝33.6　　33.6÷12＝2.8
答え　記録…33.6 cm、倍…2.8倍

てびき

❶ ①たかしさんの記録のいくつ分になっているかを求めるので、式は、
ゆみさんの記録÷たかしさんの記録
になります。

❷ ②えみさんの記録は、としきさんの記録×2で求められます。

17 分数

ぴったり1 じゅんび　102ページ

❶ $\frac{5}{4}$、$\frac{7}{7}$(順不同)

❷ 3、6、$\frac{6}{3}$、$\frac{7}{3}$

❸ $\frac{2}{5}$、1、$1\frac{2}{5}$

ぴったり2 練習　103ページ

❶ ①$2\frac{3}{5}$ dL、$\frac{13}{5}$ dL　②$2\frac{4}{9}$ m、$\frac{22}{9}$ m

❷ ㋐$\frac{7}{8}$　㋑$1\frac{3}{8}$、$\frac{11}{8}$　㋒$2\frac{5}{8}$、$\frac{21}{8}$

❸ ①$\frac{23}{7}$　②$\frac{17}{6}$　③$\frac{19}{4}$　④$\frac{16}{9}$

❹ ①$1\frac{3}{5}$　②$1\frac{2}{7}$　③$4\frac{2}{3}$　④3

しあげの5分レッスン 帯分数を仮分数になおす方法と、仮分数を整数や帯分数になおす方法をもう1回かくにんしておこう。

てびき

❶ ①2dLと$\frac{3}{5}$dLです。2dLは$\frac{10}{5}$dLです。

❷ 1目もりは、$\frac{1}{8}$を表しています。
㋑1と$\frac{3}{8}$の和で$1\frac{3}{8}$、$\frac{1}{8}$が11こ分で$\frac{11}{8}$

❸ ①分子は、7×3＋2で求めます。
②分子は、6×2＋5で求めます。

❹ ①$\frac{8}{5}$は$\frac{5}{5}$と$\frac{3}{5}$に分けられます。
③$\frac{14}{3}$は$\frac{3}{3}$と$\frac{3}{3}$と$\frac{3}{3}$と$\frac{3}{3}$と$\frac{2}{3}$です。

ぴったり1 じゅんび 104ページ

1 ①小さ ②$\frac{1}{5}$ ③$\frac{1}{4}$ ④$\frac{1}{2}$

2 $\frac{2}{6}$

ぴったり2 練習 105ページ

❶ ①$\frac{1}{8}$、$\frac{1}{5}$、$\frac{1}{3}$

②$\frac{3}{10}$、$\frac{3}{7}$、$\frac{3}{4}$

③$\frac{2}{9}$、$\frac{5}{9}$、$\frac{8}{9}$

❷ ①4、6

②6

③10

④4、2

❸ ①> ②< ③=

しあげの5分レッスン 分数の大小がわからなくなったときは、数直線をかいて考えてみよう。

てびき

❶ ①②分子が同じ分数では、分母が大きくなるほど、分数の大きさは小さくなります。

❷ ①

0 $\frac{2}{3}$ 1

0 $\frac{4}{6}$ 1

0 $\frac{6}{9}$ 1

②

0 $\frac{3}{4}$ 1

0 $\frac{6}{8}$ 1

③

0 $\frac{4}{5}$ 1

0 $\frac{8}{10}$ 1

④

0 $\frac{4}{8}$ 1

0 $\frac{2}{4}$ 1

0 $\frac{1}{2}$ 1

❸ 分子が同じ分数では、分母が大きい方が小さい数、分母が同じ分数では、分子が小さい方が小さい数になります。

ぴったり1 じゅんび 106ページ

1 (1)7、2 (2)①3 ②8 ③4 ④1

2 (1)分子、6 (2)1

ぴったり2 練習 107ページ

❶ ①$\frac{6}{7}$ ②1 ③$1\frac{2}{5}$ ④$3\frac{8}{9}$ ⑤$5\frac{2}{8}$ ⑥3

❷ $1\frac{7}{9}+\frac{5}{9}=1\frac{12}{9}$

$=2\frac{3}{9}$ 答え $2\frac{3}{9}$L

てびき

❶ ②$\frac{1}{6}+\frac{5}{6}=\frac{6}{6}=1$

⑤$1\frac{3}{8}+3\frac{7}{8}=4\frac{10}{8}=5\frac{2}{8}$

⑥$\frac{7}{10}+2\frac{3}{10}=2\frac{10}{10}=3$

❷ 合わせるのでたし算です。$\frac{12}{9}$は$\frac{9}{9}$と$\frac{3}{9}$に分けられるので、整数部分に1くり上げます。

3 ①$\frac{3}{5}$　②$\frac{6}{8}$　③$2\frac{3}{7}$　④$\frac{7}{9}$　⑤$1\frac{3}{5}$　⑥$2\frac{4}{7}$

4 $4-1\frac{5}{8}=3\frac{8}{8}-1\frac{5}{8}$

$=2\frac{3}{8}$　　答え　$2\frac{3}{8}$kg

3 分子どうしのひき算をします。
分数部分がひけないときには、ひかれる数の整数部分を１くり下げます。

④$1\frac{2}{9}-\frac{4}{9}=\frac{11}{9}-\frac{4}{9}=\frac{7}{9}$

⑤$5\frac{2}{5}-3\frac{4}{5}=4\frac{7}{5}-3\frac{4}{5}=1\frac{3}{5}$

⑥$4-1\frac{3}{7}=3\frac{7}{7}-1\frac{3}{7}=2\frac{4}{7}$

4 残(のこ)りを求(もと)めるのでひき算です。
４を３と$\frac{8}{8}$に分けて考えます。

ぴったり3　たしかめのテスト　108～109ページ　てびき

1 ①5　②$\frac{1}{5}$　③$\frac{5}{6}$

2 ①$\frac{15}{4}$　②$\frac{53}{9}$　③$4\frac{1}{5}$　④6

3 ①$\frac{4}{6}$、$\frac{6}{9}$（順不同）

②$\frac{3}{8}$、$\frac{1}{2}$、$\frac{5}{9}$、$\frac{3}{4}$

4 ①＜　②＝　③＞

1 ②$\frac{1}{5}$が７こで$\frac{7}{5}$になります。

2 ①分子は$4\times3+3=15$になります。

③$\frac{21}{5}$は$\frac{20}{5}$と$\frac{1}{5}$に分けられます。

$\frac{20}{5}=4$です。

④分子が分母でわり切れるので、整数になります。

3 ①次の図のように$\frac{2}{3}$を通る線を引きます。

この線と重なった目もりが、$\frac{2}{3}$と同じ大きさです。

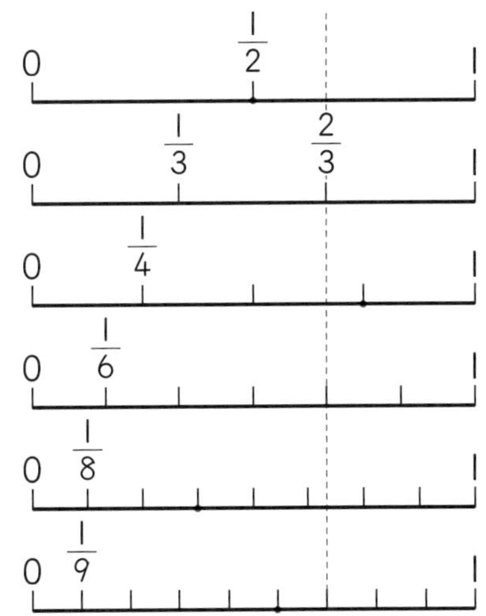

②４つの分数を、数直線に・でかき入れました。
左にあるほど小さい分数です。

4 帯分数は仮分数になおしてくらべましょう。

①$3\frac{2}{3}=\frac{11}{3}$　分子をくらべて、＜

③$2\frac{5}{6}=\frac{17}{6}$、$2\frac{3}{7}=\frac{17}{7}$

分子が同じなので、分母を比べて、＞

❺ ①$1\frac{4}{7}$　②$3\frac{4}{5}$　③3　④$6\frac{2}{4}$　⑤$\frac{5}{9}$　⑥$2\frac{3}{6}$

⑦$\frac{3}{5}$　⑧$1\frac{4}{8}$

❺ ③$1\frac{3}{10}+1\frac{7}{10}=2\frac{10}{10}=3$

④$2\frac{3}{4}+3\frac{3}{4}=5\frac{6}{4}=6\frac{2}{4}$

⑤$1-\frac{4}{9}=\frac{9}{9}-\frac{4}{9}=\frac{5}{9}$

⑦$1\frac{2}{5}-\frac{4}{5}=\frac{7}{5}-\frac{4}{5}=\frac{3}{5}$

⑧$3\frac{3}{8}-1\frac{7}{8}=2\frac{11}{8}-1\frac{7}{8}=1\frac{4}{8}$

❻ 式　$2\frac{3}{5}+1\frac{4}{5}=3\frac{7}{5}$

$=4\frac{2}{5}$　　答え　$4\frac{2}{5}$kg

❻ 合わせるのでたし算です。$\frac{7}{5}$は$\frac{5}{5}$と$\frac{2}{5}$に分けられるので、整数部分に1くり上げます。

❼ 式　$\frac{11}{8}-1\frac{1}{8}=\frac{11}{8}-\frac{9}{8}=\frac{2}{8}$

答え　ジュースが$\frac{2}{8}$L多い。

❼ $1\frac{1}{8}$を仮分数になおして、大きさをくらべます。

$1\frac{1}{8}$は$\frac{9}{8}$だから、$\frac{11}{8}$の方が大きいです。

❽ ①白色のテープ

②式　$1\frac{6}{7}-\frac{11}{7}=\frac{13}{7}-\frac{11}{7}$

$=\frac{2}{7}$　　答え　$\frac{2}{7}$m

❽ ①$1\frac{6}{7}$は$\frac{13}{7}$です。

$\frac{11}{9}$と$\frac{11}{7}$と$\frac{13}{7}$の大きさをくらべます。

$\frac{11}{9}$と$\frac{11}{7}$では$\frac{11}{7}$の方が大きく、$\frac{11}{7}$と$\frac{13}{7}$では$\frac{13}{7}$の方が大きいので、いちばん長いテープは$1\frac{6}{7}$mの白色のテープです。

しあげの5分レッスン　仮分数と帯分数の関係をもう1回かくにんしておこう。

18 直方体と立方体

ぴったり1 じゅんび　110ページ

1 ①6　②6　③12　④12　⑤8　⑥8

2 D(ディー)、LM(エルエム)

ぴったり2 練習　111ページ

てびき

❶ ①6　②㋐12　㋑8　③平面　④直方体

❶ ①立方体には、長方形の面はなく、6つの面がすべて正方形です。

②立方体も直方体も、同じ数の辺(へん)と、同じ数の頂点(ちょうてん)をもちます。

❷ ①点M　②辺LK　③面LKJ(ジェイ)M

❷ 組み立てると、次の図のようになります。

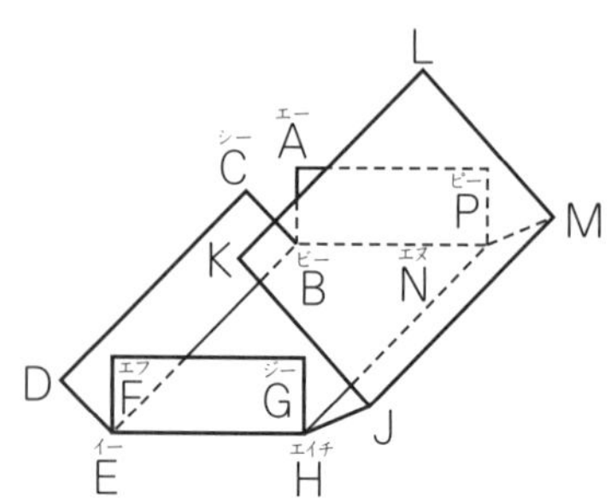

❸ ㊤

❸ ㊤は、次の図のように2つの面が重なってしまいます。

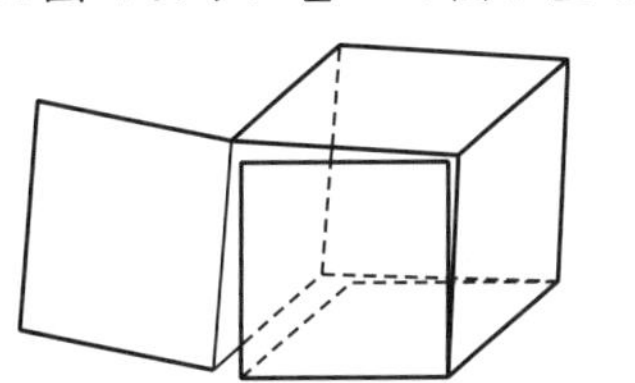

しあげの5分レッスン 展開図の問題をまちがえたら、展開図を紙にうつし、切って組み立ててみよう。

ぴったり1 じゅんび 112ページ

1 (1)①AE ②BF ③CG ④DH ⑤AB ⑥BC ⑦CD ⑧DA
(①～④、⑤～⑧は、それぞれ順不同)
(2)①BFGC ②DHGC ③EFGH (②③は順不同)

2 たて、横(順不同)、1辺

ぴったり2 練習 113ページ

❶ ①見取図
②辺AB、辺DC、辺AE、辺DH
③辺AE、辺DH、辺CG
④面ABCD、面AEHD、面BFGC、面EFGH
⑤面DHGC

❷ ①面ABCD、面EFGH
②面ABFE、面AEHD
③辺AB、辺CD、辺EF、辺GH
④辺EF、辺FG、辺GH、辺HE

❸

てびき

❶ ④直方体や立方体では、となり合っている2つの面は垂直です。
⑤交わらない2つの面は平行です。

❷ 面と辺の関係を調べます。
③面に垂直な辺は、面に垂直な面の中にあります。
④面に平行な辺は、面に平行な面の中にあります。

❸ 見取図では、平行な辺は平行にかきます。辺の長さに気をつけて、見えている辺をかき、見えない辺を点線でかきます。

しあげの5分レッスン 面や辺をすべて答える問題では、もれがないように、気をつけて答えるようにしよう。

ぴったり1 じゅんび 114ページ

1 ①3 ②3 ③4 ④3 ⑤5

2 ①1 ②1 ③3 ④2 ⑤3 ⑥2

ぴったり2 練習 115ページ

❶ ①3
②(2の2)、(2の3)、(2の4)

❷

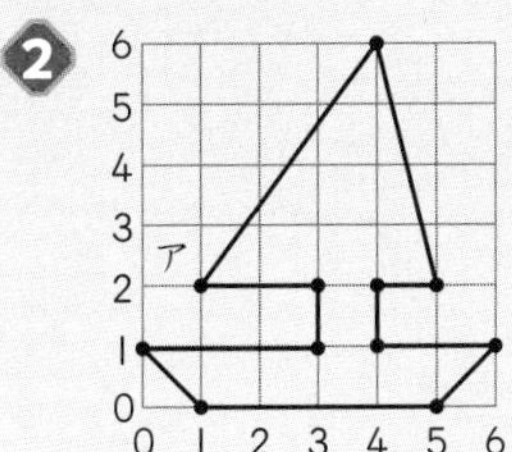

てびき

❶ ①とる石を×で消してみます。
②中の3つの石をとれば、0になります。

①
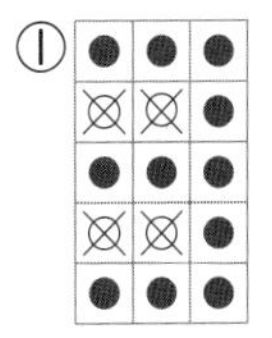

②
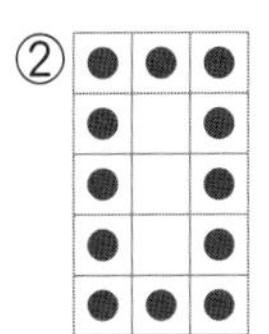

❷ 横、たての順に点をとり、つないでいきます。

❸ ①(1の2の2)　②(2の3の2)
③㋕　④㋔

❸ ②㋑は横に2、たてに3、上に2だから、(2の3の2)と書き表せます。
③横に3、たてに1、上に3になります。

しあげの5分レッスン　平面のものの位置、空間にあるものの位置の表し方を、もう1回かくにんしておこう。

ぴったり3 たしかめのテスト　116～117ページ

❶ ①辺AD…7cm、辺DH…3cm、辺HG…4cm
②12本　③長方形

❷ ①面AEHD　②2つ　③4本
④辺AB、辺EF、辺HG

❸ ①面㋓
②面㋐、面㋑、面㋓、面㋕
③点D
④辺LM

❹ (例)

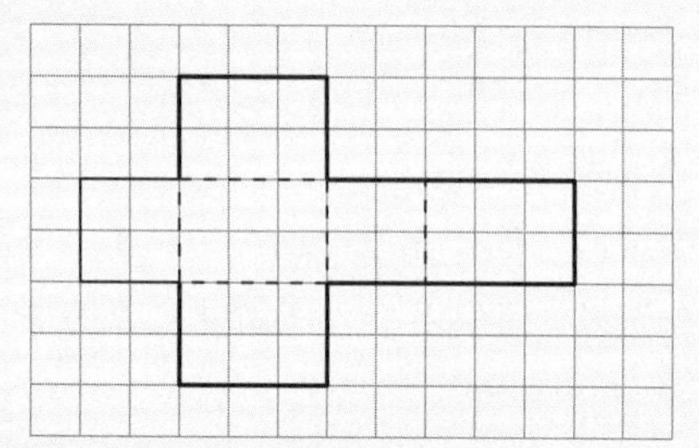

❺

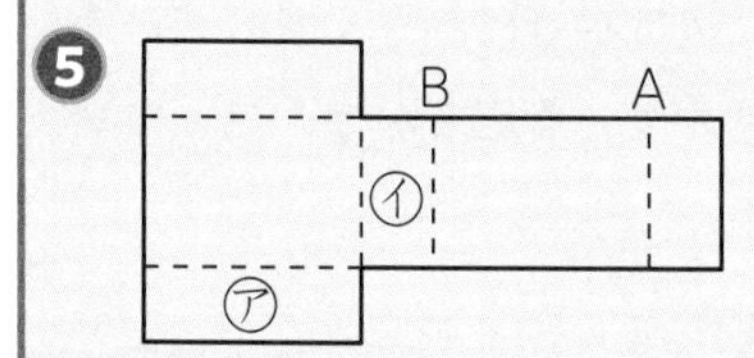

❻ ①B(5の0の3)、C(5の4の3)、D(0の4の3)、H(0の4の0)
②辺FG…4cm、面BFGC…12cm²

おうちのかたへ　「直方体と立方体」は、小5で学習する角柱や円柱、また、体積へとつながるので大切な内容です。しっかりと理解できるとよいですね。

てびき

❶ ①直方体には、同じ長さの辺がそれぞれ4本ずつあります。
③たて3cm、横4cmの長方形です。

❷ ③直方体の辺は、面に垂直に交わるから、辺AD、辺EH、辺FG、辺BCです。
④辺DCに平行な辺は、面ABCDで考えると辺AB、面DHGCで考えると辺HG、面DEFCで考えると辺EFとなります。

❸ 組み立てると、次の図のようになります。

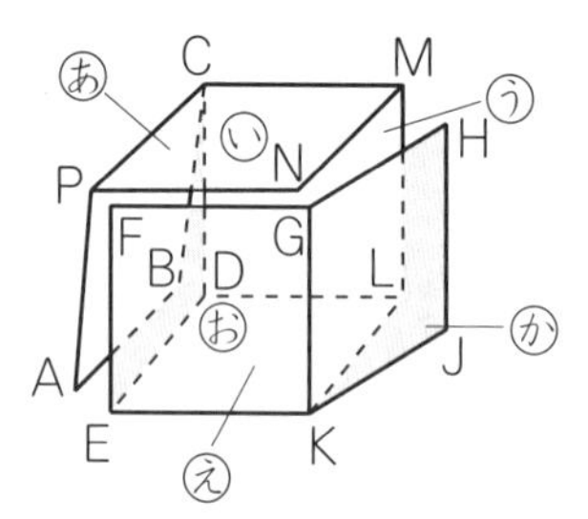

❹ 直方体は、向かい合う面の形が同じになります。

❺ 面と面のつながりをよく考えます。

❻ ①BはFの高さだけちがう位置、CはGの高さだけちがう位置、DはAのたてだけちがう位置、HはEのたてだけちがう位置です。
②Fのたては0、Gのたては4なので、辺FGの長さは4cmになります。
BとFの高さのちがいをみると3と0なので、3cmになります。3×4で12cm²です。

19 ともなって変わる量

ぴったり1 じゅんび 118ページ

1 4、36
2 4、4

ぴったり2 練習 119ページ

1 ①1辺のマッチぼうの本数とまわりにならんだマッチぼうの本数

1辺のマッチぼうの本数(本)	1	2	3	4	5	6
まわりにならんだマッチぼうの本数(本)	4	8	12	16	20	24

②□×4=○　③32本　④10本

2 ① 水を入れた時間とたまった水の深さ

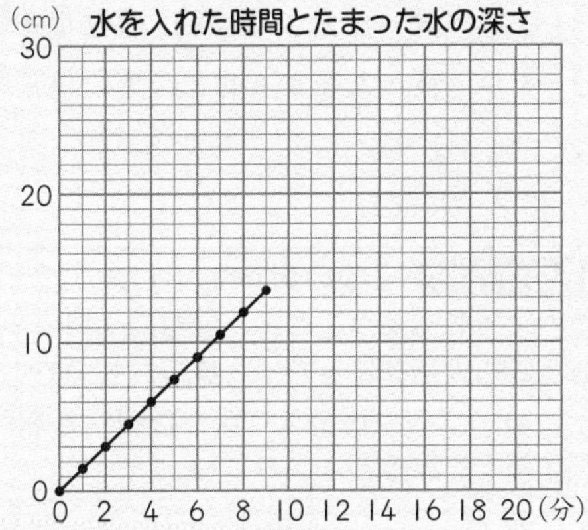

②30 cm　③12分後

てびき

1 ②まわりにならんだマッチぼうの本数は、1辺の本数の4倍になっています。
③8×4=32と求められます。
④□×4=40だから、□=40÷4=10と求められます。

2 ②③グラフをそのままのばしていくと、12分のところで18 cm、20分のところで30 cmになります。
また、表を見ると、1分ごとに1.5 cmずつ深くなっているから、20分後は、
1.5×20=30で、30 cm

しあげの5分レッスン 2つの量の関係を式で表すときには、表から2つの量の間のきまりを見つけ、そのきまりをもとにして考えてみよう。

ぴったり3 たしかめのテスト 120〜121ページ

1 ①○　②×　③○　④×　⑤×

2 ① 水を入れた時間とたまった水の量

時間(分)	0	1	2	3	4	5
水の量(L)	0	15	30	45	60	75

② 水を入れた時間とたまった水の量

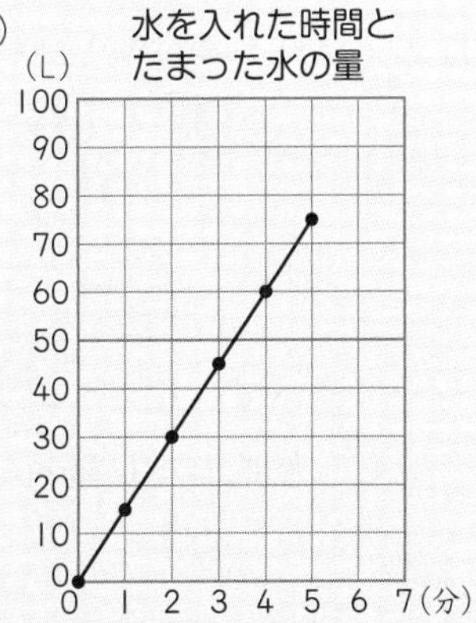

③120 L
④10分後
⑤15×□=○

3 ①2 cm　②28 cm　③100 g

4 ① 1辺のご石の数とまわりにならんだご石の数

1辺のご石の数(こ)	2	3	4	5	6	7
まわりにならんだご石の数(こ)	4	8	12	16	20	24

②□×4−4=○((□−1)×4=○でもよい)
③28こ
④9こ

てびき

1 ①1辺の長さが1 cmから2 cmにふえると、面積は1 cm^2から4 cm^2にふえます。
③えん筆の本数がふえると、その代金もふえます。

2 ③〜⑤表をたてに見ると、
水の量=15×時間
になっています。

3 ①表を横に見ます。
②70 gのときより4 cm長くなるので、24+4で求められます。
③30−10=20で、20 cmのびたことになります。
10 gで2 cmのびるので、
20÷2×10で求められます。
表をふやして書きこんでいってもよいです。

4 まわりにならんだご石の数は、1辺のご石の数の4倍より4こ少なくなります。
③8×4−4=28
④(32+4)÷4=9

しあげの5分レッスン 2つの量の変わり方のきまりを、もう1回たしかめておこう。

20 しりょうの活用

ぴったり1 じゅんび　122ページ

1 (1)7、110　(2)9、23

ぴったり2 練習　123ページ

1 ①日…8月2日、気温…約37.7℃
②多

2 ①買った量…約80000 t
金がく…約240億円
②約2倍

しあげの5分レッスン　2種類のグラフの目もりの読み方を、もう1回かくにんしておこう。

てびき

1 左のたてのじくは人数、右のたてのじくは気温を表しています。
①8月2日に約225人で、運ばれた人数がいちばん多くなっています。
②運ばれた人数は、最高気温が高くなると多くなり、低くなると少なくなっています。

2 ②2012年に買った金がくは約130億円で、2019年に買った金がくは約260億円なので、
260÷130＝2
で、約2倍になっています。

おうちのかたへ　2つの資料を、1つのグラフに表し、その関係を考えることは、思考力を身につけるうえでもとても大切なことです。身近なものでも、棒グラフと折れ線グラフが重なり合った資料を見つけ、その関係を考えてみるとよいですね。

4年のまとめ

まとめのテスト　124ページ

1 ①三億六千二百七万六千五百四十三
がい数…362000000
②八百二十五億千二十四万九千三百六十七
がい数…83000000000

2 ①25005030000　②3.064
③帯分数…$1\frac{5}{8}$、仮分数…$\frac{13}{8}$

3

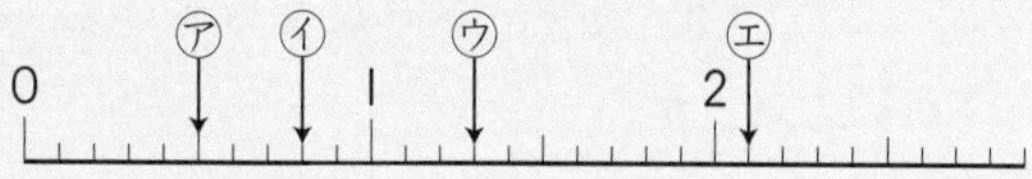

4 0、0.06、0.6、0.606、6

5
①
$$\begin{array}{r} 9.62 \\ +3.45 \\ \hline 13.07 \end{array}$$
②
$$\begin{array}{r} 4.72 \\ +2.8 \\ \hline 7.52 \end{array}$$
③
$$\begin{array}{r} 7.03 \\ -1.86 \\ \hline 5.17 \end{array}$$
④
$$\begin{array}{r} 6.4 \\ -0.57 \\ \hline 5.83 \end{array}$$

てびき

1 ①求める位の1つ下の位で四捨五入するので、十万の位を四捨五入します。
②一億の位を四捨五入します。

2 ②0.1のこ数は0なので、気をつけましょう。

3 小さい1目もりは0.1、$\frac{1}{10}$です。

4 小数点をたてにそろえて書いて、くらべます。

5 小数のたし算とひき算も、整数のたし算とひき算のように、位をそろえて計算します。
④6.40として計算します。

6 ①$1\frac{1}{9}$　②$6\frac{2}{7}$　③$\frac{6}{9}$　④$2\frac{1}{4}$

6 分母が同じ分数のたし算とひき算は、分母はそのままで分子どうしをたしたり、ひいたりします。

①$\frac{7}{9}+\frac{3}{9}=\frac{10}{9}=1\frac{1}{9}$

②$3\frac{5}{7}+2\frac{4}{7}=5\frac{9}{7}=6\frac{2}{7}$

③$1\frac{2}{9}-\frac{5}{9}=\frac{11}{9}-\frac{5}{9}=\frac{6}{9}$

④$3-\frac{3}{4}=2\frac{4}{4}-\frac{3}{4}=2\frac{1}{4}$

7 ①

```
     7
14)98
   98
    0
```

②

```
     18
47)846
   47
   376
   376
     0
```

7 商が何の位からたつかを考えて、かりの商をたてます。かりの商が大きすぎたら、商を1ずつ小さくしていきます。

おうちのかたへ 小4で学習する「数と計算」がどれだけ理解できているかを確かめる問題です。すべて大切な内容なので、まちがえた問題は、もう1回やりなおしましょう。また、その学習内容を復習しておきましょう。

まとめのテスト　125ページ

てびき

1 ①

```
  0.76
×    4
  3.04
```

②

```
        0.7
43 ) 30.1
     30 1
        0
```

1 整数のかけ算・わり算と同じように計算し、積(せき)はかけられる数の小数点より下のけた数が同じになるように小数点をつけ、商は、わられる数の小数点にそろえてつけます。

2 ①788　②320

2 ①$197\times4=(200-3)\times4=200\times4-3\times4$
$=800-12=788$

②$5\times64=5\times2\times32=(5\times2)\times32$
$=10\times32=320$

3 式　$288\div8=36$　　答え　36ふくろ

3 求めているものは、いくつ分です。

4 式　$173\div4=43$ あまり1

答え　3台のバスに43人ずつ乗り、1台のバスに44人乗る。

4 あまりの1人もバスに乗るので、1台は43+1で44人乗ることになります。

5 $90-75\div(6+9)=90-75\div15$
$=90-5=85$

5 (　)の中、わり算、ひき算の順(じゅん)に計算します。

6 ①40°　②330°

6 ②180°をこえた分をはかって、180°+150°として求めます。
また、180°より大きい角なので、小さい方の角をはかって360°−30°と求めてもよいです。

7 ①（55°の角の図）　②（220°の角の図）

7 ②180°より大きい角なので、180°より大きい分だけはかってかくか、1回転の角から小さい方の角をはかってかくかのどちらかでかきます。

8 ㋐78°　㋑45°

8 160°−㋐+98°=180°
45°+90°+㋑=180°

おうちのかたへ 小4で学習する、「数と計算」と「角」がどれだけ理解できているかを確かめる問題です。文章題やまちがいを見つける問題のように、少し難しいものもありますが、できるようになるとよいですね。

まとめのテスト　126ページ

1 ①71 cm^2　②760 m^2

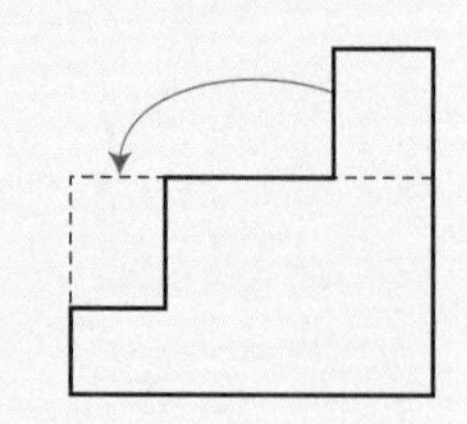

2 ①280　②50

3 ㋐90°　㋑100°　㋒80°　㋓100°

4 ①　②

2cm
70°
3cm
3cm
4cm

5 （例）

てびき

1 ①8×12−5×5=71

②3つに分けて面積を求めます。

35×10=350

(35−15)×18=360

(35−15−15)×10=50

350+360+50=760

または、動かして1つの長方形にします。

(35−15)×38=760

2 ①1 a=100 m^2 を使って考えます。

②1 km^2=100 ha を使って考えます。

3 2本の直線が交わってできた角で、向かい合った角は同じ大きさになります。
また、平行な2本の直線は、ほかの直線と同じ角度で交わります。

4 ①3cm→70°→2cmの順にかき、コンパスか分度器を使って、右上の頂点を決めます。

②対角線が、それぞれ1.5cmと2cmのところで交わります。

5 ほかにもいろいろな展開図をかいて、組み立ててみましょう。

おうちのかたへ　小4で学習する、「面積」、「四角形」、「直方体と立方体」がどれだけ理解できているかを確かめる問題です。できなかった問題は、しっかりとその内容を復習しておきましょう。

まとめのテスト 127ページ

1 ①辺AD、辺BC、辺AE、辺BF
②辺EF、辺FG、辺GH、辺HE

2 (台)ある時こくに通る車の台数

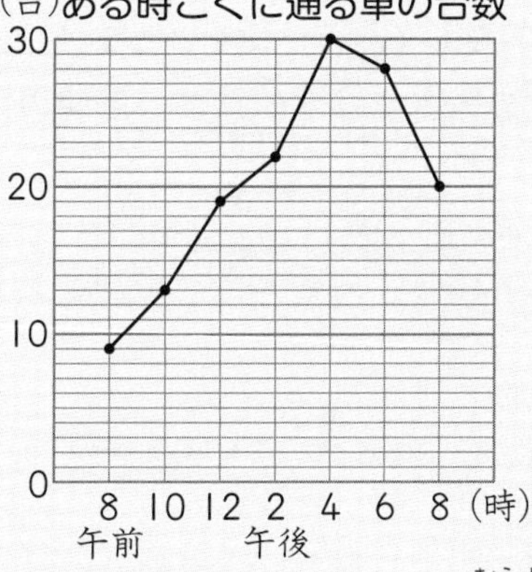

3 ①5月から10月まで　②京都市

4 ①3×□=○　②21

てびき

1 ①辺ABに交わっている4つの辺は、すべて垂直に交わっています。
②面ABCDにふくまれず、交わりもしない4つの辺が、平行になっています。

2 表から、グラフ上に点をとっていき直線で結びます。

3 ②いちばん高かった気温といちばん低かった気温の差が大きい京都市の方が、気温の変わり方が大きいといえます。

4 ①2こで6gだから、1こで3gです。□このときの重さ○gは、3×□=○となります。
②3×□=63だから、□=63÷3です。

おうちのかたへ 小4で学習する「直方体と立方体」、「折れ線グラフ」、「ともなって変わる量」が理解できているかを確かめる問題です。思考力や判断力を必要とする問題もありますが、できるようになるとよいですね。わからないところは、しっかりと復習しておきましょう。

すじ道を立てて考えよう

プログラミングのプ 128ページ

てびき

1 ①㋐㋑と㋒㋓がつり合うから、㋔か㋕がちがいます。
②㋐㋑と㋔㋕がつり合うから、㋒か㋓がちがいます。
③㋐㋑と㋔㋕がつり合わないから、㋐か㋑がちがいます。
④㋔か㋕がちがい、㋔と㋐がつり合うから、㋕がちがいます。

夏のチャレンジテスト

1 ①4030000000
②23000000
③48000000000

2 ①5431万　②2244億

3 ①360等分　②180°

4
① 5)33 → 6
30
3

② 7)54 → 7
49
5

③ 3)72 → 24
6
12
12
0

④ 4)86 → 21
8
6
4
2

⑤ 6)140 → 23
12
20
18
2

⑥ 4)436 → 109
4
36
36
0

5 ①7
②7あまり30

6
① 17)85 → 5
85
0

② 42)126 → 3
126
0

③ 32)992 → 31
96
32
32
0

④ 67)507 → 7
469
38

7 160°

8 ①午後5時から午後6時の間
②2℃

てびき

1 ①10億を4こで40億なので、
40億と3000万を合わせた数です。
②230万を10倍すると、2300万になります。

2 ひき算、かけ算をして、万、億をつけます。

3 1回転した角の大きさは360°で、直線の角の大きさは180°です。

4 計算の答えは次の通りです。
①6あまり3
②7あまり5
③24
④21あまり2
⑤23あまり2
⑥109

5 ①10をもとにして、28÷4の計算で求めます。
②45÷6＝7あまり3ですが、あまりは30になります。答えのたしかめをしてみましょう。

6 計算の答えは次の通りです。
①5
②3
③31
④7あまり38

7 角の頂点になるところを決め、そこから1つの辺をかきます。分度器の中心を角の頂点に合わせ、0°の線を、角の1つの辺に重ねます。
160°の目もりのところに点をうちます。
頂点と打った点を直線で結んで、もう1つの辺をかきます。2つの辺ではさまれた角が求める角です。このとき、どちらの角が求める角なのかがわかるように、角にしるしをつけます。

8 ①グラフの上がり方や下がり方が、いちばん急であるところを見つけます。
②午前8時の気温は27℃、午前12時の気温は29℃だから、29－27＝2で、2℃。

9 式　55÷4＝13 あまり3
13＋1＝14　　答え　14きゃく

9 4人ずつすわるので、わり算です。
55÷4＝13 あまり3
になります。4人ずつすわった長いすは13きゃくですが、あまりの3人にも長いすがいるので、13＋1で14きゃく必要（ひつよう）です。

```
   13
4) 55
   4
   15
   12
    3
```

10 式　820÷16＝51 あまり4
答え　51まいで、4まいあまる。

10 同じ数ずつ分けるので、わり算です。

```
    51
16) 820
    80
     20
     16
      4
```

11 いちばん大きい数…6654321000
いちばん小さい数…1000234566

11 10けたの数のうち、大きい位（くらい）の数字が小さい方が小さくなります。ただし、0は左はしの位におくことができません。

12 けがの種類（しゅるい）と場所　（人）

	ろうか	教室	体育館	校庭	合計
すりきず	T 2	一 1	0	T 2	5
切りきず	0	一 1	0	一 1	2
打ち身	0	T 2	一 1	0	3
ねんざ	0	0	一 1	0	1
合計	2	4	2	3	11

13 ㋐75°　㋑15°

13 1組の三角じょうぎの角の大きさは、次のようになっています。

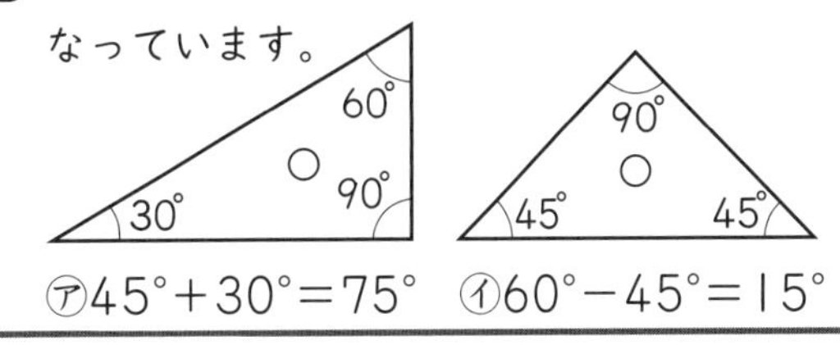

㋐45°＋30°＝75°　㋑60°−45°＝15°

おうちのかたへ　夏休みまでに学習してきたことが、どの程度身についていたか、理解できているかを確かめるテストです。まちがった問題や、理解が不十分なところは、必ず復習するようにしましょう。

1 ①28000 ②600000

2 ①70000 cm^2 ②26 km^2 ③32 a
④600 ha

3 ①< ②>

4 ①68 ②0.534

5 ①57 ②240

6 ①1700 ②6630

7 ①135 cm^2 ②103 m^2

てびき

1 求める位の１つ下の位で四捨五入します。
①百の位が３なので、切り捨てます。
②千の位が７なので、切り上げます。一万の位の９に１くり上がり、さらに十万の位に１くり上がります。
600000
597423

2 ①１m＝100 cm だから、１m^2＝10000 cm^2。
②１km＝1000 m だから、
１km^2＝1000000 m^2 です。
③１a＝100 m^2 です。
④１km^2＝100 ha です。

3 小数点をそろえて大きい位から数字をくらべます。
①小数第一位の数字が３より４の方が大きいので、0.35<0.402 になります。
②小数第二位の数字が４よりも６の方が大きいので、5.061>5.04 になります。

4 ①100 倍すると、どの数字も位が２つ上がった数になります。 0.68
②$\frac{1}{10}$ にすると、どの数字も位が１つ下がった数になります。 0.534

5 ①(　)の中、かけ算、たし算の順に計算します。
(16−9)×7＋8＝7×7＋8
＝49＋8＝57
②13×6 も 27×6 もかける数が６なので、計算のきまりを使って計算しやすくします。
13×6＋27×6＝(13＋27)×6
＝40×6＝240

6 ①17×4×25＝17×(4×25)
＝17×100＝1700
②102×65＝(100＋2)×65
＝100×65＋2×65
＝6500＋130＝6630

7 ①長方形の面積＝たて×横で求めます。
②２つの長方形に分けて求めます。
13×7＋3×(11−7)＝13×7＋3×4
＝91＋12
＝103
図のように、大きい長方形から、小さい長方形をのぞいてもよいです。
13×11−(13−3)×(11−7)
＝13×11−10×4
＝143−40＝103

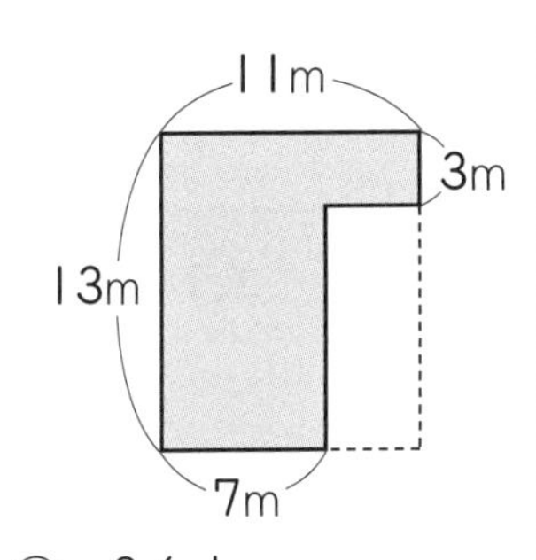

8 ①7.83　②10　③3.98　④1.27

8 ①
$$\begin{array}{r} 5.38 \\ +2.45 \\ \hline 7.83 \end{array}$$
②
$$\begin{array}{r} 3.61 \\ +6.39 \\ \hline 10.00 \end{array}$$
③
$$\begin{array}{r} 9.24 \\ -5.26 \\ \hline 3.98 \end{array}$$
④
$$\begin{array}{r} 6.00 \\ -4.73 \\ \hline 1.27 \end{array}$$

9 ①151　②5.7

9 定位点の1つを一の位と決めて計算をしましょう。
②定位点の1つ右側の位が$\frac{1}{10}$の位になります。

10 ㋕75°　㋖75°　㋗105°

10 ㋕2本の直線が交わってできた角で、向かい合った角は同じ大きさになります。
㋖平行な2本の直線㋐、㋑は、ほかの直線㋒と等しい角度で交わります。
㋖と㋗の角度の和は180°です。

11

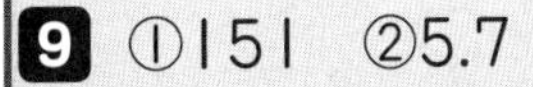

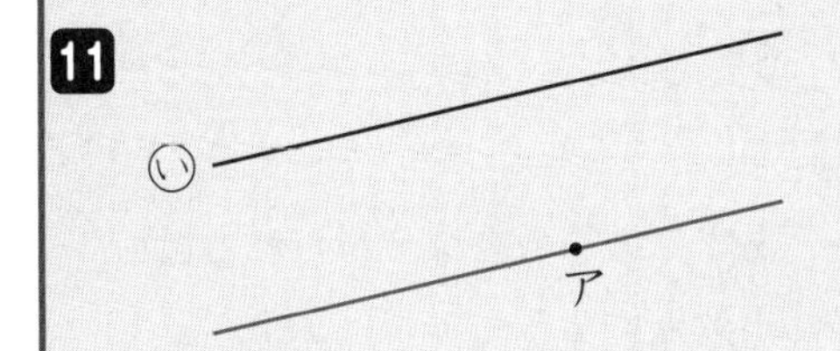

11

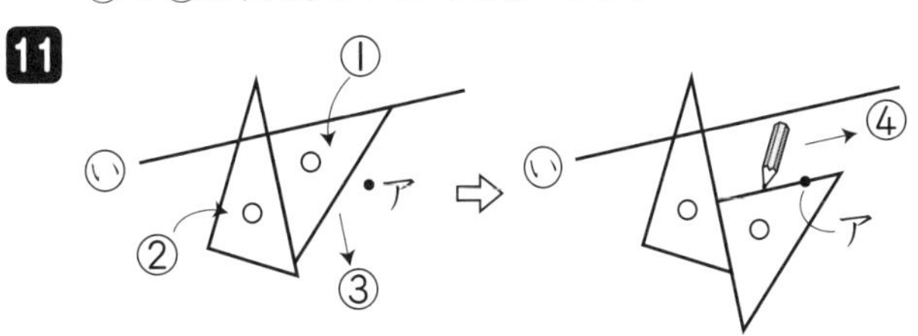

12 ①㋑、㋒、㋓、㋔
②㋑、㋒、㋓、㋔
③㋓、㋔

12 台形は向かい合った1組の辺が平行な四角形です。図形をかいてたしかめましょう。

13 7

13 色がついていない部分の面積は、
3×3=9で、9cm²。
大きい長方形の面積は54+9=63で、
63cm²。
□×9=63だから、□=7

9cm
□cm
3cm
3cm

14 式　1800+400+600=2800
答え　約2800円

14 切り上げて百の位までのがい数にして計算します。

15 式　1000−55×6=670
答え　670円

15 えん筆6本の代金は、55×6で330円になります。

16

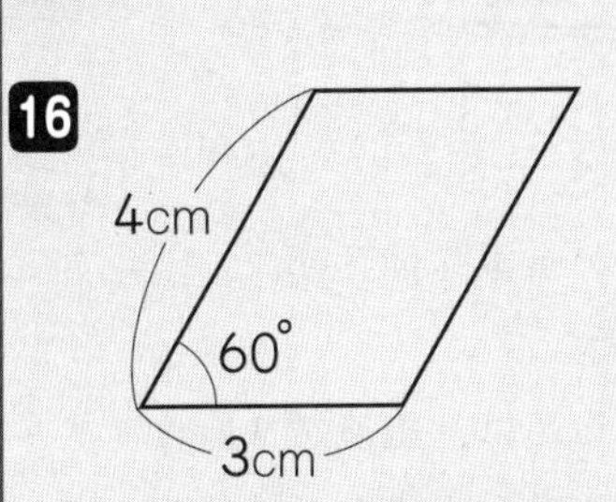

16 3cmの直線をかき、左の頂点に分度器の中心を合わせて60°をとって、4cmの線をひきます。ものさしと三角じょうぎを使うか、コンパスで3cmと4cmをとるか、どちらかの方法で右上の頂点をかき、線で結びます。

おうちのかたへ 冬休みまでに学習してきたことが、どの程度身についていたか、理解できているかを確かめるテストです。まちがった問題や、理解が不十分なところは、必ず復習するようにしましょう。

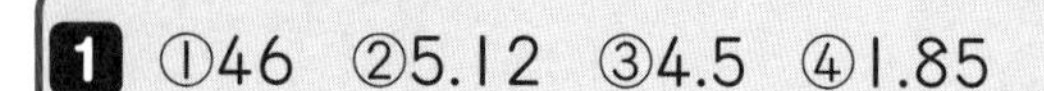

春のチャレンジテスト

1 ①46　②5.12　③4.5　④1.85

2 ①4.4　②0.4

3 答え…7あまり 1.9
たしかめ…$6\times7+1.9=43.9$

4 ①$\frac{11}{4}$　②$\frac{52}{9}$　③$3\frac{1}{5}$　④8

5 ①$\frac{5}{6}$　②$1\frac{2}{7}$　③$2\frac{2}{5}$　④$5\frac{2}{11}$　⑤$\frac{7}{10}$
⑥$\frac{5}{8}$　⑦$1\frac{7}{9}$　⑧$\frac{3}{8}$

6 ①4つ
②3つ
③辺EF(へんイーエフ)、辺BF(ビー)、辺HG(エイチジー)、辺CG(シー)
④辺EF、辺FG、辺GH、辺HE

てびき

1
①
```
   9.2
 ×   5
 46.0
```
②
```
  0.64
 ×   8
  5.12
```
③
```
        4.5
17 ) 76.5
      68
      85
      85
       0
```
④
```
     1.85
4 ) 7.4
    4
    34
    32
     20
     20
      0
```

2 小数第二位(だいにい)を四捨五入(ししゃごにゅう)します。

①
```
      4
     4.35
7 ) 30.5
    28
     25
     21
      40
      35
       5
```
②
```
        0.43
38 ) 16.5
     152
      130
      114
       16
```

3
```
      7.
6 ) 43.9
    42
     1.9
```
あまりの小数点は、わられる数の小数点にそろえてつけます。

4 ①$4\times2+3=11$ で、$\frac{11}{4}$

③$16=5\times3+1$ だから、$3\frac{1}{5}$

5 ②$\frac{5}{7}+\frac{4}{7}=\frac{9}{7}=1\frac{2}{7}$

③$1\frac{4}{5}+\frac{3}{5}=1\frac{7}{5}=2\frac{2}{5}$

④$3\frac{4}{11}+1\frac{9}{11}=4\frac{13}{11}=5\frac{2}{11}$

⑥$1\frac{2}{8}-\frac{5}{8}=\frac{10}{8}-\frac{5}{8}=\frac{5}{8}$

⑦$3\frac{2}{9}-1\frac{4}{9}=2\frac{11}{9}-1\frac{4}{9}=1\frac{7}{9}$

⑧$3-2\frac{5}{8}=2\frac{8}{8}-2\frac{5}{8}=\frac{3}{8}$

6 ①となり合っている面が垂直(すいちょく)な面です。
②見えない辺HGも平行です。
③直方体の交わっている辺は、垂直です。
④面に平行な辺は、その面に平行な面の中にある辺です。

7

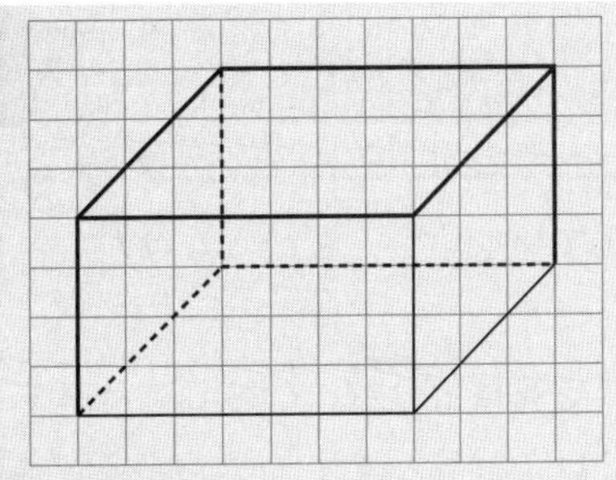

8 ①式　$3\frac{1}{9}-1\frac{7}{9}=1\frac{3}{9}$　　答え　$1\frac{3}{9}$km

②式　$3\frac{1}{9}-2\frac{5}{9}=\frac{5}{9}$　　答え　$\frac{5}{9}$km

9 式　$1.75\times2=3.5$

$3.5-0.2=3.3$　　答え　3.3 m

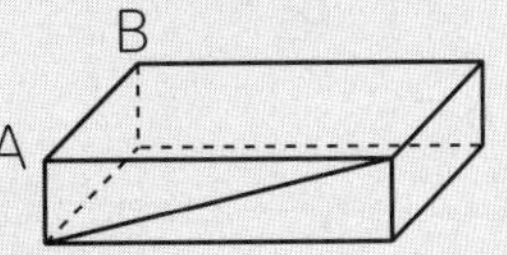

11 ①30×□=○　②6こ

12 ①

｜辺とまわりのおはじきのこ数

｜辺のおはじきの数(こ)	2	3	4	5	6	7
まわりのおはじきの数(こ)	3	6	9	12	15	18

②9こ　③27こ

おうちのかたへ 春休みまでに学習してきたことが、どの程度身についていたか、理解できているかを確かめるテストです。まちがった問題や、理解が不十分なところは、必ず復習するようにしましょう。

7 たて5cm、横7cm、高さ4cmの直方体です。

8 ①家から公園までの道のりから、家から学校までの道のりをひきます。

$3\frac{1}{9}-1\frac{7}{9}=2\frac{10}{9}-1\frac{7}{9}=1\frac{3}{9}$

②家から公園までの道のりから、駅から公園までの道のりをひきます。

9 テープ2本分の長さから、のりしろで重なった0.2 mをひきます。

10 面と面のつながりを考えます。
わからなければ、㋐を切り取って組み立ててみます。

11 ①みかん｜このねだん×こ数＝代金
②30×□＝180だから、□＝180÷30です。

12 図から、｜辺のおはじきの数が｜ふえると、まわりのおはじきの数が3ふえることがわかります。
①｜辺のおはじきの数が6こ、7このときは、それぞれ、12＋3＝15、15＋3＝18
②3こずつふえるので、18＋3＋3で24になります。
｜辺のおはじきの数は9こです。
③表をたてに見ると、
まわりのおはじきの数
＝｜辺のおはじきの数×3－3
と表せるので、
10×3－3＝27で、27こです。

学力しんだんテスト

1 ①5020000000
②1000000000000

2 ①3　②25 あまり 11　③4.04
④0.64　⑤107.3　⑥0.35
⑦$\frac{9}{7}\left(1\frac{2}{7}\right)$　⑧$\frac{11}{5}\left(2\frac{1}{5}\right)$
⑨$\frac{6}{8}$　⑩$\frac{3}{4}$

3 ①9　②5　③8

4 ①式　20×30＝600
答え　600 m²
②式　500×500＝250000
(250000 m²＝25 ha)
答え　25 ha

5 ㋐15°　㋑45°　㋒35°

6 ①㋐、㋑、㋓、㋔
②㋐、㋑、㋓、㋔　③㋐、㋑

7 ①㋓の面
②㋐の面、㋒の面、㋓の面、㋕の面

8 ①45　②9　③54

9 ①

だんの数（だん）	1	2	3	4	5	6	7
まわりの長さ（cm）	4	8	12	16	20	24	28

②○×4＝△
③式　9×4＝36　　答え　36 cm

10 ①2000　②200　③2000
④200　⑤400000
⑥(例) けたの数がちがう

11 ①㋑
②(例) 6分間水の量が変わらない部分があるから。

てびき

1 0の場所や数をまちがえていないか、右から4けたごとに区切って、たしかめましょう。

2 ⑧⑩帯分数のたし算・ひき算は仮分数になおして計算するか、整数と真分数に分けて計算します。

⑧ $1\frac{4}{5}+\frac{2}{5}=\frac{9}{5}+\frac{2}{5}=\frac{11}{5}$

または、$1\frac{4}{5}+\frac{2}{5}=1+\frac{6}{5}=1+1\frac{1}{5}=2\frac{1}{5}$

⑩ $1\frac{1}{4}-\frac{2}{4}=\frac{5}{4}-\frac{2}{4}=\frac{3}{4}$

または、$1\frac{1}{4}-\frac{2}{4}=\frac{1}{4}+1-\frac{2}{4}=\frac{1}{4}+\frac{2}{4}=\frac{3}{4}$

3 求められるところから、計算します。
例えば、②16－11＝5　③19－11＝8
次に、①を計算します。①17－8＝9

4 ②10000 m²＝1 ha です。250000 m²＝25 ha ははぶいて書いていなくても、答えが 25 ha となっていれば正かいです。

5 ㋐45°－30°＝15°　㋑180°－(35°＋100°)＝45°
㋒向かい合った角の大きさは同じです。または、㋑の角が 45° だから、180°－(100°＋45°)＝35°

6 それぞれの四角形のせいしつを、整理した上で考えるとよいです。

7 実さいに組み立てた図に記号を書きこんで考えるとよいです。

8 ①40＋15÷3＝40＋5＝45
②72÷(2×4)＝72÷8＝9
③9×(8－4÷2)＝9×(8－2)＝9×6＝54

9 ②③まわりの長さはだんの数の4倍になっていることが、①の表からわかります。

10 上から1けたのがい数にして、見積もりの計算をします。
⑥44160 と数がまったくちがうことが書けていれば正かいとします。

11 あおいさんは、とちゅうで6分間水をとめたので、その間は水そうの水の量は変わりません。
②あおいさんが水をとめている間は、水の量が変わらないので、折れ線グラフの折れ線が横になっている部分があるということが書けていても正かいです。

付録(ふろく) とりはずしてお使いください。

計算せんもんドリル

4年

4年　　組

特色と使い方

- このドリルは、計算力を付けるための計算問題をせんもんにあつかったドリルです。
- 教科書ぴったりトレーニングに、このドリルの何ページをすればよいのかが書いてあります。教科書ぴったりトレーニングにあわせてお使いください。

教科書ぴったり
トレーニングの
ここを見てね

もくじ

おうちのかたへ

- お子さまがお使いの教科書や学校の学習状況により、ドリルのページが前後したり、学習されていない問題が含まれている場合がございます。お子さまの学習状況に応じてお使いください。
- お子さまがお使いの教科書により、教科書ぴったりトレーニングと対応していないページがある場合がございますが、お子さまの興味・関心に応じてお使いください。

1 答えが何十・何百になるわり算

★できた問題には、「た」をかこう！

できた 1 た　できた 2

1 次の計算をしましょう。　　月　日

① 40÷2　② 50÷5

③ 160÷2　④ 150÷3

⑤ 720÷8　⑥ 180÷6

⑦ 490÷7　⑧ 240÷4

⑨ 540÷9　⑩ 350÷7

2 次の計算をしましょう。　　月　日

① 900÷3　② 400÷4

③ 3600÷9　④ 4500÷5

⑤ 4200÷6　⑥ 2400÷3

⑦ 1800÷2　⑧ 2800÷7

⑨ 6300÷9　⑩ 4800÷8

2 1けたでわるわり算の筆算①

1 次の計算をしましょう。　　　　月　　日

① $5\overline{)\,65}$　　② $3\overline{)\,69}$　　③ $4\overline{)\,43}$　　④ $2\overline{)\,358}$

⑤ $4\overline{)\,675}$　　⑥ $4\overline{)\,835}$　　⑦ $5\overline{)\,345}$　　⑧ $9\overline{)\,739}$

2 次の計算を筆算でしましょう。　　　　月　　日

① 74÷6　　② 856÷7

$$
\begin{array}{r}
11\\
6\overline{)\,74}\\
\underline{6}\\
14\\
\underline{6}\\
8
\end{array}
$$

ダメ!!

3 1けたでわるわり算の筆算②

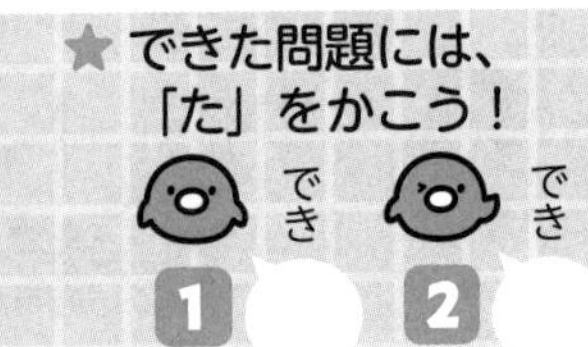

月　日

1 次の計算をしましょう。

① $8\overline{)96}$　② $2\overline{)86}$　③ $3\overline{)62}$　④ $5\overline{)645}$

⑤ $2\overline{)264}$　⑥ $7\overline{)763}$　⑦ $9\overline{)252}$　⑧ $7\overline{)480}$

月　日

2 次の計算を筆算でしましょう。

① $73 \div 4$　② $749 \div 6$

4 1けたでわるわり算の筆算③

★できた問題には、「た」をかこう！

1 でき　2 でき

1 次の計算をしましょう。　　月　日

① 3)87　② 3)93　③ 4)82　④ 8)984

⑤ 6)650　⑥ 8)146　⑦ 3)276　⑧ 8)246

2 次の計算を筆算でしましょう。　　月　日

① 94÷5　② 918÷9

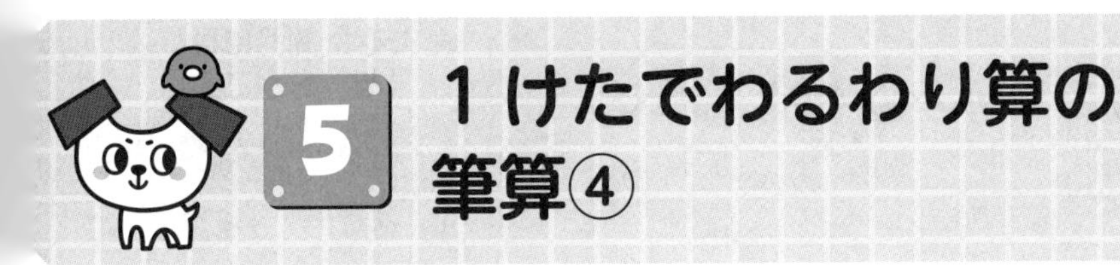

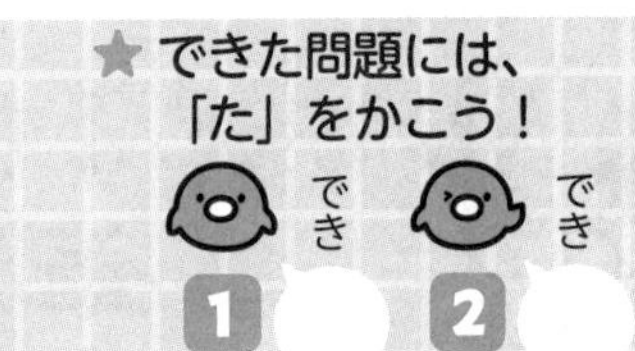

月　日

1 次の計算をしましょう。

① 2)92

② 3)60

③ 5)59

④ 9)917

⑤ 4)372

⑥ 9)589

⑦ 4)128

⑧ 3)248

月　日

2 次の計算を筆算でしましょう。

① 83÷3

② 207÷3

6 1けたでわるわり算の筆算⑤

★できた問題には、「た」をかこう！

1 でき　2 でき

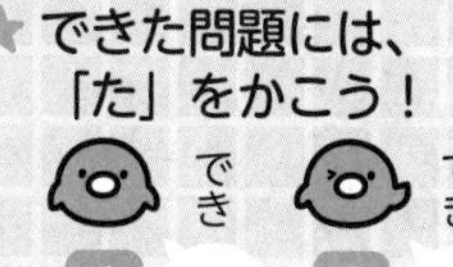

1 次の計算をしましょう。　　月　日

① $7\overline{)84}$　② $4\overline{)80}$　③ $3\overline{)98}$　④ $5\overline{)695}$

⑤ $2\overline{)618}$　⑥ $6\overline{)297}$　⑦ $8\overline{)328}$　⑧ $4\overline{)123}$

2 次の計算を筆算でしましょう。　　月　日

① 99÷8　② 693÷7

7 わり算の暗算

★ できた問題には、「た」をかこう！

できる 1　できる 2

1 次の計算をしましょう。

月　　日

① 48÷4　② 62÷2

③ 99÷9　④ 36÷3

⑤ 72÷4　⑥ 96÷8

⑦ 95÷5　⑧ 84÷6

⑨ 70÷2　⑩ 60÷5

2 次の計算をしましょう。

月　　日

① 28÷2　② 77÷7

③ 63÷3　④ 84÷2

⑤ 72÷6　⑥ 92÷4

⑦ 42÷3　⑧ 84÷7

⑨ 60÷4　⑩ 80÷5

8 3けたの数をかける 筆算①

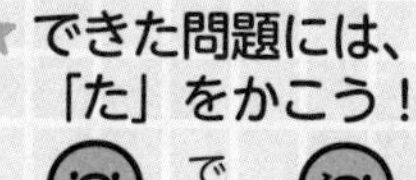

1 次の計算をしましょう。

月　　日

① $\begin{array}{r} 248 \\ \times 312 \\ \hline \end{array}$　② $\begin{array}{r} 156 \\ \times 463 \\ \hline \end{array}$　③ $\begin{array}{r} 618 \\ \times 524 \\ \hline \end{array}$　④ $\begin{array}{r} 587 \\ \times 615 \\ \hline \end{array}$

⑤ $\begin{array}{r} 802 \\ \times 737 \\ \hline \end{array}$　⑥ $\begin{array}{r} 28 \\ \times 319 \\ \hline \end{array}$　⑦ $\begin{array}{r} 754 \\ \times 205 \\ \hline \end{array}$　⑧ $\begin{array}{r} 530 \\ \times 407 \\ \hline \end{array}$

2 次の計算を筆算でしましょう。

月　　日

① 245×256　　② 609×705

9 3けたの数をかける 筆算②

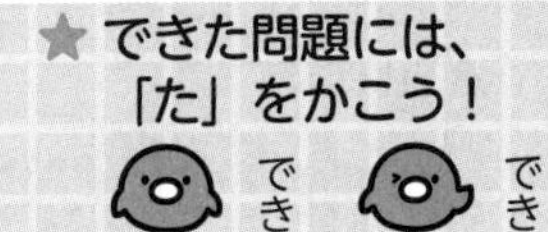

1 次の計算をしましょう。

月　　日

① $\begin{array}{r} 153 \\ \times 649 \\ \hline \end{array}$　② $\begin{array}{r} 483 \\ \times 212 \\ \hline \end{array}$　③ $\begin{array}{r} 862 \\ \times 257 \\ \hline \end{array}$　④ $\begin{array}{r} 937 \\ \times 846 \\ \hline \end{array}$

⑤ $\begin{array}{r} 430 \\ \times 129 \\ \hline \end{array}$　⑥ $\begin{array}{r} 35 \\ \times 356 \\ \hline \end{array}$　⑦ $\begin{array}{r} 435 \\ \times 703 \\ \hline \end{array}$　⑧ $\begin{array}{r} 403 \\ \times 705 \\ \hline \end{array}$

2 次の計算を筆算でしましょう。

月　　日

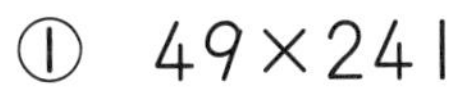

① 49×241　　② 841×607

10 小数のたし算の筆算①

★できた問題には、「た」をかこう！

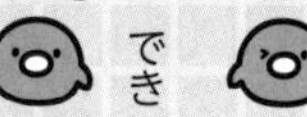

できき 1　できき 2

1 次の計算をしましょう。

月　　日

①
$$\begin{array}{r} 1.48 \\ +2.51 \\ \hline \end{array}$$

②
$$\begin{array}{r} 6.29 \\ +1.92 \\ \hline \end{array}$$

③
$$\begin{array}{r} 7.46 \\ +4.59 \\ \hline \end{array}$$

④
$$\begin{array}{r} 5.93 \\ +8.28 \\ \hline \end{array}$$

⑤
$$\begin{array}{r} 4.35 \\ +0.96 \\ \hline \end{array}$$

⑥
$$\begin{array}{r} 8 \\ +2.46 \\ \hline \end{array}$$

⑦
$$\begin{array}{r} 7.6 \\ +0.43 \\ \hline \end{array}$$

⑧
$$\begin{array}{r} 5.18 \\ +1.72 \\ \hline \end{array}$$

⑨
$$\begin{array}{r} 5.62 \\ +1.38 \\ \hline \end{array}$$

⑩
$$\begin{array}{l} 1.732 \\ +5.8 \\ \hline \end{array}$$

2 次の計算を筆算でしましょう。

月　　日

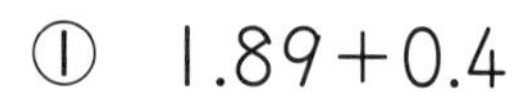

① 1.89＋0.4

② 9.24＋3

③ 0.309＋0.891

④ 13.79＋0.072

$$\begin{array}{r} 13.79 \\ +0.072 \\ \hline 14.51 \end{array}$$

ダメ!!

11 小数のたし算の筆算②

★できた問題には、「た」をかこう！

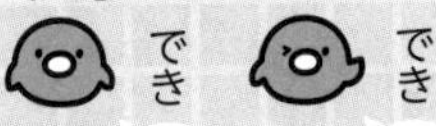

1 次の計算をしましょう。

月　日

① $\begin{array}{r} 5.49 \\ +1.35 \\ \hline \end{array}$

② $\begin{array}{r} 3.09 \\ +6.85 \\ \hline \end{array}$

③ $\begin{array}{r} 7.61 \\ +5.18 \\ \hline \end{array}$

④ $\begin{array}{r} 9.19 \\ +8.73 \\ \hline \end{array}$

⑤ $\begin{array}{r} 0.72 \\ +3.59 \\ \hline \end{array}$

⑥ $\begin{array}{r} 4.44 \\ +2.9 \\ \hline \end{array}$

⑦ $\begin{array}{r} 5.4 \\ +0.61 \\ \hline \end{array}$

⑧ $\begin{array}{r} 2.46 \\ +6.14 \\ \hline \end{array}$

⑨ $\begin{array}{r} 3.42 \\ +3.58 \\ \hline \end{array}$

⑩ $\begin{array}{r} 5.603 \\ +7.148 \\ \hline \end{array}$

2 次の計算を筆算でしましょう。

月　日

① 0.8＋3.72

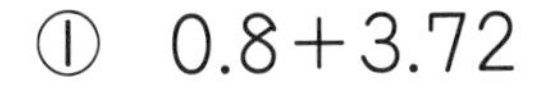

② 4.25＋4

③ 8.051＋0.949

④ 1.583＋0.76

12 小数のひき算の筆算①

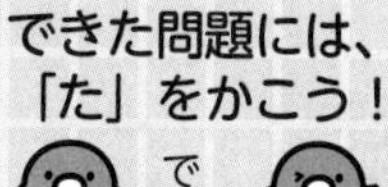

1 次の計算をしましょう。

月　　日

① $\begin{array}{r} 8.94 \\ -1.23 \\ \hline \end{array}$　② $\begin{array}{r} 9.75 \\ -3.06 \\ \hline \end{array}$　③ $\begin{array}{r} 8.37 \\ -4.59 \\ \hline \end{array}$　④ $\begin{array}{r} 8.05 \\ -0.78 \\ \hline \end{array}$

⑤ $\begin{array}{r} 8.03 \\ -7.15 \\ \hline \end{array}$　⑥ $\begin{array}{r} 2.48 \\ -2.39 \\ \hline \end{array}$　⑦ $\begin{array}{r} 4.51 \\ -1.7 \\ \hline \end{array}$　⑧ $\begin{array}{r} 6 \\ -3.28 \\ \hline \end{array}$

⑨ $\begin{array}{r} 0.389 \\ -0.291 \\ \hline \end{array}$　⑩ $\begin{array}{r} 4 \\ -0.028 \\ \hline \end{array}$

2 次の計算を筆算でしましょう。

月　　日

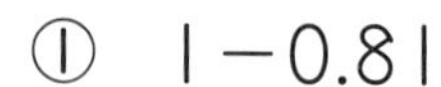

① 1−0.81　　② 3.67−0.6

③ 0.855−0.72　　④ 4.23−0.125

$\begin{array}{r} 4.23 \\ -0.125 \\ \hline 4.115 \end{array}$

ダメ!!

13 小数のひき算の筆算②

★できた問題には、「た」をかこう！

1 次の計算をしましょう。　　月　　日

①
$$\begin{array}{r} 6.05 \\ -4.04 \\ \hline \end{array}$$

②
$$\begin{array}{r} 7.65 \\ -5.58 \\ \hline \end{array}$$

③
$$\begin{array}{r} 5.16 \\ -2.39 \\ \hline \end{array}$$

④
$$\begin{array}{r} 2.05 \\ -0.19 \\ \hline \end{array}$$

⑤
$$\begin{array}{r} 9.45 \\ -8.57 \\ \hline \end{array}$$

⑥
$$\begin{array}{r} 4.85 \\ -4.07 \\ \hline \end{array}$$

⑦
$$\begin{array}{r} 9.78 \\ -2.8 \\ \hline \end{array}$$

⑧
$$\begin{array}{r} 1 \\ -0.54 \\ \hline \end{array}$$

⑨
$$\begin{array}{r} 3.512 \\ -1.403 \\ \hline \end{array}$$

⑩
$$\begin{array}{r} 3 \\ -2.087 \\ \hline \end{array}$$

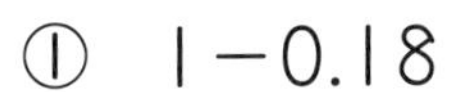

2 次の計算を筆算でしましょう。　　月　　日

① $1-0.18$

② $2.91-0.9$

③ $4.052-0.93$

④ $0.98-0.801$

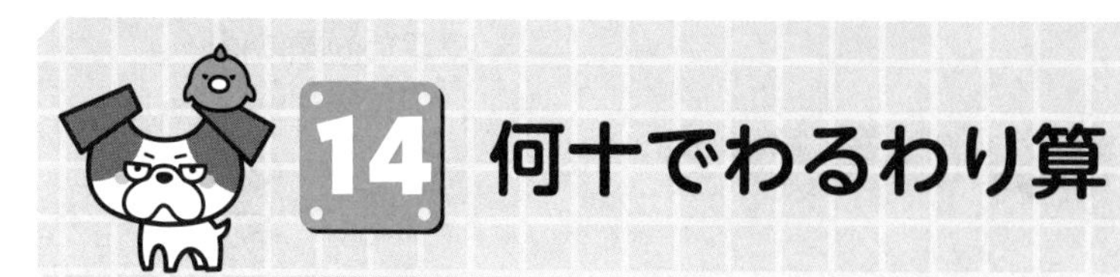

14 何十でわるわり算

★できた問題には、「た」をかこう！

できた 1　できた 2

1 次の計算をしましょう。

月　日

① 60÷30　② 80÷20

③ 40÷20　④ 90÷30

⑤ 180÷60　⑥ 280÷70

⑦ 400÷50　⑧ 360÷40

⑨ 720÷90　⑩ 540÷60

2 次の計算をしましょう。

月　日

① 90÷20　② 90÷50

③ 50÷40　④ 80÷30

⑤ 400÷60　⑥ 620÷70

⑦ 890÷90　⑧ 210÷80

⑨ 200÷70　⑩ 520÷80

15 2けたでわるわり算の筆算①

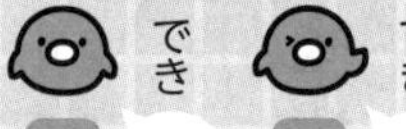

★できた問題には、「た」をかこう！

1 でき　2 でき

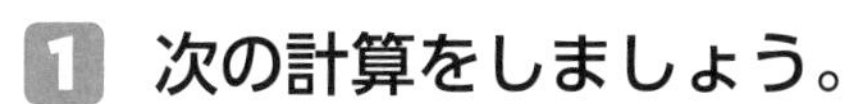

1 次の計算をしましょう。

月　　日

① 32)96　　② 25)78　　③ 26)104　　④ 27)251

⑤ 64)896　　⑥ 36)794　　⑦ 31)941　　⑧ 56)9352

2 次の計算を筆算でしましょう。

月　　日

① 139÷34

② 980÷49

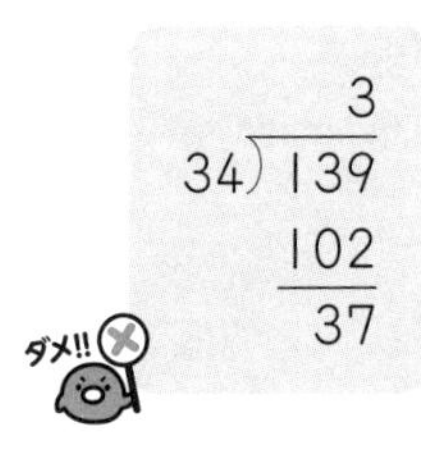

16 2けたでわるわり算の筆算②

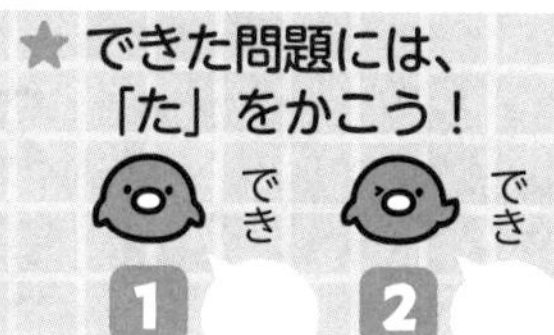

1 次の計算をしましょう。

月　　日

① 16)96　　② 23)74　　③ 45)315　　④ 56)435

⑤ 12)444　　⑥ 19)843　　⑦ 29)874　　⑧ 42)9139

2 次の計算を筆算でしましょう。

① 310÷44　　② 840÷14

17 2けたでわるわり算の筆算③

1 次の計算をしましょう。

月　日

① $22\overline{)88}$　② $15\overline{)98}$　③ $39\overline{)312}$　④ $45\overline{)179}$

⑤ $27\overline{)972}$　⑥ $26\overline{)815}$　⑦ $23\overline{)926}$　⑧ $67\overline{)4499}$

2 次の計算を筆算でしましょう。

② 720÷18

2けたでわるわり算の筆算④

★できた問題には、「た」をかこう！

1 でき　2 でき

1 次の計算をしましょう。　　月　日

①
$$24\overline{)96}$$

②
$$13\overline{)49}$$

③
$$76\overline{)608}$$

④
$$54\overline{)442}$$

⑤
$$49\overline{)539}$$

⑥
$$17\overline{)725}$$

⑦
$$45\overline{)943}$$

⑧
$$43\overline{)9455}$$

2 次の計算を筆算でしましょう。　　月　日

① $200 \div 65$

② $960 \div 12$

19 3けたでわるわり算の筆算

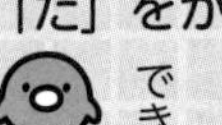

★できた問題には、「た」をかこう！

1 でき　2 でき

月　日

1 次の計算をしましょう。

① 256)768

② 195)780

③ 308)924

④ 163)982

⑤ 429)893

⑥ 283)970

月　日

2 次の計算を筆算でしましょう。

① 927÷309

② 931÷137

20 式とその計算の順じょ①

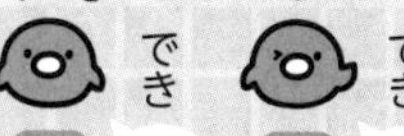

1 次の計算をしましょう。　　　月　　日

① $30+5\times3$

② $56-63\div9$

③ $72\div8+35\div7$

④ $48\div6-54\div9$

⑤ $32\div4+3\times5$

⑥ $81\div9-3\times3$

⑦ $59-(96-57)$

⑧ $(25+24)\div7$

2 次の計算をしましょう。　　　月　　日

① $36\div4-1\times2$

② $36\div(4-1)\times2$

③ $(36\div4-1)\times2$

④ $36\div(4-1\times2)$

21 式とその計算の順じょ②

★できた問題には、「た」をかこう！

でき 1　でき 2

1 次の計算をしましょう。　　月　　日

① $64-5\times7$

② $42+9\div3$

③ $2\times8+4\times3$

④ $4\times9-6\times2$

⑤ $3\times6+12\div4$

⑥ $8\times7-36\div4$

⑦ $81-(17+25)$

⑧ $(62-53)\times8$

2 次の計算をしましょう。　　月　　日

① $4\times6+21\div3$

② $4\times(6+21)\div3$

③ $(4\times6+21)\div3$

④ $4\times(6+21\div3)$

22 小数×整数 の筆算①

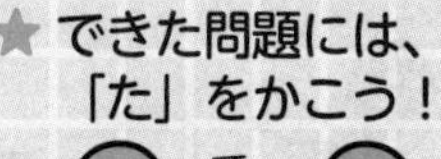

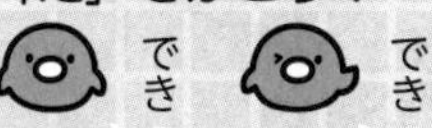

1 次の計算をしましょう。　　月　日

① 3.2×3

② 4.5×7

③ 2.1×32

④ 5.4×61

⑤ 3.9×32

⑥ 0.7×18

⑦ 4.8×15

⑧ 5.9×70

2 次の計算をしましょう。　　月　日

① 0.62×7

② 1.37×5

③ 0.31×49

④ 0.62×82

⑤ 1.98×54

⑥ 2.54×93

⑦ 0.84×35

⑧ 2.18×50

23 小数×整数 の筆算②

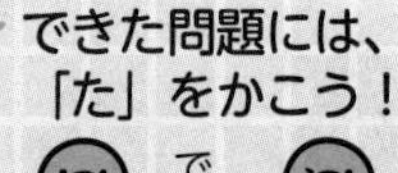
★できた問題には、「た」をかこう！
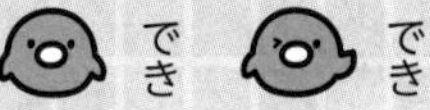

1 次の計算をしましょう。

月　日

① 1.4×4

② 3.6×9

③ 2.2×14

④ 4.9×73

⑤ 3.8×62

⑥ 15.2×43

⑦ 5.5×32

⑧ 6.3×60

2 次の計算をしましょう。

月　日

① 3.27×4

② 0.46×2

③ 0.37×49

④ 0.35×75

⑤ 9.13×68

⑥ 6.12×47

⑦ 0.75×12

⑧ 5.38×30

24 小数×整数 の筆算③

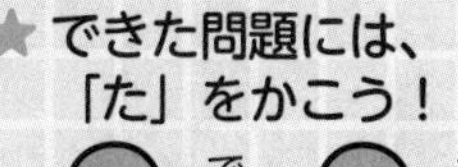

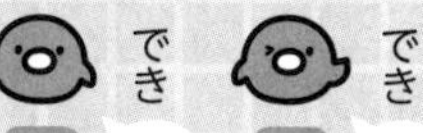

1 2

1 次の計算をしましょう。

月　日

① 2.6×3

② 15.7×8

③ 1.1×69

④ 5.7×25

⑤ 8.5×17

⑥ 10.6×34

⑦ 6.5×92

⑧ 27.6×40

2 次の計算をしましょう。

月　日

① 2.91×6

② 0.26×3

③ 0.13×39

④ 0.48×76

⑤ 1.72×51

⑥ 6.35×25

⑦ 0.15×24

⑧ 3.46×60

25 小数×整数 の筆算④

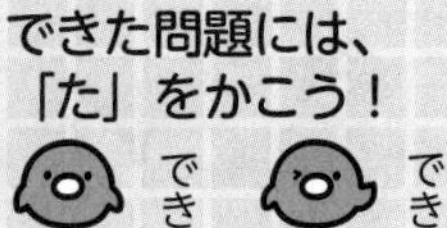

1 次の計算をしましょう。　　月　日

① $\begin{array}{r} 4.8 \\ \times\ \ 2 \\ \hline \end{array}$　② $\begin{array}{r} 2.5 \\ \times\ \ 6 \\ \hline \end{array}$　③ $\begin{array}{r} 1.2 \\ \times 43 \\ \hline \end{array}$　④ $\begin{array}{r} 6.7 \\ \times 15 \\ \hline \end{array}$

⑤ $\begin{array}{r} 7.4 \\ \times 58 \\ \hline \end{array}$　⑥ $\begin{array}{r} 0.4 \\ \times 66 \\ \hline \end{array}$　⑦ $\begin{array}{r} 8.2 \\ \times 75 \\ \hline \end{array}$　⑧ $\begin{array}{r} 7.4 \\ \times 20 \\ \hline \end{array}$

2 次の計算をしましょう。　　月　日

① $\begin{array}{r} 0.87 \\ \times\ \ \ 9 \\ \hline \end{array}$　② $\begin{array}{r} 3.05 \\ \times\ \ \ 7 \\ \hline \end{array}$　③ $\begin{array}{r} 0.56 \\ \times\ 52 \\ \hline \end{array}$　④ $\begin{array}{r} 0.71 \\ \times\ 19 \\ \hline \end{array}$

⑤ $\begin{array}{r} 5.83 \\ \times\ 16 \\ \hline \end{array}$　⑥ $\begin{array}{r} 2.53 \\ \times\ 72 \\ \hline \end{array}$　⑦ $\begin{array}{r} 0.26 \\ \times\ 35 \\ \hline \end{array}$　⑧ $\begin{array}{r} 2.55 \\ \times\ 90 \\ \hline \end{array}$

26 小数×整数 の筆算⑤

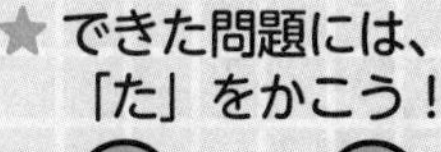

1 次の計算をしましょう。

月　　日

① $\begin{array}{r} 9.4 \\ \times \quad 3 \\ \hline \end{array}$　② $\begin{array}{r} 12.8 \\ \times \quad 4 \\ \hline \end{array}$　③ $\begin{array}{r} 3.4 \\ \times 21 \\ \hline \end{array}$　④ $\begin{array}{r} 9.1 \\ \times 12 \\ \hline \end{array}$

⑤ $\begin{array}{r} 8.6 \\ \times 43 \\ \hline \end{array}$　⑥ $\begin{array}{r} 17.6 \\ \times \quad 27 \\ \hline \end{array}$　⑦ $\begin{array}{r} 9.5 \\ \times 58 \\ \hline \end{array}$　⑧ $\begin{array}{r} 13.7 \\ \times \quad 80 \\ \hline \end{array}$

2 次の計算をしましょう。

月　　日

① $\begin{array}{r} 0.59 \\ \times \quad 7 \\ \hline \end{array}$　② $\begin{array}{r} 5.76 \\ \times \quad 5 \\ \hline \end{array}$　③ $\begin{array}{r} 0.76 \\ \times \quad 41 \\ \hline \end{array}$　④ $\begin{array}{r} 0.47 \\ \times \quad 85 \\ \hline \end{array}$

⑤ $\begin{array}{r} 1.43 \\ \times \quad 67 \\ \hline \end{array}$　⑥ $\begin{array}{r} 4.18 \\ \times \quad 78 \\ \hline \end{array}$　⑦ $\begin{array}{r} 0.25 \\ \times \quad 44 \\ \hline \end{array}$　⑧ $\begin{array}{r} 5.62 \\ \times \quad 50 \\ \hline \end{array}$

27 小数÷整数 の筆算①

★できた問題には、「た」をかこう！

でき 1 でき 2

1 次の計算をしましょう。

月　日

① 4) 4.8

② 2) 15.8

③ 5) 3.75

④ 3) 0.87

⑤ 12) 73.2

⑥ 36) 7.2

⑦ 73) 65.7

⑧ 28) 0.56

2 商を一の位（くらい）まで求め、あまりも出しましょう。

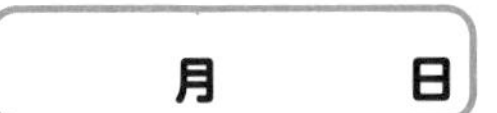

月　日

① 3) 73.2

② 4) 23.6

③ 26) 88.4

28 小数÷整数 の筆算②

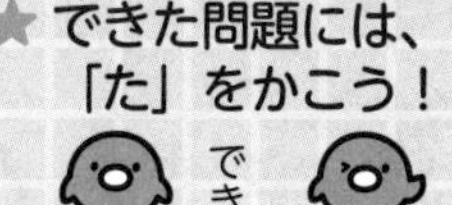

1 次の計算をしましょう。

月　日

① 4）6.8　② 3）29.7　③ 5）0.65　④ 9）0.459

⑤ 35）80.5　⑥ 17）6.8　⑦ 95）28.5　⑧ 28）1.68

2 商を一の位まで求め、あまりも出しましょう。

① 2）25.6　② 5）46.5　③ 41）84.3

29 小数÷整数 の筆算③

★できた問題には、「た」をかこう！

1 できた　2 できた

1 次の計算をしましょう。

月　日

① $3\overline{)9.6}$　② $9\overline{)60.3}$　③ $7\overline{)4.34}$　④ $2\overline{)0.72}$

⑤ $17\overline{)37.4}$　⑥ $15\overline{)4.5}$　⑦ $73\overline{)58.4}$　⑧ $32\overline{)0.96}$

2 商を一の位まで求め、あまりも出しましょう。

月　日

① $4\overline{)91.1}$　② $5\overline{)16.5}$　③ $56\overline{)95.2}$

30 小数÷整数 の筆算④

★できた問題には、「た」をかこう！

1 でき　2 でき

1 次の計算をしましょう。

月　　日

① $7\overline{)9.1}$　② $8\overline{)21.6}$　③ $3\overline{)2.67}$　④ $6\overline{)0.342}$

⑤ $48\overline{)62.4}$　⑥ $23\overline{)9.2}$　⑦ $87\overline{)52.2}$　⑧ $84\overline{)5.04}$

2 商を一の位まで求め、あまりも出しましょう。

月　　日

① $6\overline{)67.2}$　② $9\overline{)47.7}$　③ $35\overline{)76.4}$

31 わり進むわり算の筆算①

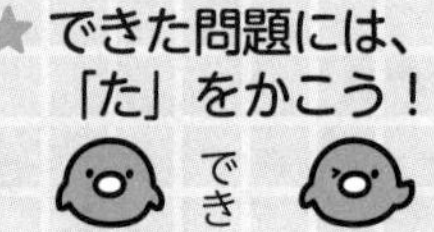

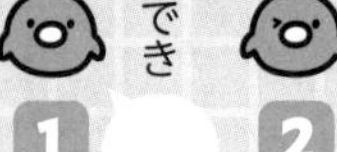

1 次のわり算を、わり切れるまで計算しましょう。

① $5\overline{)3.8}$　② $8\overline{)60}$　③ $52\overline{)80.6}$

2 次のわり算を、わり切れるまで計算しましょう。

① $4\overline{)2.3}$　② $36\overline{)2.7}$　③ $40\overline{)15}$

32 わり進むわり算の筆算②

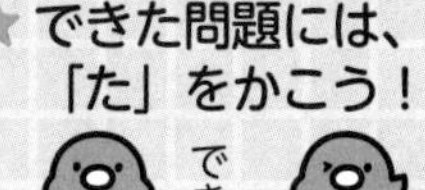

でき でき

1 2

1 次のわり算を、わり切れるまで計算しましょう。 月 日

① $8\overline{)\ 3.6}$　② $6\overline{)\ 45}$　③ $78\overline{)\ 97.5}$

2 次のわり算を、わり切れるまで計算しましょう。 月 日

① $4\overline{)\ 3.5}$　② $75\overline{)\ 89.4}$　③ $84\overline{)\ 21}$

33 商をがい数で表すわり算の筆算①

1 商を四捨五入(ししゃごにゅう)して、$\frac{1}{10}$ の位までのがい数で表しましょう。

① $7\overline{)15}$　　② $6\overline{)19.6}$　　③ $31\overline{)169}$

2 商を四捨五入して、$\frac{1}{100}$ の位までのがい数で表しましょう。

① $7\overline{)50}$　　② $3\overline{)5.03}$　　③ $15\overline{)56.3}$

34 商をがい数で表すわり算の筆算②

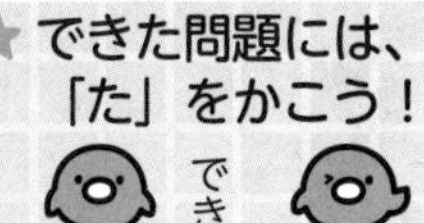

1 商を四捨五入(ししゃごにゅう)して、上から１けたのがい数で表しましょう。

① $7\overline{)8}$　② $6\overline{)46.1}$　③ $28\overline{)96}$

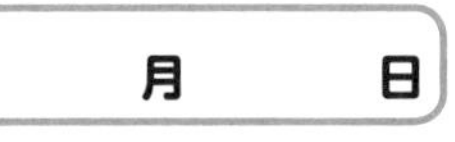

2 商を四捨五入して、上から２けたのがい数で表しましょう。

① $7\overline{)16}$　② $9\overline{)25.8}$　③ $31\overline{)80}$

35 仮分数の出てくる分数のたし算

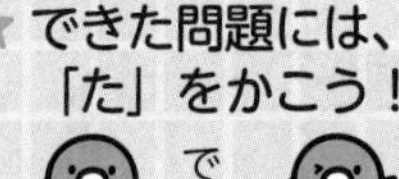

1 2

1 次の計算をしましょう。

月　　日

① $\frac{4}{5}+\frac{2}{5}$

② $\frac{2}{4}+\frac{3}{4}$

③ $\frac{5}{7}+\frac{3}{7}$

④ $\frac{3}{5}+\frac{4}{5}$

⑤ $\frac{6}{9}+\frac{8}{9}$

⑥ $\frac{5}{3}+\frac{2}{3}$

⑦ $\frac{9}{5}+\frac{2}{5}$

⑧ $\frac{9}{8}+\frac{9}{8}$

⑨ $\frac{5}{6}+\frac{7}{6}$

⑩ $\frac{8}{5}+\frac{7}{5}$

2 次の計算をしましょう。

月　　日

① $\frac{5}{6}+\frac{2}{6}$

② $\frac{2}{7}+\frac{6}{7}$

③ $\frac{4}{9}+\frac{7}{9}$

④ $\frac{6}{8}+\frac{7}{8}$

⑤ $\frac{3}{4}+\frac{3}{4}$

⑥ $\frac{6}{5}+\frac{7}{5}$

⑦ $\frac{7}{4}+\frac{6}{4}$

⑧ $\frac{4}{3}+\frac{7}{3}$

⑨ $\frac{9}{8}+\frac{7}{8}$

⑩ $\frac{3}{2}+\frac{7}{2}$

36 仮分数の出てくる分数のひき算

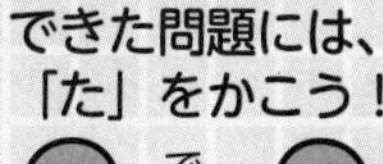

1 次の計算をしましょう。

月　　日

① $\frac{4}{3}-\frac{2}{3}$

② $\frac{7}{6}-\frac{5}{6}$

③ $\frac{5}{4}-\frac{3}{4}$

④ $\frac{12}{9}-\frac{8}{9}$

⑤ $\frac{9}{4}-\frac{3}{4}$

⑥ $\frac{7}{5}-\frac{1}{5}$

⑦ $\frac{9}{6}-\frac{2}{6}$

⑧ $\frac{18}{7}-\frac{2}{7}$

⑨ $\frac{10}{7}-\frac{3}{7}$

⑩ $\frac{9}{8}-\frac{1}{8}$

2 次の計算をしましょう。

月　　日

① $\frac{12}{8}-\frac{9}{8}$

② $\frac{11}{9}-\frac{10}{9}$

③ $\frac{7}{4}-\frac{5}{4}$

④ $\frac{5}{3}-\frac{4}{3}$

⑤ $\frac{8}{3}-\frac{4}{3}$

⑥ $\frac{19}{7}-\frac{8}{7}$

⑦ $\frac{13}{5}-\frac{6}{5}$

⑧ $\frac{13}{4}-\frac{7}{4}$

⑨ $\frac{14}{6}-\frac{8}{6}$

⑩ $\frac{15}{4}-\frac{7}{4}$

37 帯分数のたし算①

★ できた問題には、「た」をかこう！

でき　でき

1 次の計算をしましょう。

月　　日

① $1\frac{2}{6}+\frac{1}{6}$

② $\frac{3}{5}+1\frac{1}{5}$

③ $4\frac{3}{9}+\frac{8}{9}$

④ $2\frac{5}{8}+\frac{4}{8}$

⑤ $\frac{2}{8}+3\frac{7}{8}$

⑥ $\frac{2}{4}+1\frac{3}{4}$

2 次の計算をしましょう。

月　　日

① $3\frac{2}{5}+2\frac{2}{5}$

② $5\frac{1}{3}+1\frac{1}{3}$

③ $2\frac{3}{7}+3\frac{6}{7}$

④ $5+2\frac{1}{4}$

⑤ $2\frac{5}{9}+\frac{4}{9}$

⑥ $\frac{8}{10}+1\frac{2}{10}$

38 帯分数のたし算②

★できた問題には、「た」をかこう！

できた 1　できた 2

1 次の計算をしましょう。

月　日

① $4\frac{3}{6}+\frac{2}{6}$

② $\frac{2}{9}+8\frac{4}{9}$

③ $1\frac{7}{10}+\frac{9}{10}$

④ $2\frac{7}{9}+\frac{5}{9}$

⑤ $\frac{2}{3}+1\frac{2}{3}$

⑥ $\frac{3}{4}+3\frac{3}{4}$

2 次の計算をしましょう。

月　日

① $1\frac{3}{8}+2\frac{4}{8}$

② $2\frac{2}{4}+5\frac{1}{4}$

③ $4\frac{2}{5}+3\frac{4}{5}$

④ $3\frac{1}{8}+1\frac{7}{8}$

⑤ $5\frac{4}{7}+\frac{3}{7}$

⑥ $\frac{2}{6}+3\frac{4}{6}$

39 帯分数のひき算①

★できた問題には、「た」をかこう！

1 次の計算をしましょう。　　月　日

① $2\frac{4}{5}-1\frac{2}{5}$

② $3\frac{5}{7}-1\frac{3}{7}$

③ $2\frac{5}{6}-\frac{1}{6}$

④ $4\frac{7}{9}-\frac{2}{9}$

⑤ $4\frac{3}{5}-2$

⑥ $5\frac{8}{9}-\frac{8}{9}$

2 次の計算をしましょう。　　月　日

① $3\frac{2}{9}-2\frac{4}{9}$

② $4\frac{1}{7}-2\frac{6}{7}$

③ $1\frac{1}{3}-\frac{2}{3}$

④ $1\frac{2}{4}-\frac{3}{4}$

⑤ $2\frac{3}{8}-\frac{7}{8}$

⑥ $2-\frac{3}{5}$

40 帯分数のひき算②

★できた問題には、「た」をかこう！

1 次の計算をしましょう。

月　日

① $4\frac{6}{7}-2\frac{3}{7}$

② $6\frac{8}{9}-3\frac{5}{9}$

③ $1\frac{2}{3}-\frac{1}{3}$

④ $1\frac{3}{8}-\frac{1}{8}$

⑤ $2\frac{2}{6}-1$

⑥ $3\frac{4}{5}-2\frac{4}{5}$

2 次の計算をしましょう。

月　日

① $3\frac{3}{6}-2\frac{5}{6}$

② $5\frac{2}{7}-2\frac{4}{7}$

③ $1\frac{7}{10}-\frac{9}{10}$

④ $3\frac{4}{6}-\frac{5}{6}$

⑤ $2\frac{1}{4}-\frac{2}{4}$

⑥ $2-1\frac{1}{4}$

答え

1 答えが何十・何百になるわり算

1 ①20 ②10 ③80 ④50 ⑤90 ⑥30 ⑦70 ⑧60 ⑨60 ⑩50

2 ①300 ②100 ③400 ④900 ⑤700 ⑥800 ⑦900 ⑧400 ⑨700 ⑩600

2 1けたでわるわり算の筆算①

1 ①13 ②23 ③10 あまり3 ④179 ⑤168 あまり3 ⑥208 あまり3 ⑦69 ⑧82 あまり1

2

①
```
    12
 6)74
   6
   14
   12
    2
```

②
```
    122
 7)856
   7
   15
   14
    16
    14
     2
```

3 1けたでわるわり算の筆算②

1 ①12 ②43 ③20 あまり2 ④129 ⑤132 ⑥109 ⑦28 ⑧68 あまり4

2

①
```
    18
 4)73
   4
   33
   32
    1
```

②
```
    124
 6)749
   6
   14
   12
    29
    24
     5
```

4 1けたでわるわり算の筆算③

1 ①29 ②31 ③20 あまり2 ④123 ⑤108 あまり2 ⑥18 あまり2 ⑦92 ⑧30 あまり6

2

①
```
    18
 5)94
   5
   44
   40
    4
```

②
```
    102
 9)918
   9
    18
    18
     0
```

5 1けたでわるわり算の筆算④

1 ①46 ②20 ③11 あまり4 ④101 あまり8 ⑤93 ⑥65 あまり4 ⑦32 ⑧82 あまり2

2

①
```
    27
 3)83
   6
   23
   21
    2
```

②
```
     69
 3)207
   18
    27
    27
     0
```

6 1けたでわるわり算の筆算⑤

1 ①12 ②20 ③32 あまり2 ④139 ⑤309 ⑥49 あまり3 ⑦41 ⑧30 あまり3

2

①
```
    12
 8)99
   8
   19
   16
    3
```

②
```
     99
 7)693
   63
    63
    63
     0
```

7 わり算の暗算

1 ①12 ②31 ③11 ④12 ⑤18 ⑥12 ⑦19 ⑧14 ⑨35 ⑩12

2 ①14 ②11 ③21 ④42 ⑤12 ⑥23 ⑦14 ⑧12 ⑨15 ⑩16

8 3けたの数をかける筆算①

1 ①77376 ②72228 ③323832 ④361005 ⑤591074 ⑥8932 ⑦154570 ⑧215710

2

①
```
    245
   ×256
   ----
   1470
  1225
  490
  -----
  62720
```

②
```
    609
   ×705
   ----
   3045
 4263
 ------
 429345
```

9 3けたの数をかける筆算②

1 ①99297 ②102396 ③221534 ④792702 ⑤55470 ⑥12460 ⑦305805 ⑧284115

2

①
```
     49
   ×241
   ----
     49
   196
   98
  -----
  11809
```

②
```
    841
   ×607
   ----
   5887
 5046
 ------
 510487
```

10 小数のたし算の筆算①

1 ①3.99 ②8.21 ③12.05 ④14.21 ⑤5.31 ⑥10.46 ⑦8.03 ⑧6.9 ⑨7 ⑩7.532

2

①
```
  1.89
 +0.4
 -----
  2.29
```

②
```
  9.24
 +3
 -----
 12.24
```

③
```
  0.309
 +0.891
 ------
  1.200
```

④
```
  13.79
 + 0.072
 -------
  13.862
```

11 小数のたし算の筆算②

1 ①6.84 ②9.94 ③12.79 ④17.92 ⑤4.31 ⑥7.34 ⑦6.01 ⑧8.6 ⑨7 ⑩12.751

2

①
```
  0.8
 +3.72
 -----
  4.52
```

②
```
  4.25
 +4
 -----
  8.25
```

③
```
  8.051
 +0.949
 ------
  9.000
```

④
```
  1.583
 +0.76
 ------
  2.343
```

12 小数のひき算の筆算①

1 ①7.71 ②6.69 ③3.78 ④7.27 ⑤0.88 ⑥0.09 ⑦2.81 ⑧2.72 ⑨0.098 ⑩3.972

2

①
```
  1
 -0.81
 -----
  0.19
```

②
```
  3.67
 -0.6
 -----
  3.07
```

③
```
  0.855
 -0.72
 ------
  0.135
```

④
```
  4.23
 -0.125
 ------
  4.105
```

13 小数のひき算の筆算②

1 ①2.01 ②2.07 ③2.77 ④1.86 ⑤0.88 ⑥0.78 ⑦6.98 ⑧0.46 ⑨2.109 ⑩0.913

2

①
```
  1
 -0.18
 -----
  0.82
```

②
```
  2.91
 -0.9
 -----
  2.01
```

③
```
  4.052
 -0.93
 ------
  3.122
```

④
```
  0.98
 -0.801
 ------
  0.179
```

14 何十でわるわり算

1 ①2 ②4 ③2 ④3 ⑤3 ⑥4 ⑦8 ⑧9 ⑨8 ⑩9

2 ①4あまり10 ②1あまり40 ③1あまり10 ④2あまり20 ⑤6あまり40 ⑥8あまり60 ⑦9あまり80 ⑧2あまり50 ⑨2あまり60 ⑩6あまり40

15 2けたでわるわり算の筆算①

1 ①3　②3あまり3
③4　④9あまり8
⑤14　⑥22 あまり2
⑦30 あまり 11　⑧167

2 ①
```
     4
34)139
   136
     3
```
②
```
    20
49)980
   98
     0
```

16 2けたでわるわり算の筆算②

1 ①6　②3あまり5
③7　④7あまり43
⑤37　⑥44 あまり7
⑦30 あまり4　⑧217 あまり 25

2 ①
```
     7
44)310
   308
     2
```
②
```
    60
14)840
   84
     0
```

17 2けたでわるわり算の筆算③

1 ①4　②6あまり8
③8　④3あまり44
⑤36　⑥31 あまり9
⑦40 あまり6　⑧67 あまり 10

2 ①
```
     5
91)460
   455
     5
```
②
```
    40
18)720
   72
     0
```

18 2けたでわるわり算の筆算④

1 ①4　②3あまり 10
③8　④8あまり 10
⑤11　⑥42 あまり 11
⑦20 あまり 43　⑧219 あまり 38

2 ①
```
     3
65)200
   195
     5
```
②
```
    80
12)960
   96
     0
```

19 3けたでわるわり算の筆算

1 ①3　②4　③3
④6あまり4　⑤2あまり 35　⑥3あまり 121

2 ①
```
      3
309)927
    927
      0
```
②
```
      6
137)931
    822
    109
```

20 式とその計算の順じょ①

1 ①45　②49
③14　④2
⑤23　⑥0
⑦20　⑧7

2 ①7　②24
③16　④18

21 式とその計算の順じょ②

1 ①29　②45
③28　④24
⑤21　⑥47
⑦39　⑧72

2 ①31　②36
③15　④52

22 小数×整数 の筆算①

1 ①9.6　②31.5　③67.2　④329.4
⑤124.8　⑥12.6　⑦72　⑧413

2 ①4.34　②6.85　③15.19　④50.84
⑤106.92　⑥236.22　⑦29.4　⑧109

23 小数×整数 の筆算②

1 ①5.6　②32.4　③30.8　④357.7
⑤235.6　⑥653.6　⑦176　⑧378

2 ①13.08　②0.92　③18.13　④26.25
⑤620.84　⑥287.64　⑦9　⑧161.4

24 小数×整数 の筆算③

1 ①7.8　②125.6　③75.9　④142.5
⑤144.5　⑥360.4　⑦598　⑧1104

2 ①17.46　②0.78　③5.07　④36.48
⑤87.72　⑥158.75　⑦3.6　⑧207.6

25 小数×整数 の筆算④

1 ①9.6　②15　③51.6　④100.5
⑤429.2　⑥26.4　⑦615　⑧148

2 ①7.83 ②21.35 ③29.12 ④13.49
⑤93.28 ⑥182.16 ⑦9.1 ⑧229.5

26 小数×整数 の筆算⑤

1 ①28.2 ②51.2 ③71.4 ④109.2
⑤369.8 ⑥475.2 ⑦551 ⑧1096

2 ①4.13 ②28.8 ③31.16 ④39.95
⑤95.81 ⑥326.04 ⑦11 ⑧281

27 小数÷整数の 筆算①

1 ①1.2 ②7.9 ③0.75 ④0.29
⑤6.1 ⑥0.2 ⑦0.9 ⑧0.02

2 ①24 あまり 1.2 ②5 あまり 3.6
③3 あまり 10.4

28 小数÷整数の 筆算②

1 ①1.7 ②9.9 ③0.13 ④0.051
⑤2.3 ⑥0.4 ⑦0.3 ⑧0.06

2 ①12 あまり 1.6 ②9 あまり 1.5
③2 あまり 2.3

29 小数÷整数の 筆算③

1 ①3.2 ②6.7 ③0.62 ④0.36
⑤2.2 ⑥0.3 ⑦0.8 ⑧0.03

2 ①22 あまり 3.1 ②3 あまり 1.5
③1 あまり 39.2

30 小数÷整数の 筆算④

1 ①1.3 ②2.7 ③0.89 ④0.057
⑤1.3 ⑥0.4 ⑦0.6 ⑧0.06

2 ①11 あまり 1.2 ②5 あまり 2.7
③2 あまり 6.4

31 わり進むわり算の筆算①

1 ①0.76 ②7.5 ③1.55

2 ①0.575 ②0.075 ③0.375

32 わり進むわり算の筆算②

1 ①0.45 ②7.5 ③1.25

2 ①0.875 ②1.192 ③0.25

33 商をがい数で表すわり算の筆算①

1 ①2.1 ②3.3 ③5.5

2 ①7.14 ②1.68 ③3.75

34 商をがい数で表すわり算の筆算②

1 ①1 ②8 ③3

2 ①2.3 ②2.9 ③2.6

35 仮分数の出てくる分数のたし算

1 ①$\frac{6}{5}\left(1\frac{1}{5}\right)$ ②$\frac{5}{4}\left(1\frac{1}{4}\right)$
③$\frac{8}{7}\left(1\frac{1}{7}\right)$ ④$\frac{7}{5}\left(1\frac{2}{5}\right)$
⑤$\frac{14}{9}\left(1\frac{5}{9}\right)$ ⑥$\frac{7}{3}\left(2\frac{1}{3}\right)$
⑦$\frac{11}{5}\left(2\frac{1}{5}\right)$ ⑧$\frac{18}{8}\left(2\frac{2}{8}\right)$
⑨$2\left(\frac{12}{6}\right)$ ⑩$3\left(\frac{15}{5}\right)$

2 ①$\frac{7}{6}\left(1\frac{1}{6}\right)$ ②$\frac{8}{7}\left(1\frac{1}{7}\right)$
③$\frac{11}{9}\left(1\frac{2}{9}\right)$ ④$\frac{13}{8}\left(1\frac{5}{8}\right)$
⑤$\frac{6}{4}\left(1\frac{2}{4}\right)$ ⑥$\frac{13}{5}\left(2\frac{3}{5}\right)$
⑦$\frac{13}{4}\left(3\frac{1}{4}\right)$ ⑧$\frac{11}{3}\left(3\frac{2}{3}\right)$
⑨$2\left(\frac{16}{8}\right)$ ⑩$5\left(\frac{10}{2}\right)$

36 仮分数の出てくる分数のひき算

1 ①$\frac{2}{3}$ ②$\frac{2}{6}$
③$\frac{2}{4}$ ④$\frac{4}{9}$
⑤$\frac{6}{4}\left(1\frac{2}{4}\right)$ ⑥$\frac{6}{5}\left(1\frac{1}{5}\right)$
⑦$\frac{7}{6}\left(1\frac{1}{6}\right)$ ⑧$\frac{16}{7}\left(2\frac{2}{7}\right)$
⑨$1\left(\frac{7}{7}\right)$ ⑩$1\left(\frac{8}{8}\right)$

2 ① $\frac{3}{8}$ ② $\frac{1}{9}$
③ $\frac{2}{4}$ ④ $\frac{1}{3}$
⑤ $\frac{4}{3}\left(1\frac{1}{3}\right)$ ⑥ $\frac{11}{7}\left(1\frac{4}{7}\right)$
⑦ $\frac{7}{5}\left(1\frac{2}{5}\right)$ ⑧ $\frac{6}{4}\left(1\frac{2}{4}\right)$
⑨ $1\left(\frac{6}{6}\right)$ ⑩ $2\left(\frac{8}{4}\right)$

37 帯分数のたし算①

1 ① $\frac{9}{6}\left(1\frac{3}{6}\right)$ ② $\frac{9}{5}\left(1\frac{4}{5}\right)$
③ $\frac{47}{9}\left(5\frac{2}{9}\right)$ ④ $\frac{25}{8}\left(3\frac{1}{8}\right)$
⑤ $\frac{33}{8}\left(4\frac{1}{8}\right)$ ⑥ $\frac{9}{4}\left(2\frac{1}{4}\right)$

2 ① $\frac{29}{5}\left(5\frac{4}{5}\right)$ ② $\frac{20}{3}\left(6\frac{2}{3}\right)$
③ $\frac{44}{7}\left(6\frac{2}{7}\right)$ ④ $\frac{29}{4}\left(7\frac{1}{4}\right)$
⑤ $3\left(\frac{27}{9}\right)$ ⑥ $2\left(\frac{20}{10}\right)$

38 帯分数のたし算②

1 ① $\frac{29}{6}\left(4\frac{5}{6}\right)$ ② $\frac{78}{9}\left(8\frac{6}{9}\right)$
③ $\frac{26}{10}\left(2\frac{6}{10}\right)$ ④ $\frac{30}{9}\left(3\frac{3}{9}\right)$
⑤ $\frac{7}{3}\left(2\frac{1}{3}\right)$ ⑥ $\frac{18}{4}\left(4\frac{2}{4}\right)$

2 ① $\frac{31}{8}\left(3\frac{7}{8}\right)$ ② $\frac{31}{4}\left(7\frac{3}{4}\right)$
③ $\frac{41}{5}\left(8\frac{1}{5}\right)$ ④ $5\left(\frac{40}{8}\right)$
⑤ $6\left(\frac{42}{7}\right)$ ⑥ $4\left(\frac{24}{6}\right)$

39 帯分数のひき算①

1 ① $\frac{7}{5}\left(1\frac{2}{5}\right)$ ② $\frac{16}{7}\left(2\frac{2}{7}\right)$
③ $\frac{16}{6}\left(2\frac{4}{6}\right)$ ④ $\frac{41}{9}\left(4\frac{5}{9}\right)$
⑤ $\frac{13}{5}\left(2\frac{3}{5}\right)$ ⑥ $5\left(\frac{45}{9}\right)$

2 ① $\frac{7}{9}$ ② $\frac{9}{7}\left(1\frac{2}{7}\right)$
③ $\frac{2}{3}$ ④ $\frac{3}{4}$
⑤ $\frac{12}{8}\left(1\frac{4}{8}\right)$ ⑥ $\frac{7}{5}\left(1\frac{2}{5}\right)$

40 帯分数のひき算②

1 ① $\frac{17}{7}\left(2\frac{3}{7}\right)$ ② $\frac{30}{9}\left(3\frac{3}{9}\right)$
③ $\frac{4}{3}\left(1\frac{1}{3}\right)$ ④ $\frac{10}{8}\left(1\frac{2}{8}\right)$
⑤ $\frac{8}{6}\left(1\frac{2}{6}\right)$ ⑥ $1\left(\frac{5}{5}\right)$

2 ① $\frac{4}{6}$ ② $\frac{19}{7}\left(2\frac{5}{7}\right)$
③ $\frac{8}{10}$ ④ $\frac{17}{6}\left(2\frac{5}{6}\right)$
⑤ $\frac{7}{4}\left(1\frac{3}{4}\right)$ ⑥ $\frac{3}{4}$